Ina Pichlmayr

# EEG-Atlas
# für Anästhesisten

unter Mitarbeit von
P. Lehmkuhl und U. Lips
Beratung von H. Künkel

Mit 202 Abbildungen

Springer-Verlag Berlin Heidelberg GmbH

Professor Dr. INA PICHLMAYR
Dr. PETER LEHMKUHL
Privat-Dozent Dr. ULRICH LIPS

Zentrum für Anästhesiologie
der Medizinischen Hochschule Hannover,
Abteilung IV, Krankenhaus Oststadt,
Podbielskistraße 380, 3000 Hannover 51

ISBN 978-3-662-06834-2

CIP-Kurztitelaufnahme der Deutschen Bibliothek
**Pichlmayr, Ina:**
EEG-Atlas für Anästhesisten / I. Pichlmayr. Unter Mitarb. von P. Lehmkuhl u. U. Lips.
Unter Beratung von H. Künkel.

ISBN 978-3-662-06834-2      ISBN 978-3-662-06833-5 (eBook)
DOI 10.1007/978-3-662-06833-5

2119/3130-543210

# Vorwort

Der vorliegende Atlas enthält eine Sammlung spektralanalytischer EEG-Bilder und entsprechende Ausschnitte des konventionellen EEG unter anästhesiologischen Maßnahmen. Es ist eine Auswahl aus einer Reihe von EEG-Ableitungen, die während anästhesiologischer Routinemaßnahmen an einem allgemeinchirurgisch-gynäkologischen Krankengut innerhalb der letzten Jahre durchgeführt wurden. Prämedikationen, Narkoseeinleitungen, -verläufe und -ausleitungen sowie die Aufwachphase und Intensivbehandlungsverläufe sind erfaßt. Technische Handhabung und artefaktbedingte Störfaktoren für EEG-Ableitungen im Routinebetrieb werden kurz dargestellt. In den Einzelabschnitten mit spezieller Thematik werden jeweils charakteristische EEG-Befunde mit einprägsamen Darstellungen als Musterbeispiele vorangestellt. Beschreibungen von Abweichungen der gefundenen Norm, die auf die große Variabilität der hervorgerufenen cerebralen Funktionsveränderungen hinweisen, folgen.

Die im EEG dargestellten Verläufe werden beschrieben und im Zusammenhang mit klinischen Parametern beurteilt. Befriedigende Interpretationen sind gelegentlich nicht möglich, da vielfach physiologische und pathophysiologische Ursachen entsprechender cerebraler Funktionsveränderungen noch ungeklärt sind. So bleibt wiederholt die Frage offen, ob es sich bei Abweichungen von der Norm um cerebrale Ursachen, oder um Sekundärphänomene extracerebraler Störungen handelt.

Der Atlas ist eine für sich abgeschlossene Übersicht, jedoch auch eine Ergänzung des 1983 im Springer Verlag erschienenen Buches: I. Pichlmayr, U. Lips, H. Künkel: *Das Elektroenzephalogramm in der Anästhesie,* das auch entsprechende Literaturangaben, auf die hier bewußt verzichtet wird, enthält.

Zum besseren Verständnis der dargestellten EEG-Verläufe wird auf folgende Lehrbücher hingewiesen:

R. Cooper, J. W. Osselton, J. C. Shaw (1978) Elektroenzephalographie, 2. Aufl. Fischer, Stuttgart

J. Kugler (1981) Elektroenzephalographie in Klinik und Praxis, 3. Aufl. Thieme, Stuttgart

W. Christian (1982) Klinische Elektroenzephalographie, 3. Aufl. Thieme, Stuttgart

D. W. Klass, D. D. Daly (1984) Klinische Elektroenzephalographie, Fischer, Stuttgart

Die abgebildeten Elektroenzephalogramme wurden mit dem Encephaloscript 12000 der Firma Schwarzer, dem Biosignalprozessor (BIO 16) der Firma AEG-Telefunken und dem Neurotrac der Firma Engström aufgenommen.

Wir danken an dieser Stelle der Stiftung Volkswagenwerk für die Anschaffung der entsprechenden EEG-Geräte und für die großzügige Kostenübernahme des benötigten Personals und Verbrauchsgutes.

Frau R. Wulff und Frau U. Lessing wird für ihren persönlichen Einsatz bei der technischen Durchführung, bei der Aufarbeitung der EEG-Ableitungen sowie der Fertigstellung des Atlas gedankt.

Hannover, Frühjahr 1985                     I. PICHLMAYR

# Inhaltsverzeichnis

# A. Einführung

# I. Vorzüge der EEG-Registrierung in der Anästhesie

Das Vorhandensein elektrischer Aktivität ist ein Charakteristikum jeder lebenden Zelle. Elektrische Potentiale der intakten Gehirnrinde wurden über der Schädelkalotte 1924 erstmalig von Hans Berger beim Menschen abgeleitet. Dabei fanden sich sinusoidale Spannungswellen mit Frequenzen zwischen 1 und 60 pro Sekunde. Als Normwert beim Erwachsenen ergab sich eine Frequenz von 10 pro Sekunde. Frequenzverteilung und Spannung der Gehirnrindenströme verändern sich mit wechselndem cerebralem Funktionszustand, der vor allem von der aktuellen metabolischen Situation beeinflußt wird. Wachstums- und Altersprozesse, Vigilanzschwankungen, Krankheiten und zentral wirksame Medikamente bedingen metabolischfunktionelle Veränderungen, die im Elektroenzephalogramm sichtbar und somit auch beurteilbar werden.

Die in der Anästhesie benutzten Pharmaka sowie auch krankheitsbedingte, den cerebralen Funktionszustand beeinflussende Situationen führen zu allgemein-bewußtseinsabhängigen, gelegentlich zu substanzspezifischen EEG-Veränderungen. Unter der Voraussetzung der Kenntnis dieser Veränderungen ermöglichen kontinuierliche EEG-Kontrollen die aktuelle Beurteilung von Sedierungs- und Narkosetiefe sowie die Erkennung cerebraler Streß- und Mangelsituationen und damit auch eine frühzeitige Regulierung unangemessener Narkosetiefen bzw. die Therapie zur Normalisierung pathologischer Zustände.

Bei intra- oder postoperativen Vitalgefährdungen zeigt sich sowohl das Ausmaß der negativen cerebralen Beeinflussung als auch die unter Therapie eintretende oder ausbleibende Erholung im elektroencephalographischen Bild. Von der Einführung einer EEG-Überwachung in die anästhesiologische Routinearbeit ist einerseits eine allgemeine Verbesserung der Narkose durch individuell steuerbare Narkosetiefe und gleichmäßige Narkoseführung, andererseits die Vermeidung bzw. die rechtzeitige und angemessene Therapie möglicher cerebraler Schäden innerhalb des perioperativen Zeitraums zu erwarten. Die Vorteile des EEG-Monitoring in der Anästhesie liegen somit in der weiteren Verbesserung der anästhesiologischen Arbeitsqualität und in der Zunahme der Sicherheit für die betreuten Patienten.

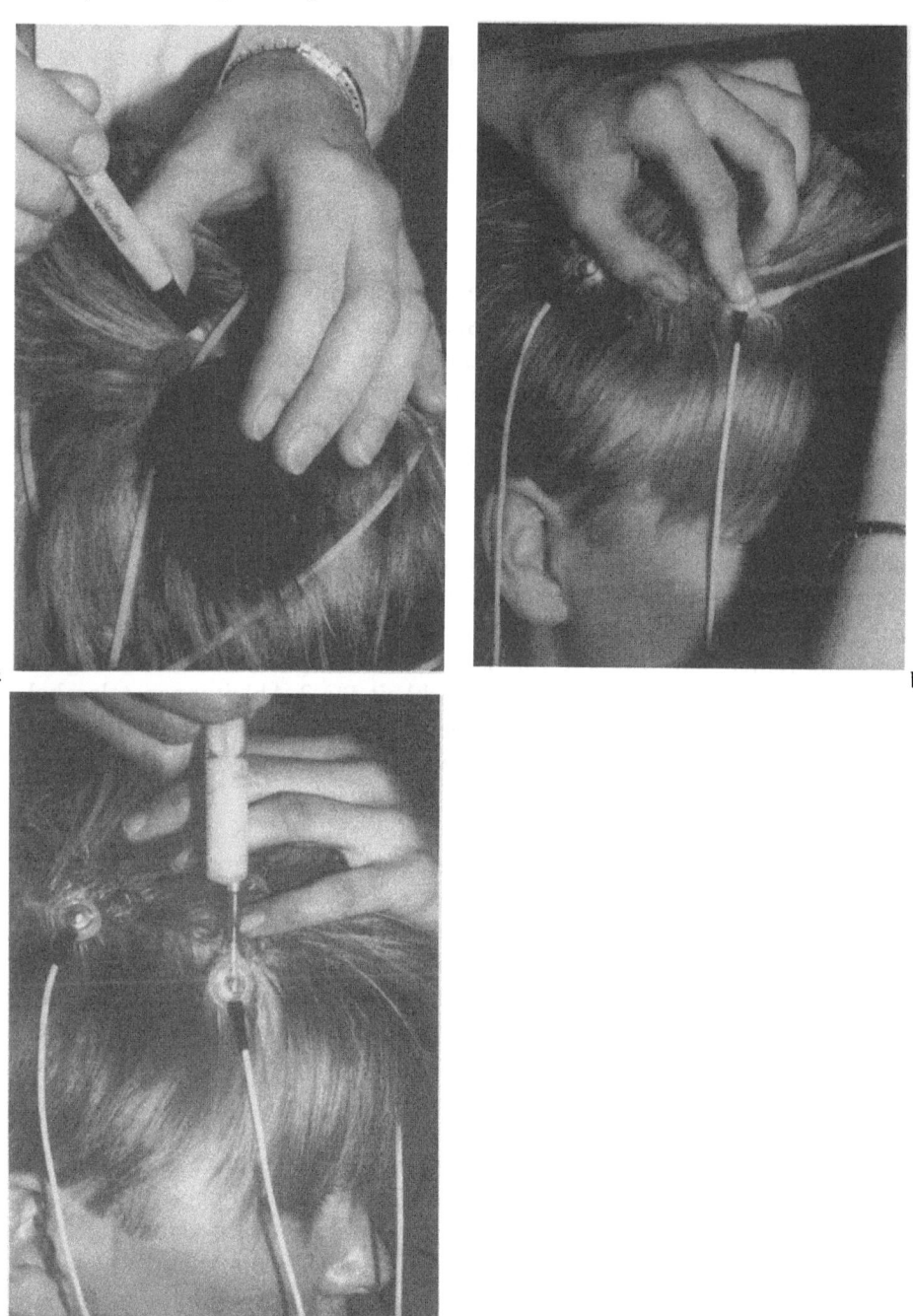

**Abbildung 1. a** Vorbereitung der Kopfhaut mit einem Hartfaserstift, **b** Aufkleben der Elektroden, **c** Auffüllen des Elektrodenhohlraums mit Elektrodencreme

# II. Technische Voraussetzungen der EEG-Registrierung in Operations- und Intensivbehandlungsbereichen

Die elektrischen Aktivitätspotentiale des Gehirns sind über die intakte Kopfhaut ableitbar. Da sie niedrige Spannungen aufweisen (5–500 μV), erfordert ihre Registrierung hohe Verstärkungen. Artefakte durch elektrische Störfelder der in Operations- und Intensivbehandlungsräumen benötigten Geräte können die EEG-Aufnahme bei üblicherweise mangelhafter Abschirmung erheblich erschweren. Ableitungen des EEG mit den modernen handelsüblichen Geräten sind jedoch generell möglich mit der empfohlenen Verstärkung von 50 μV auf 7 mm, der Zeitkonstante von 0,3 s und dem oberen Grenzbereich von 70 Hz. Während für diagnostische Aussagen und für weitergreifende therapeutische Konsequenzen die simultane Registrierung vieler Ableitungen (12 Spuren) gefordert werden muß, ist für den Bereich der reinen Narkose- und Intensivüberwachung eine Beschränkung auf kleine Geräte mit Aufzeichnungsmöglichkeit für 2 Ableitungen tolerabel. Zur Verkürzung der Leitungswege unverstärkter und damit besonders störempfindlicher Signale sind elektrische Vorverstärker möglichst dicht an der Elektrode – üblicherweise im Abnahmekopf – plaziert. Die Kombination von Elektrode und Eingangsverstärker direkt auf der Kopfhaut erscheint als besonders günstig. Als Aufnahmeelektroden bewähren sich während operativer Eingriffe Ag/AgCl-Klebeelektroden, die nach entsprechender Vorbehandlung der Kopfhaut (Enthornung mit einem Hartfaserstift, Entfettung mit Alkohol und weitere Verminderung des Hautwiderstandes mit Elektrodencreme) mit Kollodium fixiert werden (Abb. 1 a–c). Für haarfreie Kopfhautstellen sind im Handel auch mit Elektrodencreme getränkte Schaumgummiklebeelektroden erhältlich. Nadelelektroden sind am narkotisierten Patienten ebenfalls anwendbar.

Die Wahl der Ableitpunkte orientiert sich am internationalen 10-20-System (s. Abb. 2 a, b). Da narkosebedingte EEG-Veränderungen über beiden Hemisphären ähnlich verlaufen, ist bei gleichzeitiger Berücksichtigung der Ruhefrequenzverteilung im EEG die Wahl der Ableitpunkte zur Beobachtung des Narkoseverlaufs in weiten Grenzen frei. Die gewählten Ableitpunkte sollten beibehalten werden. (Die hier benutzten Ableitungen $C_3$-$P_3$ und $C_Z$-$A_1$ ermöglichen eine Registrierung sowohl hirnrindennaher als auch basaler Aktivität). Bei gleichzeitiger Benutzung mehrerer elektrischer Überwachungsgeräte an einem Patienten müssen die Sicherheitsbestimmungen der VDE für den Bereich medizinischer Elektrogeräte eingehalten werden.

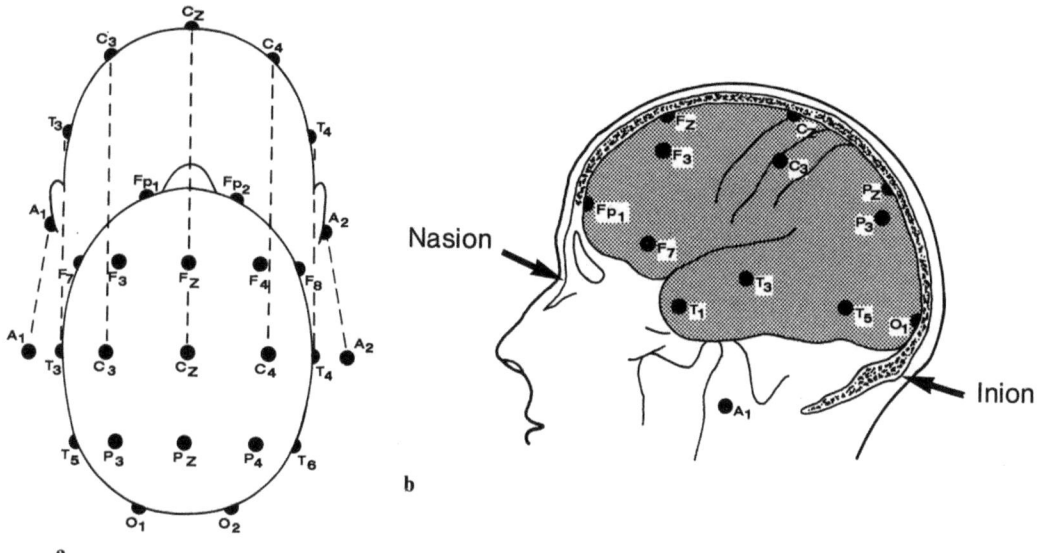

**Abbildung 2 a, b.** Elektrodenlage nach dem 10-20-System

Die kontinuierliche konventionelle EEG-Registrierung wurde bereits in der Pionierzeit der Herzchirurgie vielfach routinemäßig zur cerebralen Funktionsüberwachung während Herzoperationen mit extrakorporalem Kreislauf angewandt. Sic gibt auch für die Narkoseüberwachung in anderen Bereichen ausführliche und besonders differenzierte Aussagen, erfordert allerdings zur Interpretation eine neurophysiologische Schulung. Die nachgeschaltete computerisierte Spektralanalyse der EEG-Kurven durch einen Laborrechner mit Programmierung in On-line-Technik bietet Vorteile in der Übersicht sich verändernder EEG-Parameter und damit in ihrer Sofortbeurteilung (Abb. 3). Kompaktgeräte dieser Art werden zur Zeit als Berg-Fourier-Analyser (Fa. Schwarzer) und als Neurotrac cerebral function monitor (Fa. Engström) angeboten.

Die hier vorgestellten spektralanalytischen Darstellungen wurden mit dem Langzeit-EEG-Analysenprogramm (LEM) des Biosignalrechners BIO 16 (Fa. AEG-Telefunken) sowie mit dem Neurotrac cerebral function monitor (Fa. Engström) aufgezeichnet.

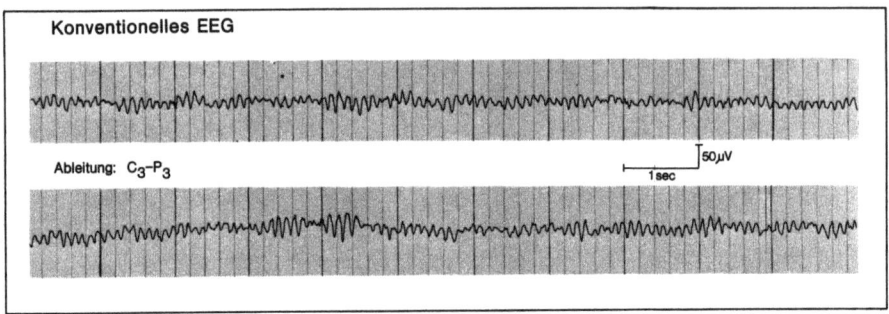

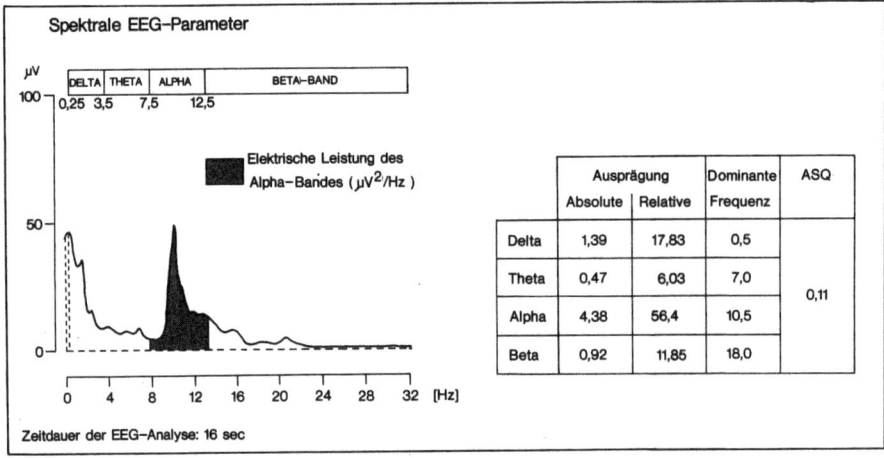

**Abbildung 3.** Schematische Darstellung der Übertragung des EEG vom Zeit- in den Frequenzbereich. **Oben:** Konventionelle EEG-Ableitung. Die elektrische Aktivität ist in Abhängigkeit von der Zeit registriert. **Unten:** Durch Fourier-Transformation im Computer wird die elektrische Leistung des Gehirns frequenzabhängig angegeben

# III. Artefakte

Durch die zur Registrierung des EEG benötigten hohen Verstärkungen werden auch Artefakte als Elemente der EEG-Kurve besonders deutlich wiedergegeben. Sie täuschen gelegentlich hirneigene Frequenzanteile, speziell im langsamen Bereich, vor und können somit vor allem bei der Beurteilung des Narkose-EEG zu Fehleinschätzungen führen. Deshalb müssen sie während der Registrierung erkannt, gekennzeichnet und wenn möglich ausgeschaltet werden. Man unterscheidet biologisch und technisch bedingte Artefakte. Biologische Artefakte sind Kunstprodukte im EEG, die durch Bewegungen, Herz-Kreislauf-Aktionen oder vegetative Reaktionen des Patienten ausgelöst werden. Sie sind durch entsprechende Aufklärung des Kranken, durch Änderung der Ableitebedingungen und durch Wechsel der Elektrodenposition zu beseitigen. Elektroden- oder Kabelartefakte sind gelegentlich biologisch, häufiger technisch bedingt. Hier verbessert vor allem die Verringerung der Elektrodenwiderstände die Registrierqualität. Technisch bedingte Artefakte sind besonders gut erkennbar. Die Ursachen – Einstreuungen von 50 Hz Wechselstrom oder Hochfrequenzstrom – sind zwar prinzipiell auffindbar und ausschaltbar, häufig jedoch besonders schwer zu beseitigen. Besondere Aufmerksamkeit erfordert die Artefakterkennung in der spektralanalytischen Darstellung des EEG. Hier zeigen sich EKG und Pulsartefakte zumeist als 1–2 Hz Peaks; sie dürfen nicht mit einer Zunahme der Aktivität im Delta-Bereich verwechselt werden. Wie alle Artefakte werden sie am besten in der konventionellen EEG-Kurve erkannt (s. Abb. 4). Muskelartefakte und Hochfrequenzartefakte liegen unter den üblichen Registrierbedingungen außerhalb des Erfassungsbereichs der Spektralanalyse (0,5–32 Hz). Aufgrund der mathematisch-technischen Gegebenheiten kann es jedoch zu einer „Spiegelung" dieser hochfrequenten Phänomene an der Abtastfrequenz der Spektralanalyse kommen. Dabei werden Aktivitäten innerhalb des für das EEG relevanten Frequenzbereichs vorgetäuscht. Dies läßt sich durch eine sorgfältige Tiefpaßfilterung im EEG-Aufnahmegerät, die Frequenzen oberhalb 70 Hz zuverlässig wegfiltert, verhindern.

Konventionelles EEG                                                    Artefakte durch:

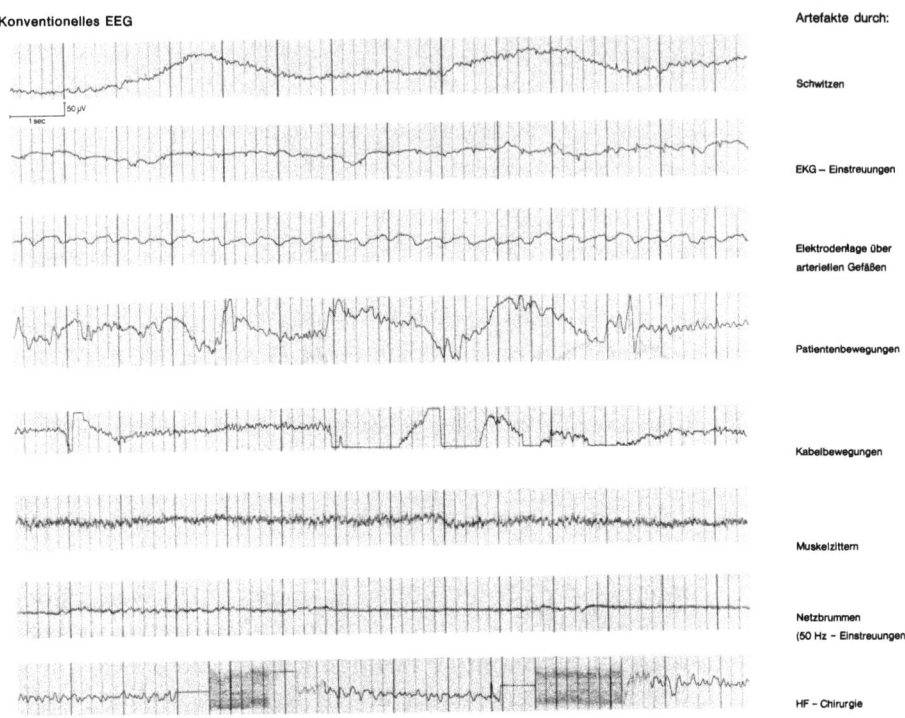

Schwitzen

EKG – Einstreuungen

Elektrodenlage über
arteriellen Gefäßen

Patientenbewegungen

Kabelbewegungen

Muskelzittern

Netzbrummen
(50 Hz – Einstreuungen)

HF – Chirurgie

**Abbildung 4.** Häufig vorkommende biologisch und technisch bedingte Artefakte sind in der konventionellen EEG-Registrierung wiedergegeben: Schwitzen kann hochamplitudige, sehr langsame Wellen hervorrufen. EKG-Einstreuungen sind leicht erkennbar. Bei Elektrodenlage über arteriellen Gefäßen wird Delta-Aktivität vorgetäuscht. Patientenbewegungen und Kabelbewegungen rufen sowohl langsame als auch an Krampfäquivalente erinnernde Wellen hervor. Netzbrummen und HF-Chirurgie sind zwar leicht zu identifizieren, verdecken jedoch die hirneigene Aktivität

# IV. EEG-Ausgangsbefunde

## 1. EEG-Grundtypen und Normabweichungen

Die Frequenzverteilung innerhalb des EEG-Spektrums zwischen 2 und 32 Hz zeigt in der Gesamtbevölkerung Betonungen bestimmter unterschiedlicher Frequenzbereiche, die als *„Dominante Frequenz"* (DF) einprägsam sichtbar und jeweils in Prozenten anzugeben sind. Am häufigsten, d.h. in 75–90%, findet sich ein *Alpha-EEG* zwischen 8 und 13 Hz; in etwa 3–4% (im höheren Alter in 28–50%) ein *Beta-EEG* zwischen 16 und 25 Hz (evtl. bis 32 Hz); in 7–8% ein *Theta-EEG* zwischen 4 und 8 Hz; in 1% ein *unregelmäßiges EEG* mit Mischbildern der Frequenzverteilung und in 4–19% ein *Niederspannungs-EEG* oder *flaches EEG* ohne Zuordnung zu einem Frequenzbereich (s. Abb. 5–9).

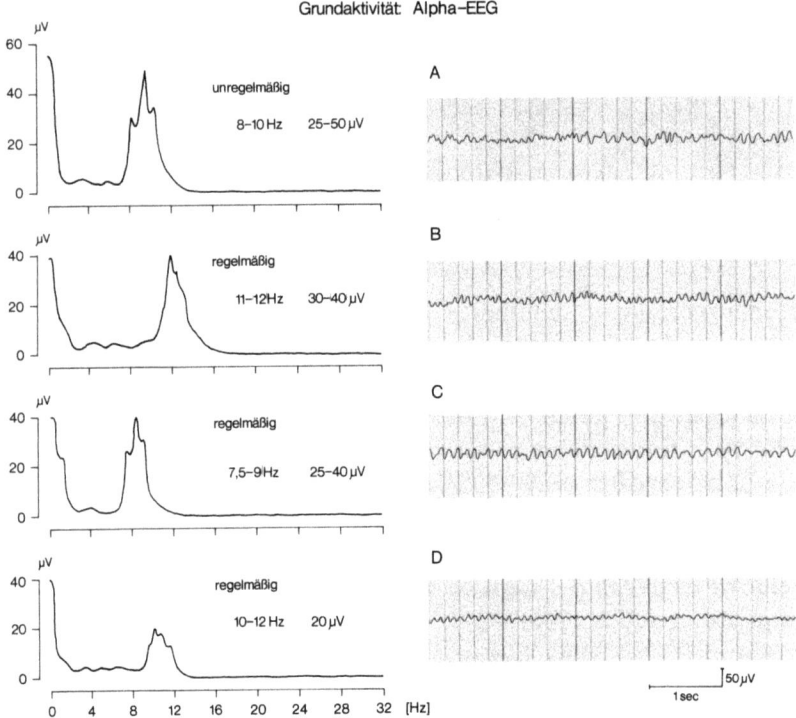

Grundaktivität: Alpha−EEG

**Abbildung 5.** Schematische Darstellung der Alpha-Grundaktivität in unterschiedlichen Formen und Ausprägungen

Grundaktivität: part. Beta -EEG

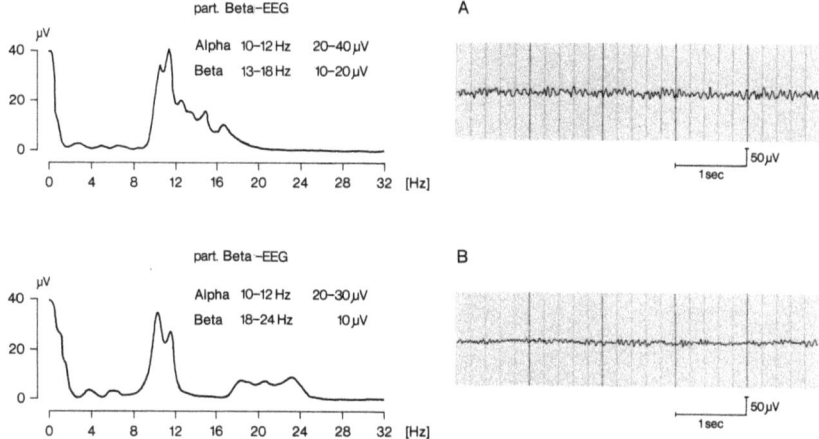

**Abbildung 6.** Schematische Darstellung partieller Beta-Grundaktivität mit Alpha- und Beta-Anteilen

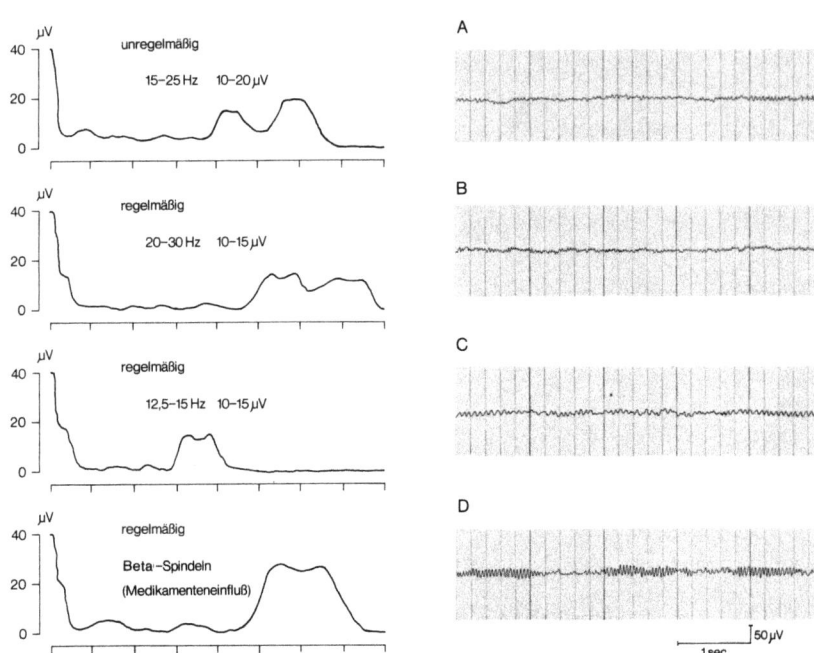

Grundaktivität: Beta–EEG

**Abbildung 7.** Schematische Darstellung von Beta-Grundaktivität in unterschiedlichen Formen und Ausprägungen

Grundaktivität: unregelmäßiges EEG

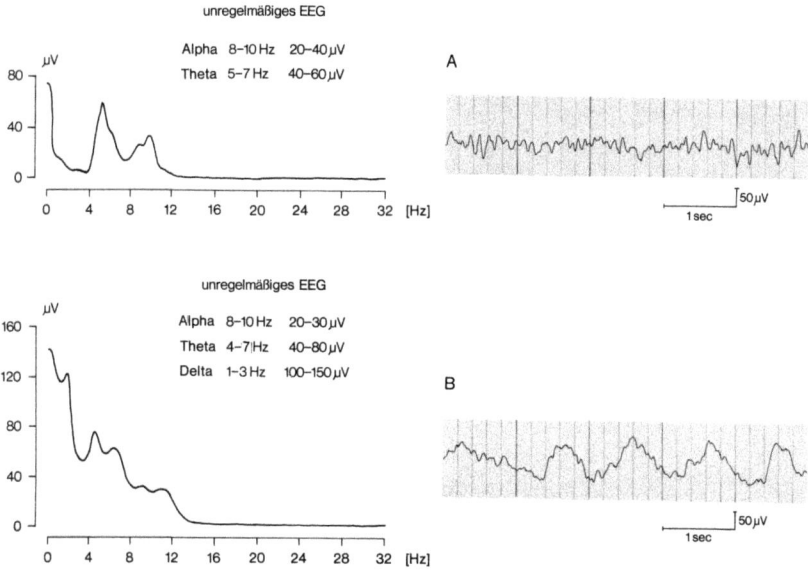

**Abbildung 8.** Schematische Darstellung unregelmäßiger EEG-Grundaktivität in 2 unterschiedlichen Ausprägungsformen

Grundaktivität:  flaches EEG

flaches EEG, bis 10 µV

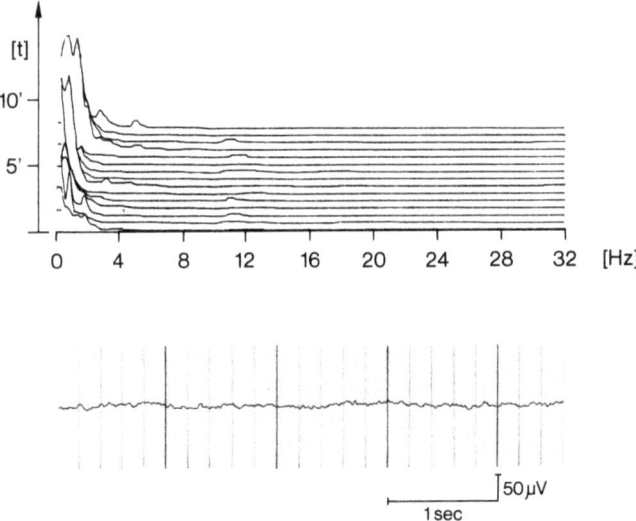

**Abbildung 9.** Darstellung eines niedergespannten bzw. eines sog. flachen EEG in spektralanalytischer und konventioneller Form

## 2. Abweichungen der EEG-Befunde in der Klinik

Das operative Krankengut zeigt – aufgrund der heute längeren Lebenser-
wartung und des darauf basierenden Anstiegs der Erkrankungsquote im zu-
nehmenden Lebensalter – gegenüber der Altersverteilung in der Gesamtbevölkerung einen erhöhten Anteil geriatrischer Patienten. Bei diesen finden
sich *in ca. 47% starke Abweichungen der Ausgangsbefunde des EEG* in Form
von unregelmäßigen oder niederfrequenten EEG-Typen, zum Teil auch pa-
thologische Veränderungen (s. Abb. 10).

Patienten leiden während des Klinikaufenthaltes durch den Verlust ihrer gewohnten Umgebung und Lebensart sowie krankheitsbedingt besonders unter Schlafstörungen, die medikamentös behandelt werden. Kurzfristige und auch chronische Einnahme von Schlafmitteln erhöht die Beta-Aktivität im EEG. *Präoperative Ausgangsbefunde zeigen daher mit ca. 29% ver-
mehrt Beta-Anteile im Frequenzbild* (s. Abb. 11).

Selbst unter adäquater und zeitgerechter medikamentöser Operationsvorbereitung können bei einem Teil der Patienten Spannung und Angst unmittelbar vor der Operation nicht vollständig ausgeschaltet werden. Dies
führt zu einer Unterdrückung (Voltagereduktion) der dominanten Ausgangsfrequenz mit dem Resultat eines Niederspannungs-EEG. *Der Prozentsatz niedergespannter EEG-Formen liegt entsprechend bei anästhesiologisch-
operativen Patienten mit 11% im oberen Grenzbereich der Norm* (s. Abb. 11).

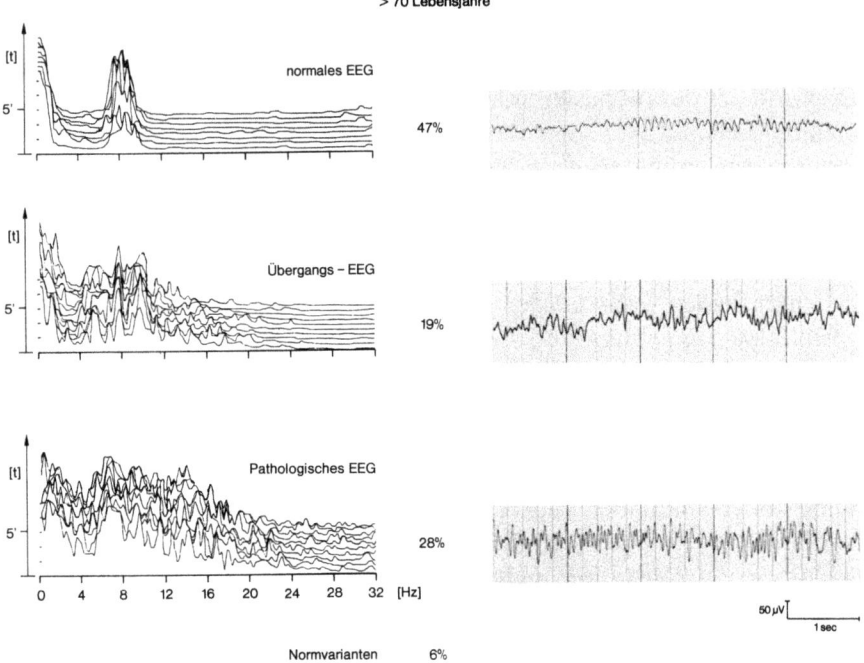

**Abbildung 10.** Übersicht der EEG-Ausgangsbefunde bei geriatrischen Patienten (n = 250) eines allgemeinchirurgischen Krankengutes

20. - 50. Lebensjahr

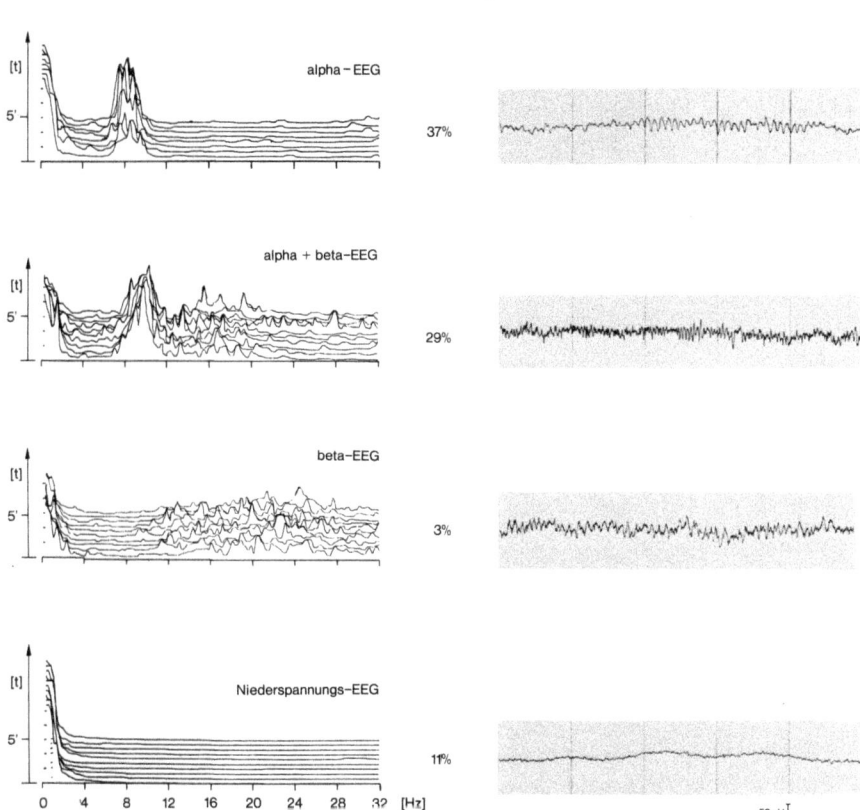

**Abbildung 11.** Übersicht der EEG-Ausgangsbefunde bei Patienten zwischen dem 20. und 50. Lebensjahr (n = 750) aus einem allgemeinchirurgischen Krankengut

# B. EEG-Bilder unter anästhesiologischen Medikationen und perioperativen Einflüssen

# I. Prämedikation

Die medikamentöse Operationsvorbereitung durch Gabe eines Vagolytikums in Kombination mit sedierenden, angst- und – bei Bedarf – schmerzlindernden Pharmaka erleichtert die Narkoseeinleitung und -führung. Die Wahl der Einzelkomponenten unterliegt keinen allgemeingültigen Regeln, sondern ist dem praktisch tätigen Anästhesisten überlassen, der sie nach persönlicher Erfahrung sowie nach den Bedürfnissen des einzelnen Patienten und nach den Gegebenheiten des zu erwartenden Eingriffs trifft. Die Prämedikation beeinflußt neben anderen Wirkungen das Bewußtsein. Dabei ergeben sich pharmakospezifische, individuell graduierte und altersabhängige Unterschiede, die sich im EEG registrieren lassen.

Das Vagolytikum *Atropin* führt in gebräuchlicher Dosierung nicht zu sicher reproduzierbaren EEG-Veränderungen. Die übrigen zur Prämedikation benutzten Substanzen (z. B. *Pethidin, Triflupromazin, Promethazin*) verändern das EEG in gleicher Weise. Sedierende Eigenschaften von Analgetika und Tranquilizern führen zu einer mehr oder weniger stark ausgeprägten Unterdrückung der Ausgangsaktivität und zu einer leichten Aktivierung niedriger Frequenzen, während analgetische Effekte dieser Substanzen im EEG nicht sichtbar werden. *Diazepam* und *Thalamonal* nehmen eine Sonderstellung ein. Diazepam führt zu einer Aktivierung der Beta-Frequenzen zwischen 13 und 25 Hz, Thalamonal zu einer „Stabilisierung" der Ausgangsaktivität (gewöhnlich: „Alpha-Stabilisierung").

## 1. Atropin

Die Atropingabe innerhalb der Prämedikation zielt auf eine Dämpfung unerwünschter vagaler Reflexe sowie auf eine Verminderung der nach Narkoseeinleitung üblichen Salivation.

**Abbildung 12**

| | |
|---|---|
| Ausgangs-EEG | Alpha-EEG |
| Nach intravenöser Applikation | Keine Veränderungen der hirnelektrischen Aktivität |
| Beurteilung | Keine Substanzwirkung auf die cerebrale Funktion. Passagere Schwankungen der Alpha-Aktivität sind spontanen Vigilanzschwankungen des Patienten, nicht pharmakologischen Wirkungen zuzuordnen |
| Ableitung | $C_Z$-$A_1$; Eichung: 50 µV = 7 mm; Reg. Geschw.: 30 mm/s; Filter: 70 Hz; ZK: 0,3 s; Spektralanalyse in 30-s-Epochen |
| Medikation | Atropin 0,5 mg |

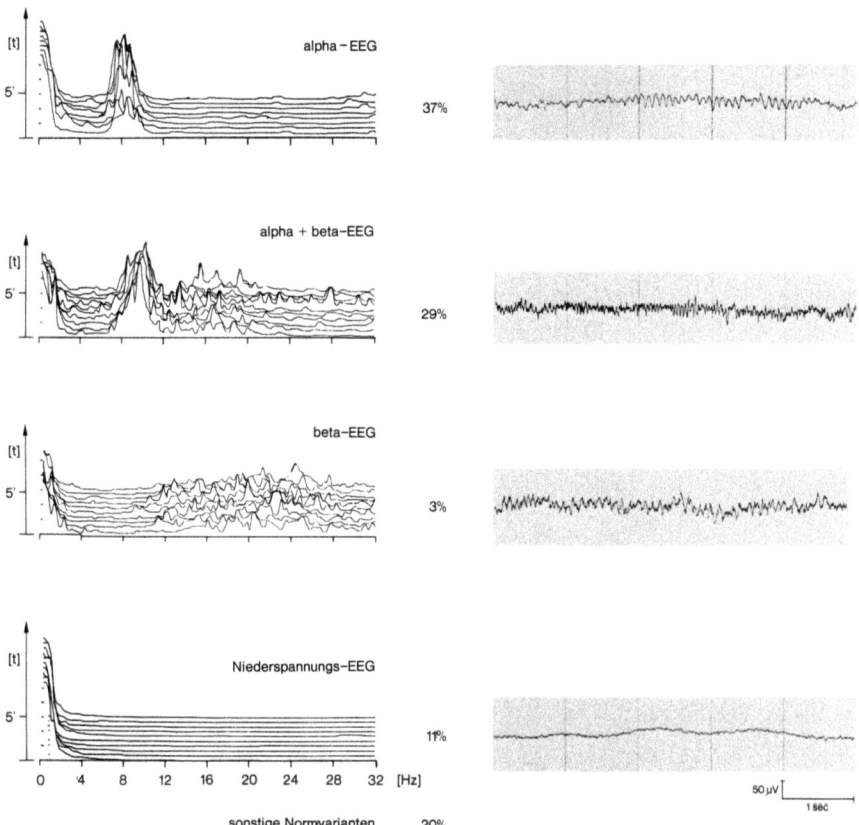

alpha–EEG 37%

alpha + beta–EEG 29%

beta–EEG 3%

Niederspannungs–EEG 11%

sonstige Normvarianten 20%

**Abbildung 13**

| | |
|---|---|
| Ausgangs-EEG | Unregelmäßiges EEG (Alters-EEG mit allgemeiner Frequenzverlangsamung) |
| Nach intravenöser Applikation | Die Atropingabe führt nicht zu weiteren Alterationen der elektrischen Hirnaktivität |
| Beurteilung | Keine Wirkung der Substanz auf das cerebrale Funktionsverhalten |
| Ableitung | $C_Z$-$A_1$; Eichung: 50 µV = 7 mm; Reg. Geschw.: 30 mm/s; Filter: 70 Hz; ZK: 0,3 s; Spektralanalyse in 30 s-Epochen |
| Medikation | Atropin 0,5 mg |

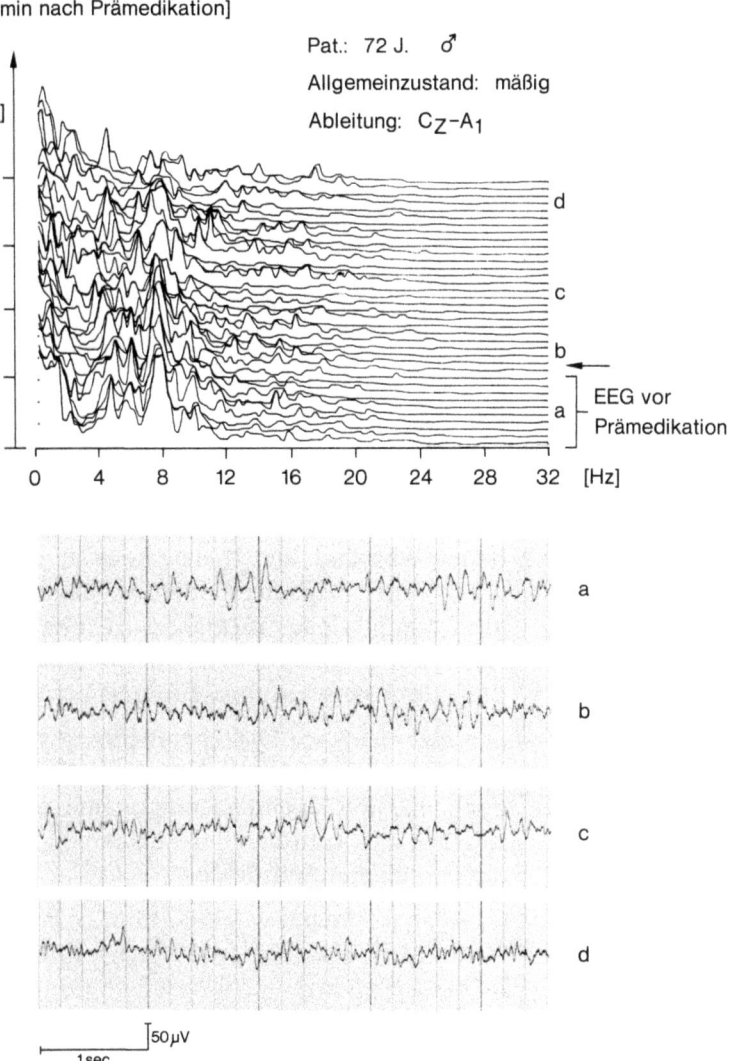

[min nach Prämedikation]

Pat.: 72 J. ♂

Allgemeinzustand: mäßig

Ableitung: $C_Z-A_1$

EEG vor
Prämedikation

a

b

c

d

50 µV

1 sec

## 2. Diazepam

Diazepam gilt als klassischer Vertreter der Ataraktika vom Benzodiazepin-typ. Die zentralen klinischen Wirkungen umfassen Anxiolyse, Sedierung, psychische Indifferenz und Abnahme intellektueller Kritikfähigkeit. Zusätzlich führt Valium auf spinaler Ebene zu leichter Muskelrelaxation und geringer Analgesie durch Hemmung der Schmerzumschaltung.

EEG-Korrelat einer Diazepam-Medikation ist eine Aktivierung der Beta-Aktivität. Bei hohen Dosierungen treten Delta-Aktivitäten als Ausdruck einer sedativ-narkotischen Komponente auf.

**Abbildung 14**

| | |
|---|---|
| Ausgangs-EEG | Alpha-EEG |
| Nach intravenöser Applikation | Rasche Aktivitätssteigerung im Theta- und Beta-Band. Während die Theta-Aktivität, die als Ausdruck einer Vigilanzminderung angesehen wird, nach 5 min wieder rückläufig ist, bleibt die Beta-Aktivierung – mit abnehmender Tendenz – bis zum Ende des Überwachungszeitraums bestehen |
| Beurteilung | Die hier sichtbare Diazepamwirkung wird als charakteristisch angesehen. Während die Theta-Betonung die beruhigende Komponente der Substanz zeigt, ist das Auftreten der Beta-Anteile Äquivalent der psychischen Indifferenz |
| Ableitung | $C_2$-$A_1$; Eichung: $\mu V = 7$ mm; Reg. Geschw.: 30 mm/s; Filter: 70 Hz; ZK: 0,3 s; Spektralanalyse in 30 s-Epochen |
| Medikation | Valium 20 mg |

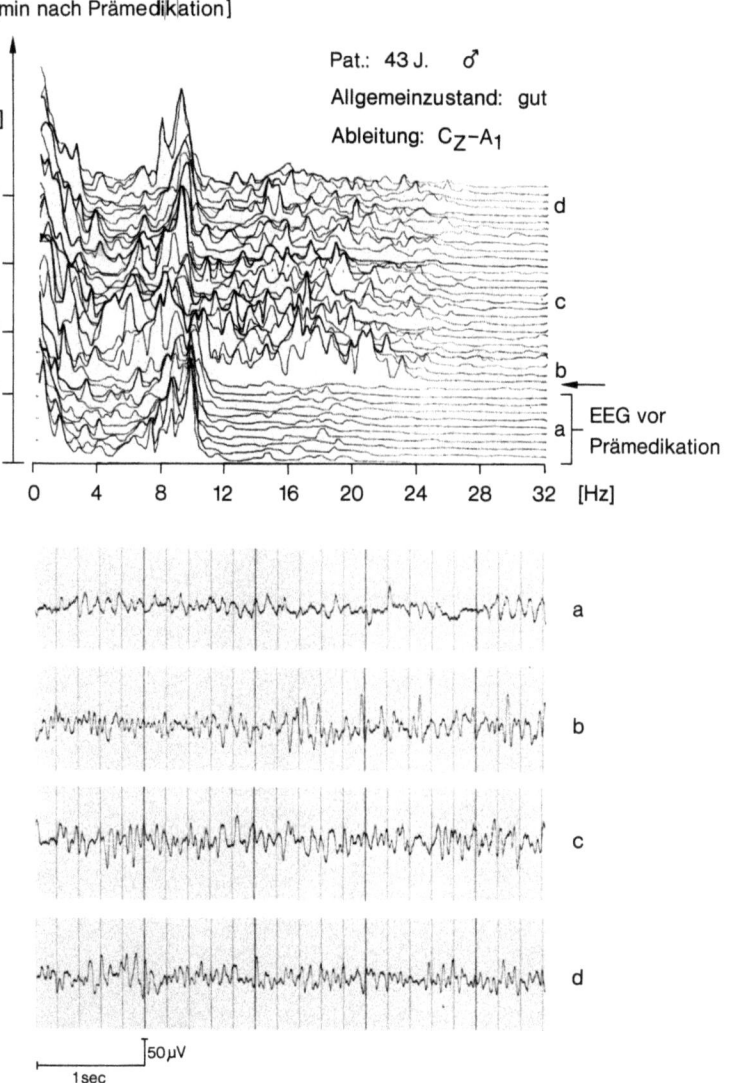

[min nach Prämedikation]

[t]

Pat.: 43 J.  ♂
Allgemeinzustand: gut
Ableitung: $C_Z-A_1$

15'

10'

5'

0'

d

c

b

a

EEG vor
Prämedikation

0   4   8   12   16   20   24   28   32   [Hz]

a

b

c

d

50 µV

1 sec

**Abbildung 15**

| | |
|---|---|
| Ausgangs-EEG | Partielles Beta-EEG (altersgeprägtes, noch normales EEG) |
| Nach intravenöser Applikation | Das EEG erfährt durch die Diazepamapplikation eine Auflösung der Ruheaktivität und Leistungssteigerungen im Delta-Theta-Band. Nach Rückkehr der Alpha-Aktivität (10 min nach Injektion) findet sich ebenfalls keine diazepamtypische Beta-Aktivierung |
| Beurteilung | Keine diazepamspezifische Veränderung. Die sedativ-narkotische Wirkungskomponente des Diazepam steht hier im Vordergrund |
| Ableitung | $C_3$-$P_3$; Eichung: 50 µV = 7 mm; Reg. Geschw.: 30 mm/s; Filter: 70 Hz; ZK: 0,3 s; Spektralanalyse in 30-s-Epochen |
| Medikation | Valium 20 mg |

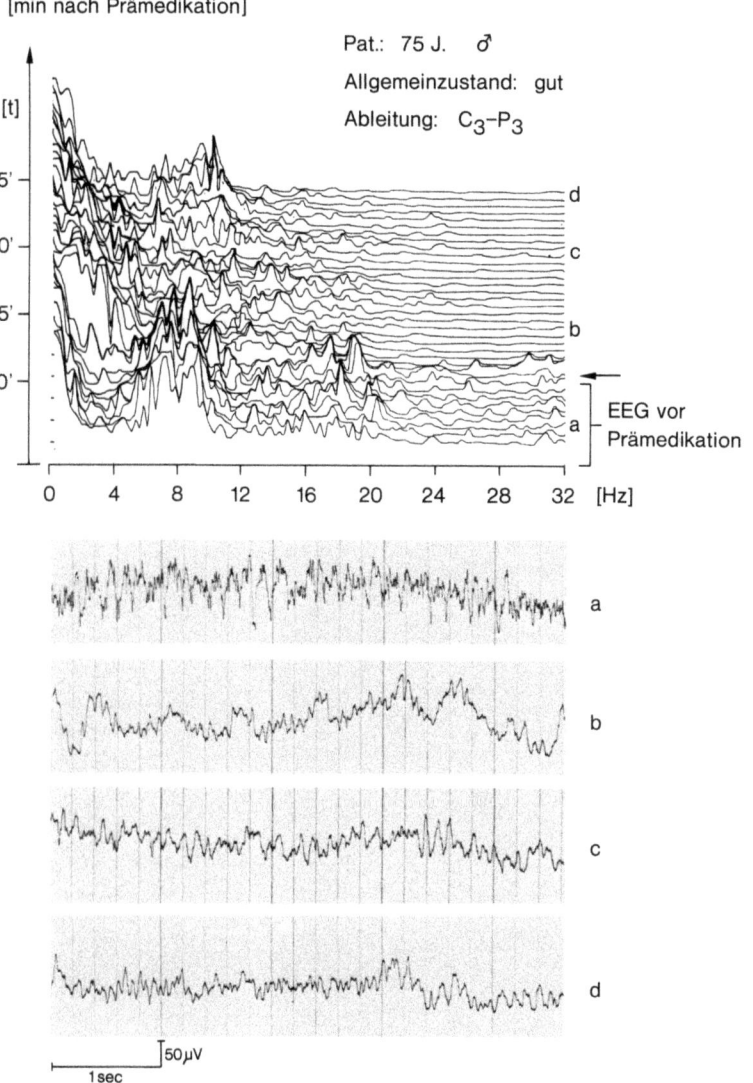

[min nach Prämedikation]

Pat.: 75 J. ♂

Allgemeinzustand: gut

Ableitung: C₃–P₃

EEG vor
Prämedikation

50 µV

1 sec

**Abbildung 16**

| | |
|---|---|
| Ausgangs-EEG | Partielles Beta-EEG |
| Nach intravenöser Applikation | Die Diazepaminjektion führt lediglich zu einer Betonung der Beta-Anteile der Ruheaktivität sowie zu einer kurzfristigen Verminderung der oberen Grenzfrequenz |
| Beurteilung | Geringe Diazepamwirkung mit nur leichter klinisch erkennbarer Sedierung |
| Ableitung | $C_3$-$P_3$; Eichung: 50 µV = 7 mm; Reg. Geschw.: 30 mm/s; Filter: 70 Hz; ZK: 0,3 s; Spektralanalyse in 30-s-Epochen |
| Medikation: | Valium 20 mg |

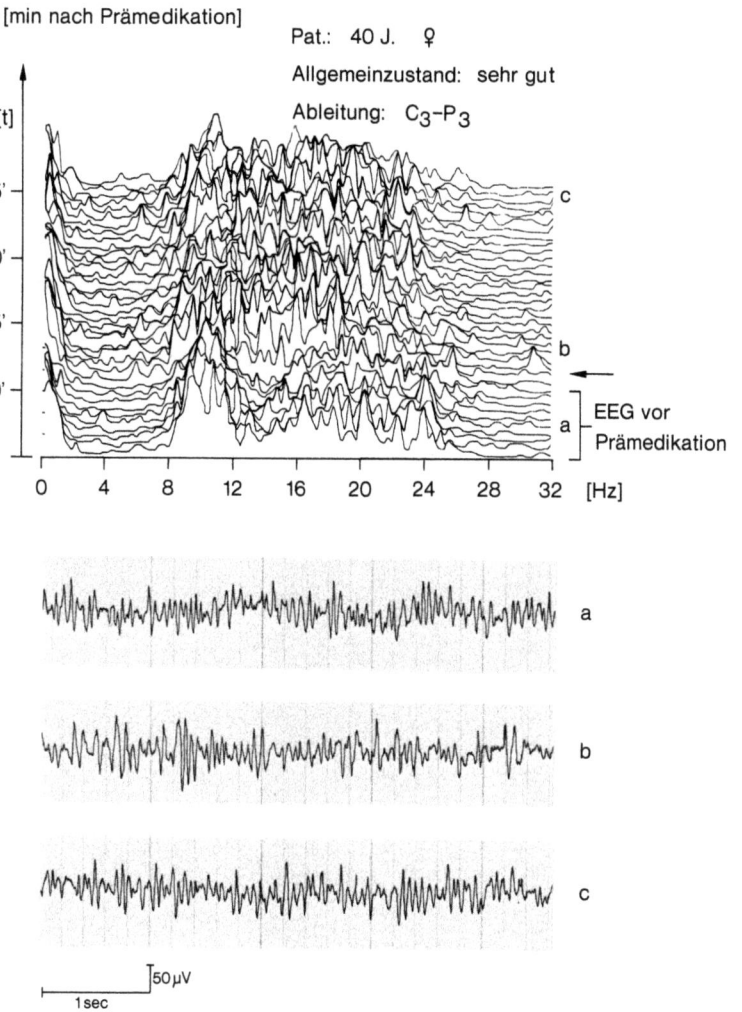

[min nach Prämedikation]

Pat.: 40 J.   ♀

Allgemeinzustand: sehr gut

Ableitung: $C_3-P_3$

EEG vor
Prämedikation

a

$50\,\mu V$

1 sec

## Abbildung 17

| | |
|---|---|
| Ausgangs-EEG | Niederspannungs-EEG |
| Nach intravenöser Applikation | Es treten unregelmäßige Frequenzen vom Theta-Band bis in den hohen Beta-Bereich auf |
| Beurteilung | Die aufgetretenen EEG-Veränderungen ähneln dem EEG-Bild einer Cerebralsklerose und sind nur bedingt als medikamentenspezifisch anzusehen. Die klinisch eingetretene Sedierung geht aus der Betonung niedriger Frequenzanteile hervor. Die im EEG sichtbare starke Reaktion läßt das niedergespannte Ausgangs-EEG als angstbedingt erscheinen |
| Ableitung | $C_3$-$P_3$; Eichung: 50 µV = 7 mm; Reg. Geschw.: 30 mm/s; Filter: 70 Hz; ZK: 0,3 s; Spektralanalyse in 30-s-Epochen |
| Medikation | Valium 20 mg |

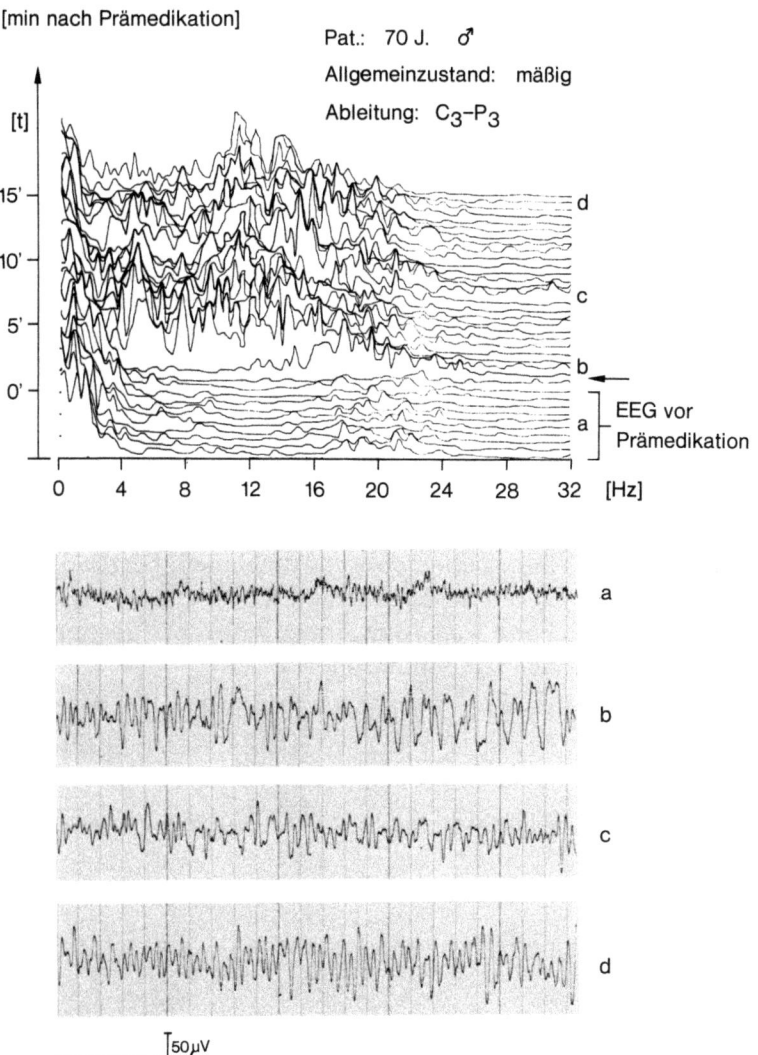

[min nach Prämedikation]

Pat.: 70 J. ♂
Allgemeinzustand: mäßig
Ableitung: $C_3-P_3$

[t]

15'
10'
5'
0'

0  4  8  12  16  20  24  28  32  [Hz]

d
c
b
a

EEG vor
Prämedikation

a
b
c
d

$50\,\mu V$
1 sec

### 3. Triflupromazin (Psyquil)

Triflupromazin ist ein Phenothiazinderivat, das als Tranquilizer bzw. hoch
dosiert als Neuroleptikum wirkt. Seine antiemetischen Eigenschaften sind
Grund für seine Anwendung zur Prämedikation bei Patienten mit entsprechender Indikation.

### Abbildung 18

| | |
|---|---|
| Ausgangs-EEG | Unregelmäßiges EEG (0,5–9 Hz) |
| Nach intravenöser Medikation | Fortbestehen der Ausgangsaktivität mit zusätzlicher Aktivierung der Frequenzen von 9–16 Hz |
| Beurteilung | Bei dem noch jungen Patienten ist das Ruhe-EEG auffällig verlangsamt. Bei klinisch fehlender cerebraler Symptomatik ist eine Normvariante ohne pathologischen Wert anzunehmen. Hierfür spricht die normale Reagibilität des ZNS auf die Medikation in Form von Aktivierung schneller Frequenzen nach der Triflupromazingabe |
| Ableitung | $C_Z$-$A_1$; Eichung: 50 µV = 7 mm; Reg. Geschw.: 30 mm/s; Filter; 70 Hz; ZK: 0,3 s; Spektralanalyse in 30-s-Epochen |
| Medikation | Psyquil 10 mg |

[min nach Prämedikation]

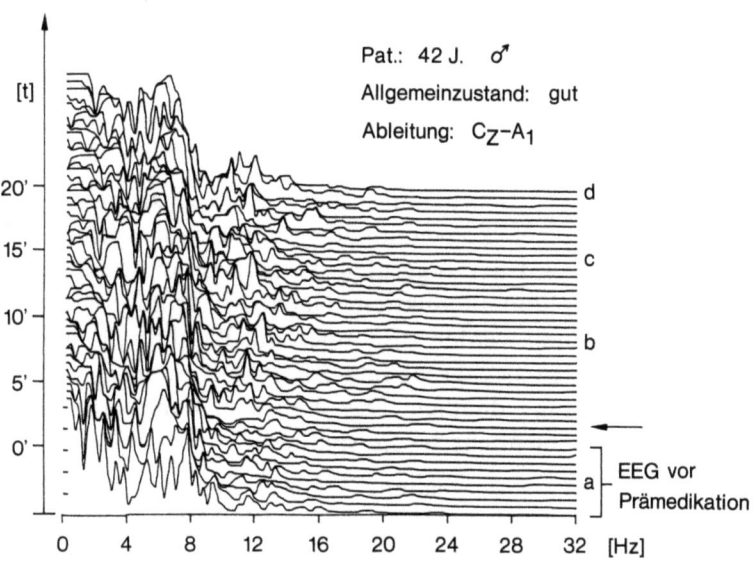

Pat.: 42 J. ♂
Allgemeinzustand: gut
Ableitung: $C_Z-A_1$

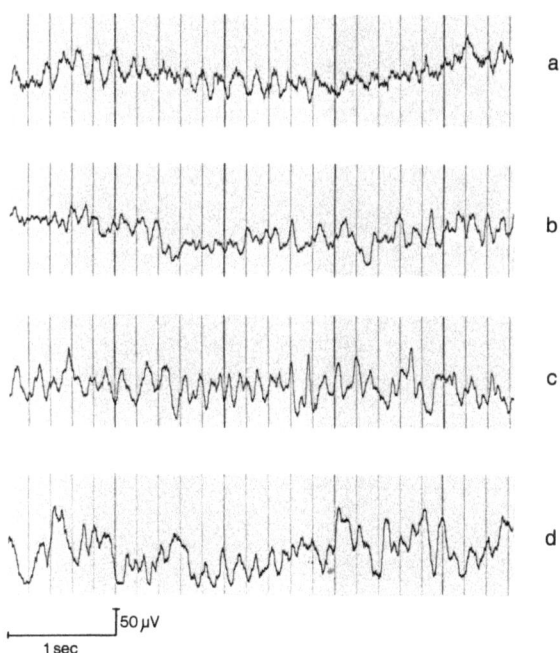

50 µV

1 sec

**Abbildung 19**

| | |
|---|---|
| Ausgangs-EEG | Niederspannungs-EEG (Spektralanalyse), nieder-amplitudiges Alpha-EEG (konventionelles EEG) |
| Nach intravenöser Medikation | Aufbau einer hochgespannten Alpha-Aktivität (DF 10 Hz) |
| Beurteilung | Die Beurteilungsdifferenz des Ausgangs-EEG zwischen konventioneller Kurve und Spektralanalyse wird hervorgerufen durch eine angstbedingte Amplitudenreduktion. Nach der Triflupromazininjektion werden zusammen mit Beruhigung des Patienten hochgespannte EEG-Aktivitäten in der Ableitung deutlich. Das Auftreten hoher Alpha-Wellen entspricht der Entspannung |
| Ableitung | $C_3$-$P_3$; Eichung: 50 µV = 7 mm; Reg. Geschw.: 30 mm/s; Filter: 70 Hz; ZK: 0,3 s; Spektralanalyse in 30-s-Epochen |
| Medikation | Psyquil 10 mg |

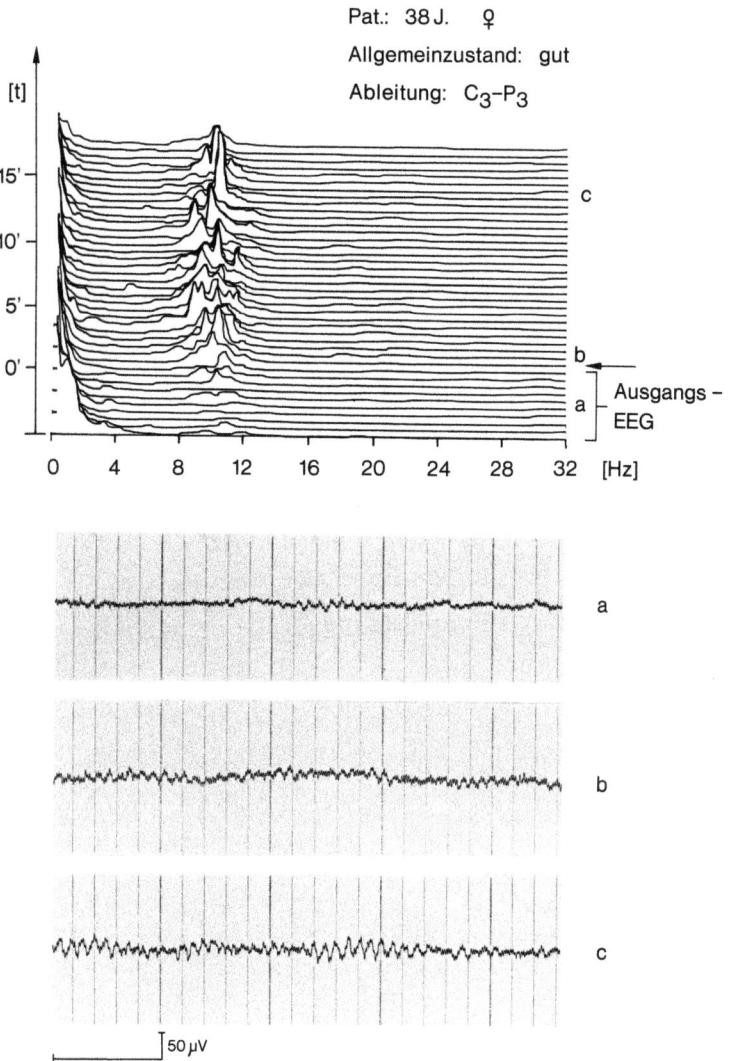

Pat.: 38 J.　♀

Allgemeinzustand: gut

Ableitung: $C_3-P_3$

**Abbildung 20**

| | |
|---|---|
| Ausgangs-EEG | Alpha-EEG |
| Nach intravenöser Medikation | Leistungssteigerung der Alpha-Aktivität und Aktivierung des Beta-Bandes im Bereich 12,5–20 Hz. Geringfügige Leistungszunahme des Theta-Bandes |
| Beurteilung | Charakteristisches EEG-Bild nach Verabreichung eines Minortranquilizers mit Stabilisierung der Alpha-Aktivität und Beta-Aktivierung, die einer positiven Stimmungsbeeinflussung entsprechen. Die leichte Theta-Aktivierung weist auch auf sedative Effekte hin. Das vorliegende Hirnstrombild entspricht klinisch einer adäquaten Prämedikationsdosierung |
| Ableitung | $C_3$-$P_3$; Eichung 50 µV = 7 mm; Reg. Geschw.: 30 mm/s; Filter: 70 Hz; ZK: 0,3 s; Spektralanalyse in 30-s-Epochen |
| Medikation | Psyquil 10 mg |

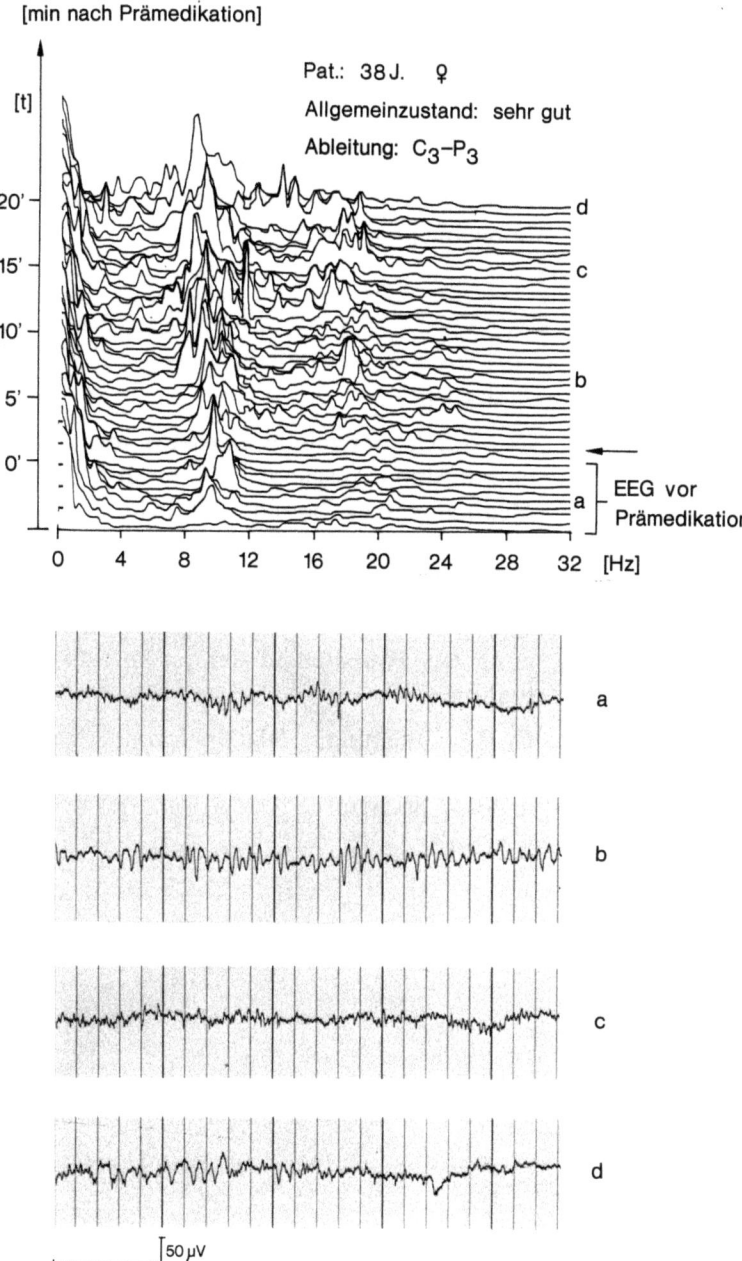

[min nach Prämedikation]

[t]

Pat.: 38 J.  ♀

Allgemeinzustand: sehr gut

Ableitung: C₃–P₃

EEG vor
Prämedikation

a

b

c

d

50 µV
1 sec

## 4. Promethazin

Promethazin gehört zu der älteren Gruppe von Neuroleptika. Neuroleptische Potenzen sind mit antiallergischen Wirkungen kombiniert. Entsprechend der geringen Vigilanzbeeinträchtigung durch die neuroleptische Komponente sind auch die Auswirkungen auf das EEG gering. Es kommt vorwiegend zur Leistungssteigerung des Alpha-Bandes, wobei klinisch Wohlgefühl und Euphorie beobachtet werden.

### Abbildung 21

| | |
|---|---|
| Ausgangs-EEG | Alpha-EEG |
| Nach intravenöser Applikation | Das durch mangelnde Entspannung mäßig ausgeprägte Alpha-Ausgangs-EEG erfährt ca. 7 min nach Medikamentengabe eine deutliche Leistungssteigerung. Die übrigen Frequenzbereiche bleiben unverändert |
| Beurteilung | Die EEG-Veränderung entspricht einer Entspannung des Patienten in der präoperativen Angstsituation |
| Ableitung | $C_3$-$P_3$; Eichung: 50 µV = 7 mm; Reg. Geschw.: 30 mm/s; Filter: 70 Hz; ZK: 0,3 s; Spektralanalyse in 30-s-Epochen |
| Medikation | Atosil 50 mg |

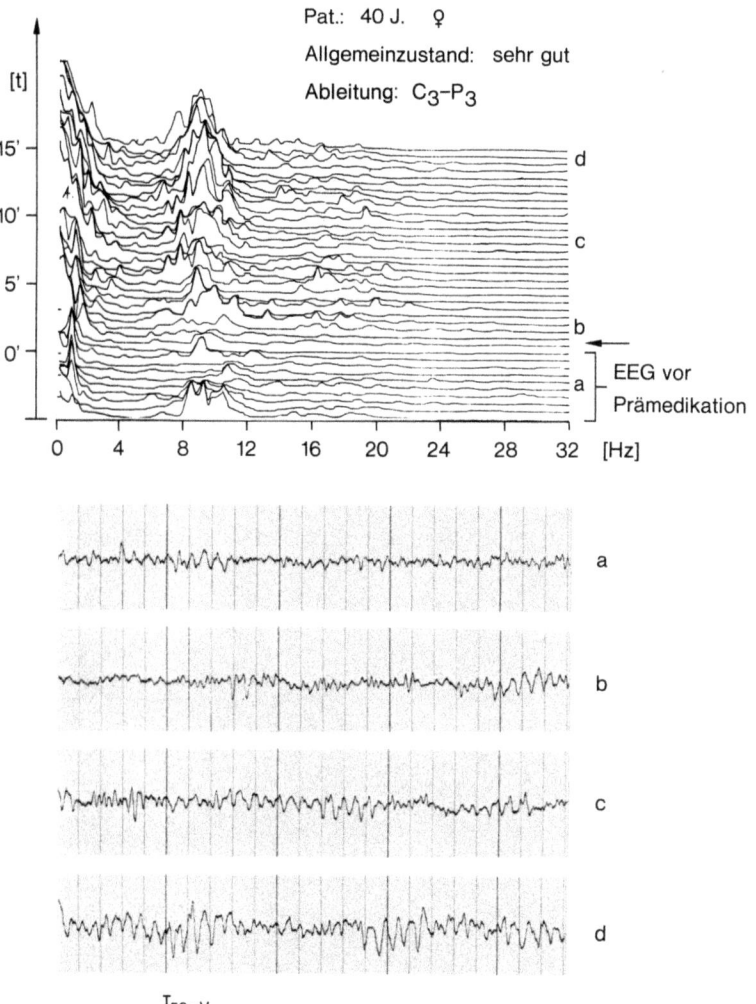

[min nach Prämedikation]

Pat.: 40 J.  ♀

Allgemeinzustand:  sehr gut

Ableitung:  C₃–P₃

**Abbildung 22**

| | |
|---|---|
| Ausgangs-EEG | Unregelmäßiges EEG (pathologisch verändertes Alters-EEG) |
| Nach intravenöser Applikation | Nach kurzfristiger Aktivierung der Beta-Anteile kommt es zu einer bleibenden Aktivierung des Delta-Theta-Bereichs (0,5–7,5 Hz) |
| Beurteilung | Die starke Betonung der langsamen Frequenzanteile weist auf eine cerebrale Funktionseinschränkung im Sinne einer narkotischen Wirkung der Substanz bei dem 70jährigen Patienten hin |
| Ableitung | $C_3$-$P_3$; Eichung: 50 µV = 7 mm; Reg. Geschw.: 30 mm/s; Filter: 70 Hz; ZK: 0,3 s; Spektralanalyse in 30-s-Epochen |
| Medikation | Atosil 50 mg |

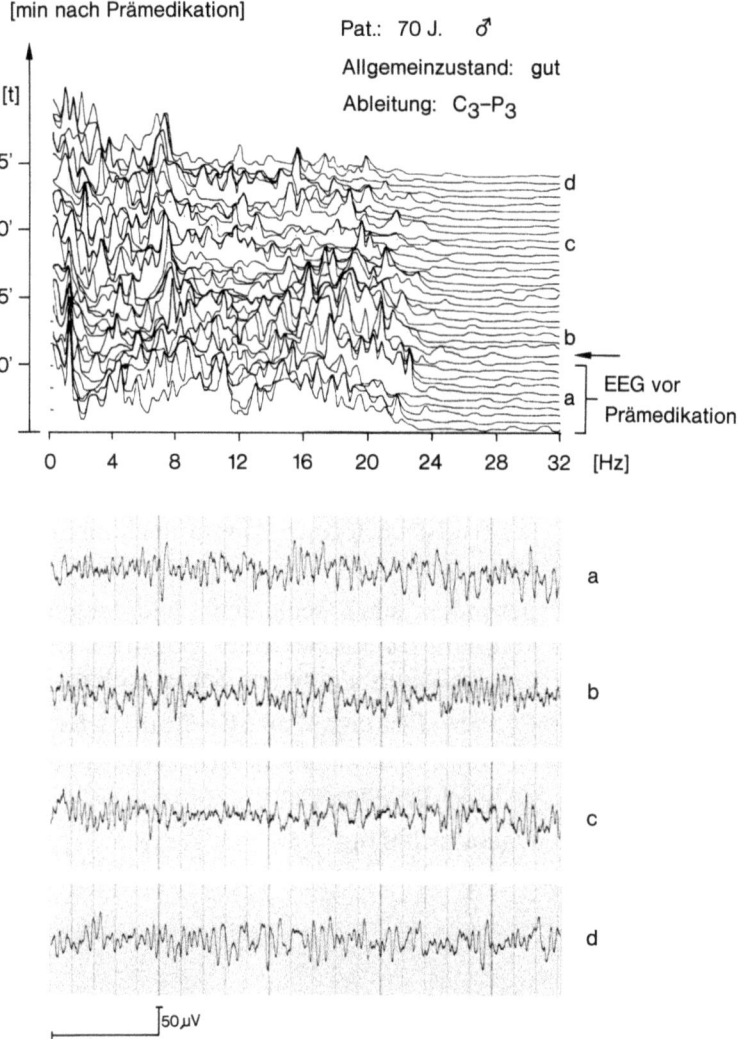

[min nach Prämedikation]

Pat.: 70 J. ♂

Allgemeinzustand: gut

Ableitung: $C_3-P_3$

[t]

15'

10'

5'

0'

0  4  8  12  16  20  24  28  32  [Hz]

d

c

b

a

EEG vor
Prämedikation

a

b

c

d

50 µV

1 sec

## 5. Pethidin

Pethidin ist das erste synthetische Opiat mit weiter klinischer Verbreitung. Es ist etwa 10mal stärker wirksam als Morphin. Neben guten analgetischen und leicht euphorisierenden Wirkungen zeigt die Substanz dosisabhängig die typische Nebenwirkung von Opiaten, nämlich die Atemdepression.

**Abbildung 23**

| | |
|---|---|
| Ausgangs-EEG | Alpha-EEG |
| Nach intravenöser Applikation | Es kommt zu einer starken Leistungsreduktion der Alpha-Aktivität. Gleichzeitig zeigt das Delta-Theta-Band eine deutliche Leistungssteigerung. Die Medikamentenwirkung, die sich klinisch in tiefem Schlaf äußert, ist auch nach 45 min noch nicht abgeklungen |
| Beurteilung | Besonders stark sedierende und lang anhaltende Pethidinwirkung bei einer geriatrischen Patientin, die sich klinisch in tiefem Schlaf äußert |
| Ableitung | $C_3$-$P_3$; Eichung: 50 µV = 7 mm; Reg. Geschw.: 30 mm/s; Filter: 70 Hz; ZK: 0,3 s; Spektralanalyse in 30-s-Epochen |
| Medikation | Dolantin 100 mg |

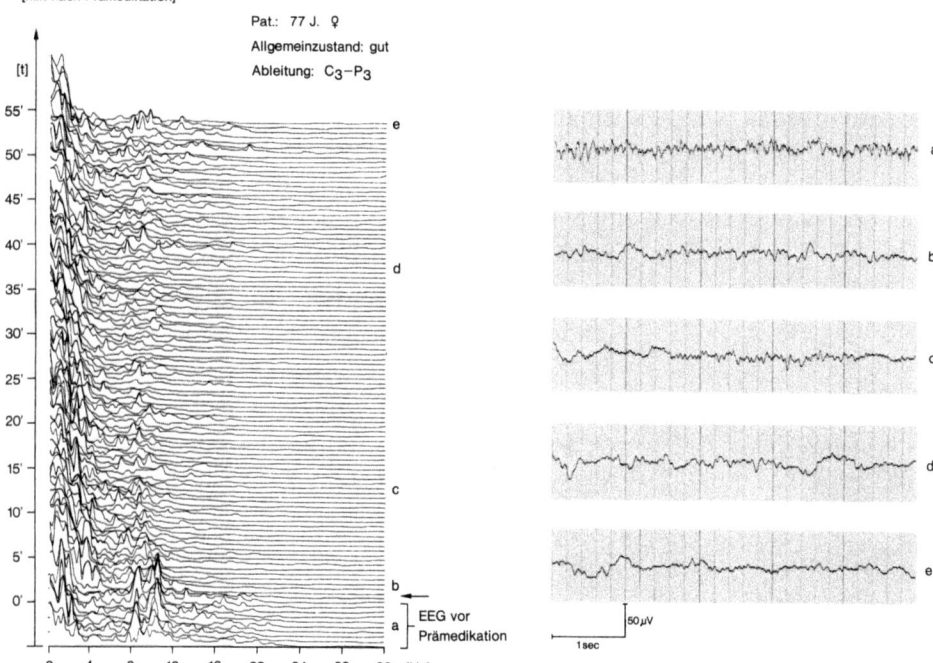

[min nach Prämedikation]

Pat.: 77 J. ♀

Allgemeinzustand: gut

Ableitung: C₃–P₃

**Abbildung 24**

| | |
|---|---|
| Ausgangs-EEG | Partielles Beta-EEG |
| Nach intravenöser Applikation | Die vorbestehende Beta-Aktivität wird weitgehend eingeschränkt, die Alpha-Aktivität in ihrer Leistung deutlich gemindert. Zusätzlich zeigen sich Leistungssteigerungen des Delta- und Theta-Bandes (0,5–6 Hz). Nach 35 min erfolgt eine weitgehende Rückkehr zum Bild des Ausgangs-EEG |
| Beurteilung | Charakteristische und lang anhaltende stark sedierende Pethidinwirkung. Äquivalent der sedativ-hypnotischen Opiatkomponente ist die Aktivitätszunahme langsamer Frequenzanteile |
| Ableitung | $C_3$-$P_3$; Eichung: 50 µV = 7 mm; Reg. Geschw.: 30 mm/s; Filter: 70 Hz; ZK: 0,3 s; Spektralanalyse in 30-s-Epochen |
| Medikation | Dolantin 100 mg |

[min nach Prämedikation]

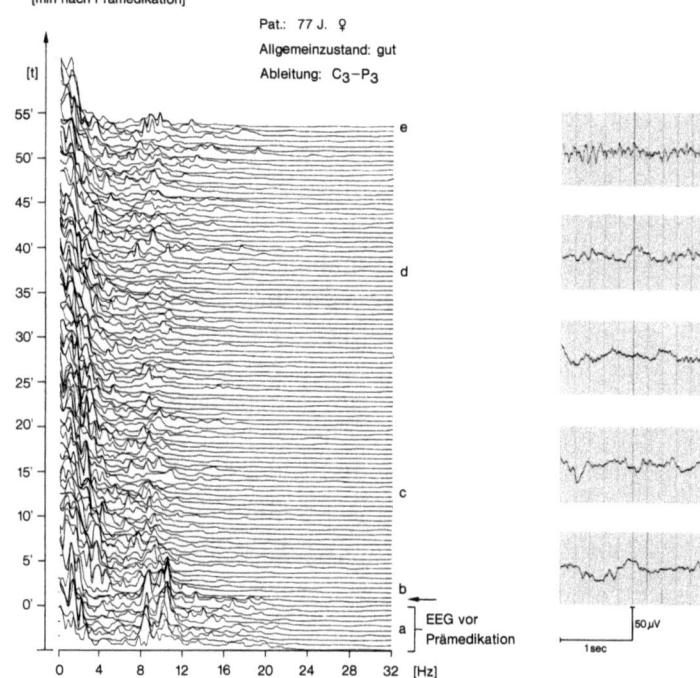

Pat.: 77 J. ♀

Allgemeinzustand: gut

Ableitung: $C_3-P_3$

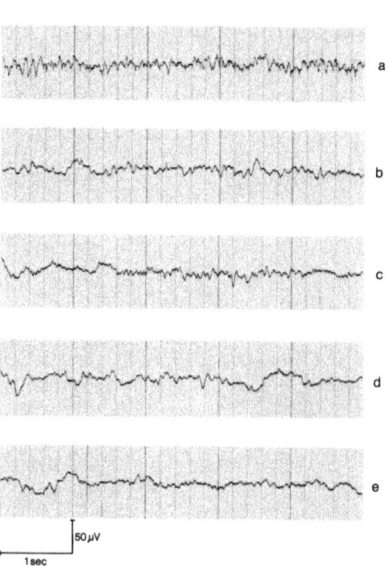

**Abbildung 25**

| | |
|---|---|
| Ausgangs-EEG | Unregelmäßiges EEG (bereits pathologisch verändertes Alters-EEG) |
| Nach intravenöser Applikation | Die Pethidingabe führt lediglich zu einer Einschränkung der oberen Grenzfrequenz und zu einer leichten Betonung langsamer EEG-Anteile aus dem Delta- und Theta-Bereich |
| Begründung | Die geringe Aktivitätsabnahme der Frequenzen im hohen Beta-Bereich und die gleichzeitig ebenfalls geringe Betonung niedriger Frequenzanteile zeigt eine leichte Sedierung an, wobei bei dem primär pathologisch veränderten unregelmäßigen Ausgangs-EEG eine sichere Aussage über die cerebrale Wirkung des Medikaments nicht möglich ist |
| Ableitung | $C_3$-$P_3$; Eichung: 50 µV = 7 mm; Reg. Geschw.: 30 mm/s; Filter: 70 Hz; ZK: 0,3 s; Spektralanalyse in 30-s-Epochen |
| Medikation | Dolantin 100 mg |

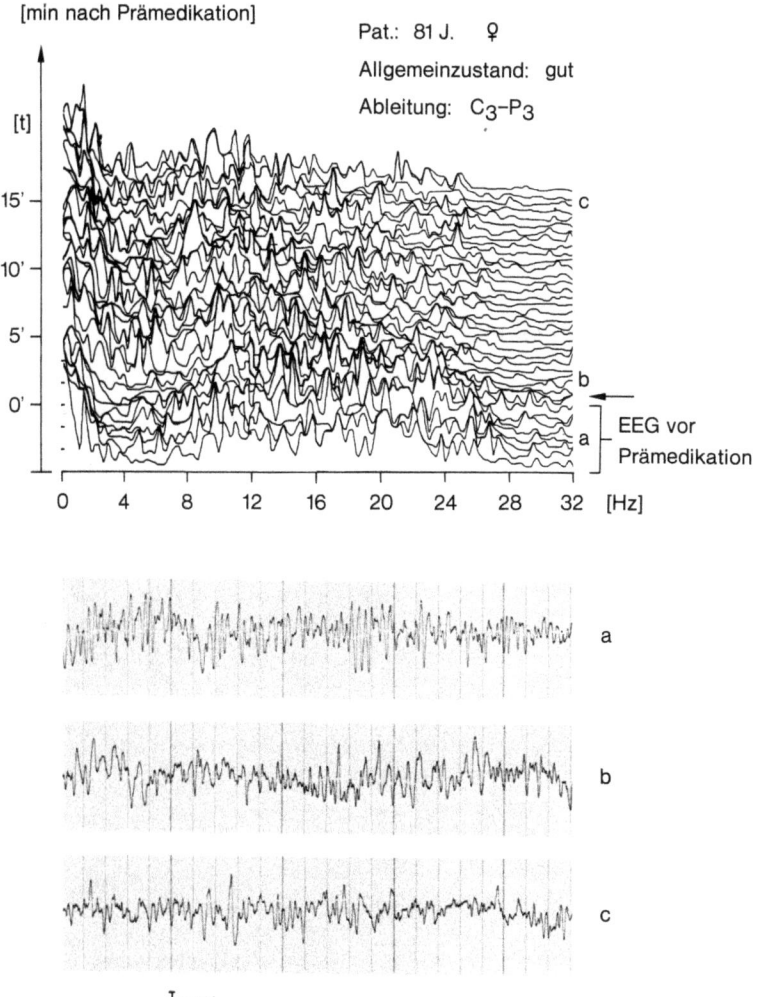

[min nach Prämedikation]

Pat.: 81 J.   ♀

Allgemeinzustand:  gut

Ableitung:  C₃–P₃

[t]

15'

10'

5'

0'

c

b

a   EEG vor
Prämedikation

0    4    8    12    16    20    24    28    32   [Hz]

a

b

c

$50\,\mu V$

1 sec

**Abbildung 26**

| | |
|---|---|
| Ausgangs-EEG | Niederspannungs-EEG |
| Nach intravenöser Applikation | Der Charakter des niedergespannten EEG bleibt erhalten. Im Bereich der Delta-Aktivität (0,5–3,5 Hz) ist ein geringer Leistungszuwachs zu beobachten |
| Beurteilung | Die klinisch sedierende Pethidinwirkung hat ihr Äquivalent in der Leistungszunahme des langsamen Frequenzbereichs |
| Ableitung | $C_Z$-$A_1$; Eichung: 50 μV = 7 mm; Reg. Geschw.: 30 mm/s; Filter: 70 Hz; ZK: 0,3 s; Spektralanalyse in 30-s-Epochen |
| Medikation | Dolantin 100 mg |

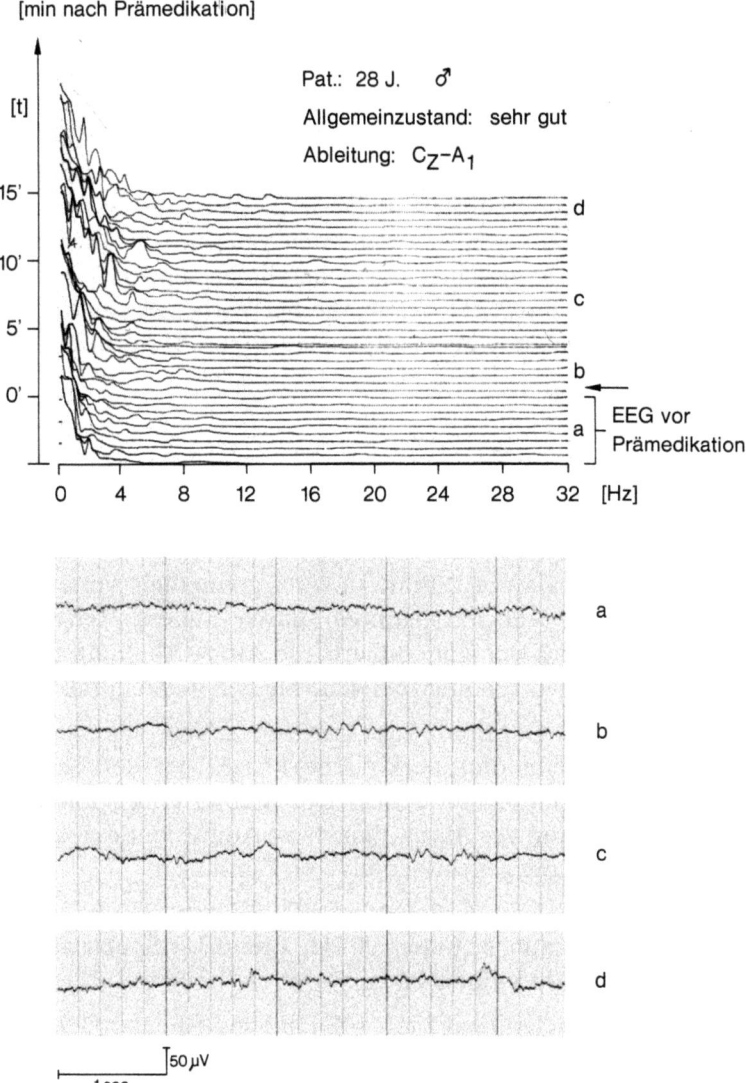

[min nach Prämedikation]

Pat.: 28 J.   ♂

Allgemeinzustand:  sehr gut

Ableitung:  $C_Z-A_1$

EEG vor
Prämedikation

## 6. Thalamonal

Die Kombination des hochwirksamen synthetischen Opioids Fentanyl mit dem ebenso hochpotenten Neuroleptikum Dehydrobenzperidol (DHB) wird als Thalamonal zur Prämedikation angeboten. Neurolepsie und gute Analgesie sollen sowohl für eine anschließende Narkose mit volatilen Anästhetika wie auch für eine Neuroleptanalgesie die Ausgangsbasis bilden. Trotz äußerlicher Ruhe wird von den Patienten gelegentlich über innere Angst- und Unruhezustände berichtet. Als generelle Nebenwirkung erfolgt eine periphere Alpha-Rezeptorenblockade, die bei Vorliegen einer absoluten oder relativen Hypovolämie zu therapiebedürftigen Blutdruckabfällen führen kann.

**Abbildung 27**

| | |
|---|---|
| Ausgangs-EEG | Alpha-EEG |
| Nach intravenöser Applikation | Thalamonal führt zu einer geringfügig verlangsamten, hochgespannten, durch äußere Reize nicht oder wenig modulierbaren Alpha-Aktivität. Die übrigen Frequenzbereiche bleiben unbeeinflußt |
| Beurteilung | Im Gegensatz zur „klassischen Neuroleptanalgesie" bleibt die „narkotische Phase" bei der Thalamonalapplikation aus. Die Stabilisierung und Betonung des Alpha-Bandes ist Äquivalent der Abschirmung gegenüber äußeren Einflüssen |
| Ableitung | $C_Z$-$A_1$; Eichung: 50 µV = 7 mm; Reg. Geschw.: 30 mm/s; Filter: 70 Hz; ZK: 0,3 s; Spektralanalyse in 30-s-Epochen |
| Medikation | Thalamonal 2 ml (= DHB 5 mg + Fentanyl 0,1 mg) |

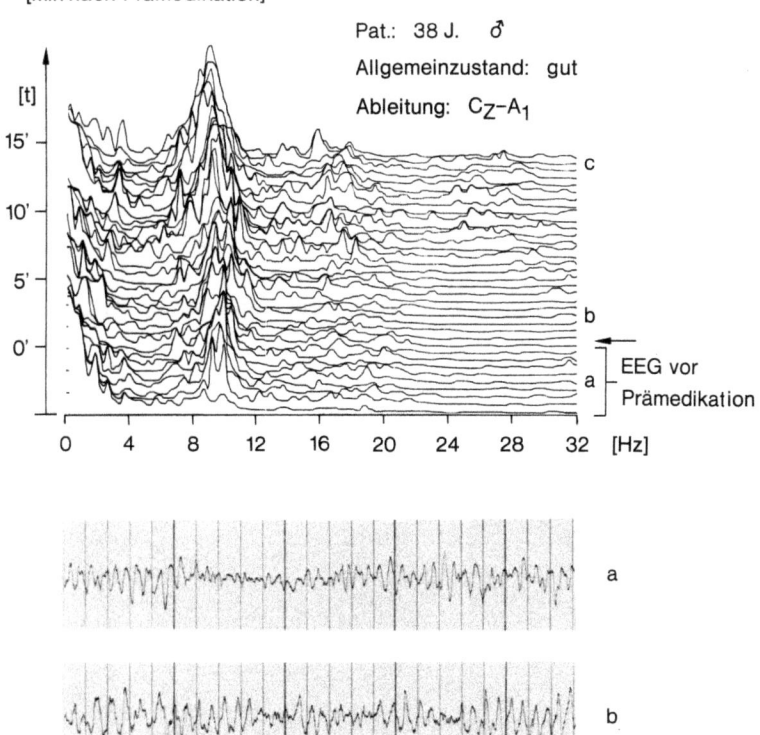

[min nach Prämedikation]

[t]

Pat.: 38 J. ♂

Allgemeinzustand: gut

Ableitung: $C_Z$–$A_1$

15'

10'

5'

0'

c

b

a

EEG vor
Prämedikation

0   4   8   12   16   20   24   28   32   [Hz]

a

b

c

50 µV

1 sec

**Abbildung 28**

| | |
|---|---|
| Ausgangs-EEG: | Partielles Beta-EEG |
| Nach intravenöser Medikation | Rückgang des Beta-Aktivitätsanteils. Deutliche Leistungssteigerung im langsamen Alpha- und schnellen Theta-Bereich |
| Beurteilung | Die Befunde entsprechen der analgetischen Phase einer Neuroleptanalgesie; sie dokumentieren hier besonders im konventionellen EEG die starke Prämedikationswirkung bei einem geriatrischen Patienten |
| Ableitung | $C_Z$-$A_1$; Eichung: 50 µV = 7 mm; Reg. Geschw.: 30 mm/s; Filter: 70 Hz; ZK: 0,3 s; Spektralanalyse in 30-s-Epochen |
| Medikation | Thalamonal 2 ml (= DHB 5 mg + Fentanyl 0,1 mg) |

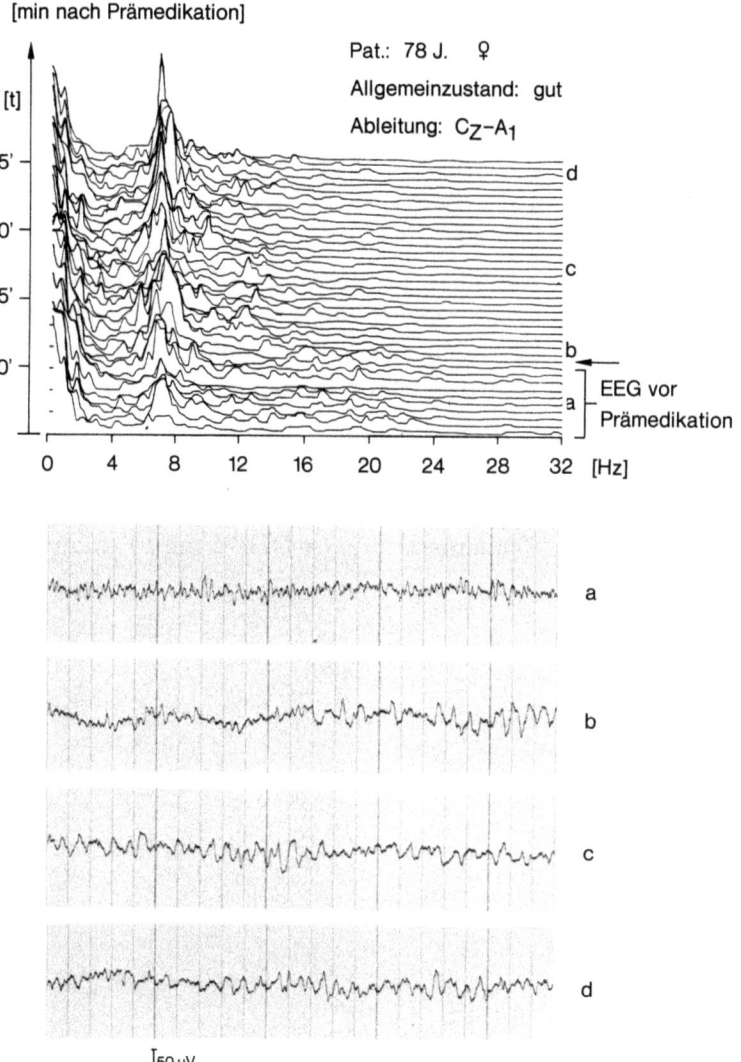

[min nach Prämedikation]

Pat.: 78 J.  ♀
Allgemeinzustand: gut
Ableitung: $C_Z-A_1$

EEG vor Prämedikation

$50 \mu V$

1 sec

## Abbildung 29

| | |
|---|---|
| Ausgangs-EEG | Beta-EEG (Alters-EEG ohne pathologische Veränderungen) |
| Nach intravenöser Applikation | Ausbildung eines unregelmäßigen EEG mit Frequenzen von 6–16 Hz. Hierbei sind Anteile des Theta-Bereichs bzw. des langsamen Alpha-Bereichs besonders betont |
| Beurteilung | Auffällige altersbedingte EEG-Reaktion nach intravenöser Gabe von Thalamonal, wobei offenbar eine besonders starke Prämedikationswirkung mit einer abortiven „narkotischen NLA-Phase" vorliegt |
| Ableitung | $C_3$-$P_3$; Eichung: 50 µV = 7 mm; Reg. Geschw.: 30 mm/s; Filter: 70 Hz; ZK: 0,3 s; Spektralanalyse in 30-s-Epochen |
| Medikation | Thalamonal 2 ml (= DHB 5 mg + Fentanyl 0,1 mg) |

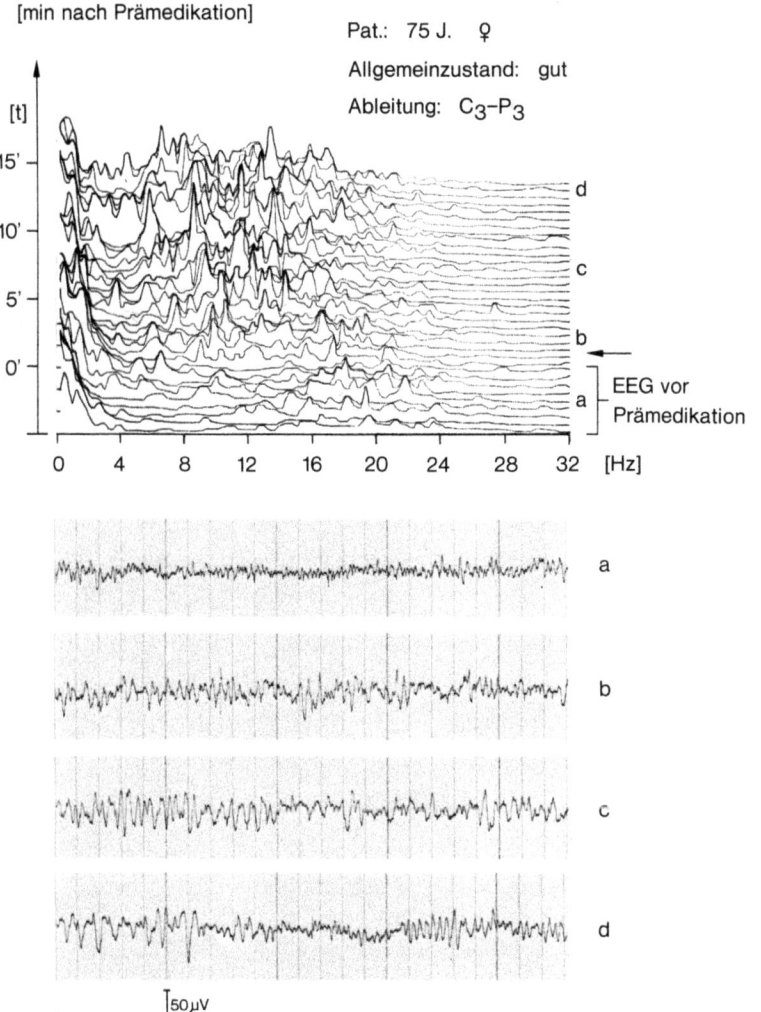

[min nach Prämedikation]

[t]

Pat.: 75 J. ♀

Allgemeinzustand: gut

Ableitung: C₃–P₃

15'

10'

5'

0'

d

c

b

a

EEG vor
Prämedikation

0   4   8   12   16   20   24   28   32   [Hz]

a

b

c

d

50 µV

1 sec

## Abbildung 30

| | |
|---|---|
| Ausgangs-EEG | Unregelmäßiges EEG (pathologisch verlangsamtes Alters-EEG) |
| Nach intravenöser Applikation | Die Medikamentenwirkung zeigt sich in einer Einschränkung der oberen Grenzfrequenz |
| Beurteilung | Bei dem pathologisch veränderten Ausgangs-EEG ist die cerebrale Reaktionsfähigkeit eingeschränkt. Der Spannungsabfall der höheren Frequenzen zwischen 4–8 Hz spricht hier für eine starke Sedierung |
| Ableitung | $C_Z$-$A_1$; Eichung: 50 µV = 7 mm; Reg. Geschw.: 30 mm/s; Filter: 70 Hz; ZK: 0,3 s; Spektralanalyse in 30-s-Epochen |
| Medikation | Thalamonal 2 ml (= DHB 5 mg + Fentanyl 0,1 mg) |

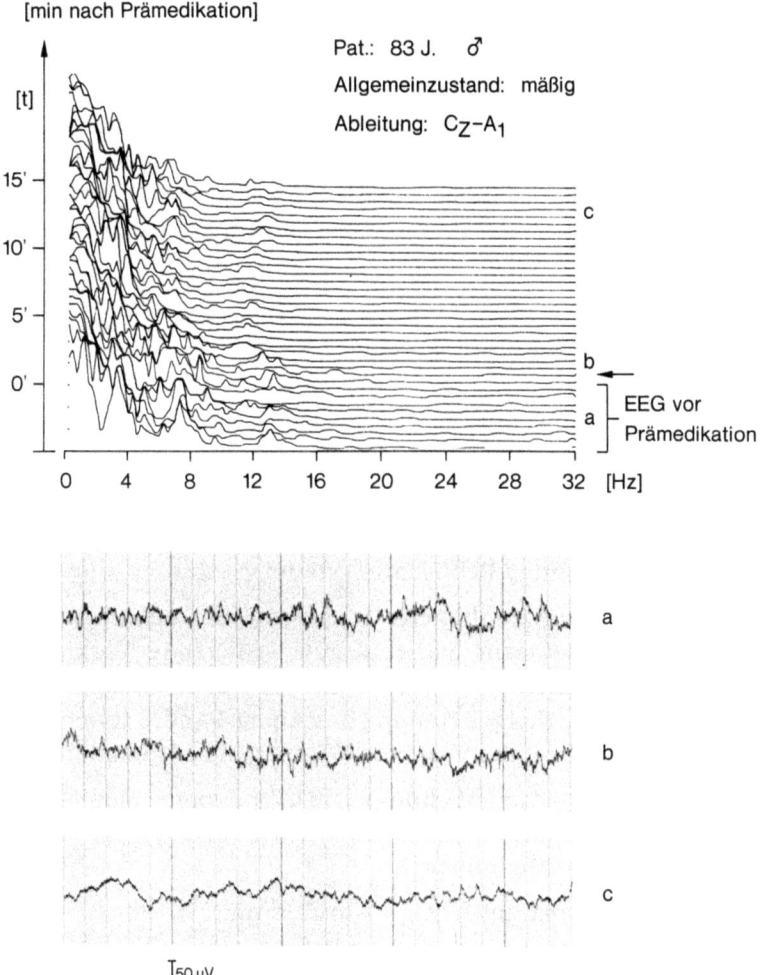

[min nach Prämedikation]

Pat.: 83 J. ♂

Allgemeinzustand: mäßig

Ableitung: $C_Z-A_1$

EEG vor Prämedikation

50 μV

1 sec

## 7. Pethidin-Promethazin

In der klinischen Anwendung bewährt sich die Kombination von Pethidin und Promethazin zur anästhesiologischen Operationsvorbereitung. Die euphorisierenden Eigenschaften des Pethidin werden von den Patienten als angenehm empfunden. Die opiatbedingte Basisanalgesie und Stimmungsaufhellung von Pethidin zusammen mit den potenzierenden und antihistaminischen Eigenschaften des Promethazin entsprechen den klinischen Forderungen an eine Prämedikation.

### Abbildung 31

| | |
|---|---|
| Ausgangs-EEG | Alpha-EEG |
| Nach intravenöser Applikation | Deutliche Leistungssteigerung im Theta-Bereich (4–7 Hz). Zusätzlich Stabilisierung der Alpha-Aktivität. Die Veränderungen bestehen über den gesamten Beobachtungsraum |
| Beurteilung | Die kombinierte Injektion von Pethidin und Promethazin hat eine gute sedierende Wirkung, die durch die Theta-Vermehrung deutlich wird. Die zusätzliche Betonung des Alpha-Bandes spricht für eine euphorisierende Wirkung der Medikation |
| Ableitung | $C_Z$-$A_1$; Eichung: 50 µV = 7 mm; Reg. Geschw.: 30 mm/s; Filter: 70 Hz; ZK: 0,3 s; Spektralanalyse in 30-s-Epochen |
| Medikation | Dolantin 50 mg + Atosil 25 mg |

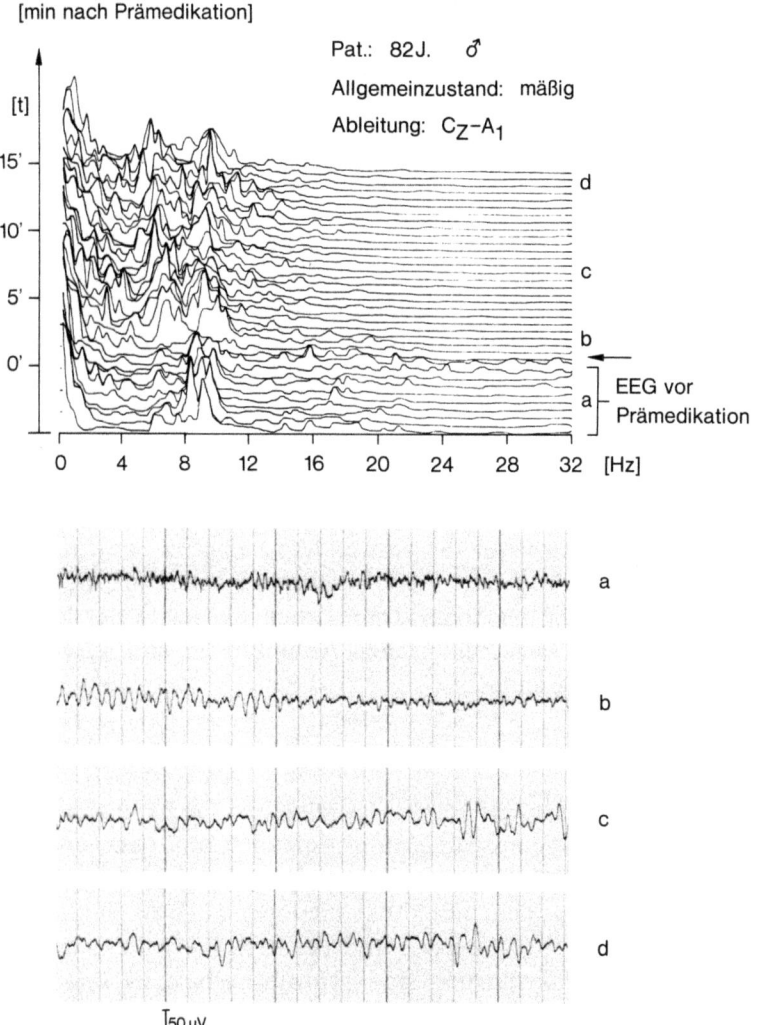

[min nach Prämedikation]

[t]

Pat.: 82J.   ♂

Allgemeinzustand: mäßig

Ableitung: $C_Z-A_1$

15'

10'

5'

0'

d

c

b

a  — EEG vor
Prämedikation

0    4    8    12   16   20   24   28   32   [Hz]

a

b

c

d

50 µV

1 sec

# II. Narkosestadien

Bei Einleitung und fortlaufender Vertiefung einer Narkose werden klinisch und encephalographisch unterscheidbare, definierte Narkosestadien durchlaufen, die während der Narkoseausleitung wieder rückläufig sind. Diese werden nach Guedel seit 1920 (orientiert an klinischen Parametern) mit I–IV, nach Kugler seit 1966 (orientiert an EEG-Veränderungen) mit A–F bezeichnet. Die Narkosestadien umfassen, ausgehend vom Wachzustand, die Bewußtseinsänderungen von der Analgesie bis zum Koma mit Zusammenbruch aller vegetativen Funktionen. Dabei folgen der Analgesie die Stadien Exzitation, leichte, mittlere und tiefe Narkose. Anschließend ist die Toleranzgrenze des Gehirns für die verwendete Substanz erreicht. Weitere Narkosemittelzufuhr bedingt eine totale cerebrale Depression, die einer Intoxikation entspricht. Die encephalographischen Korrelate der klinischen Narkosestadien werden an tabellarischen Abbildungen und ausgewählten praktischen Beispielen gezeigt.

## Abbildung 32

Die klinischen Korrelate einer langsam anflutenden und sich vertiefenden Narkose wurden anhand der Ätherinhalationsanästhesie 1920 systematisch von Guedel erfaßt. Die sich allmählich, jedoch markant verändernden Parameter der Atmung, Pupillenweite und des Reflexverhaltens unter Narkoseeinleitung und -weiterführung sind reproduzierbar; sie erlauben die Beurteilung der Bewußtseinslage bzw. der aktuellen Narkosetiefe (Narkosestadium I–IV).
Die klinische Einschätzung der Narkosetiefe im Verlauf einer Anästhesie beruht im Prinzip auch heute noch auf der Guedel-Stadieneinteilung. Zusätzlich werden Veränderungen der Herz-Kreislauf-Parameter zur Beurteilung herangezogen. Dies ist erforderlich, da moderne Inhalationsanästhetika und i.v.-applizierbare Anästhetika wesentlich schneller anfluten als Äther. Definierte Narkosestadien mit den entsprechenden klinischen Phänomenen werden u.U. innerhalb weniger Sekunden durchlaufen. Dabei wird die Beurteilung der Narkosetiefe allein nach dem Guedel-Prinzip erschwert

Orientierungsschema zur Narkosetiefeneinteilung nach klinischen Parametern (Guedelschema)

| Narkose-stadien | Bewußtsein | Atmung | Augen-bewegungen | Pupillen-größe | Brechreflex | Lid-reflex | Conj.-reflex | Corneal-reflex | Sekr.-reflex | Licht-reflex |
|---|---|---|---|---|---|---|---|---|---|---|
| I | uneingeschränkt =WACHHEIT | | | | | | | | | |
| | leicht einge-schränkt mit ANALGESIE | | | | | | | | | |
| II | stark einge-schränkt mit EXZITATION | | +  + + + | | | | | | | |
| III 1 | ausgeschaltet | | + + + + + + + | | | | | | | |
| III 2 | = CHIR. NARKOSE | | | | | | | | | |
| III 3 | mit zunehmender Tiefe | | | | | | | | | |
| III 4 | | | | | | | | | | |
| IV | KOMA durch In-toxikation mit Zu-sammenbruch der veg. Funktionen | | | | | | | | | |

**Abbildung 33**

Die kontinuierliche Überwachung der Gehirnfunktionsabläufe durch das EEG stellt heute die am besten geeignete Methode zur Bestimmung der Narkosetiefe dar: Überblick über die charakteristischen enzephalographischen Veränderungen während der nach Guedel festgelegten klinischen Narkosestadien (I–IV) mit den jeweiligen Erscheinungsbildern im konventionell abgeleiteten bzw. spektralanalytisch aufgearbeiteten EEG. Die so nach EEG-Charakteristika definierten Narkosestadien werden nach Kugler mit A–F bezeichnet. Sie korrelieren mit den dem jeweiligen Narkosestadium entsprechenden klinischen Zeichen

## EEG–Charakteristika der Narkosestadien

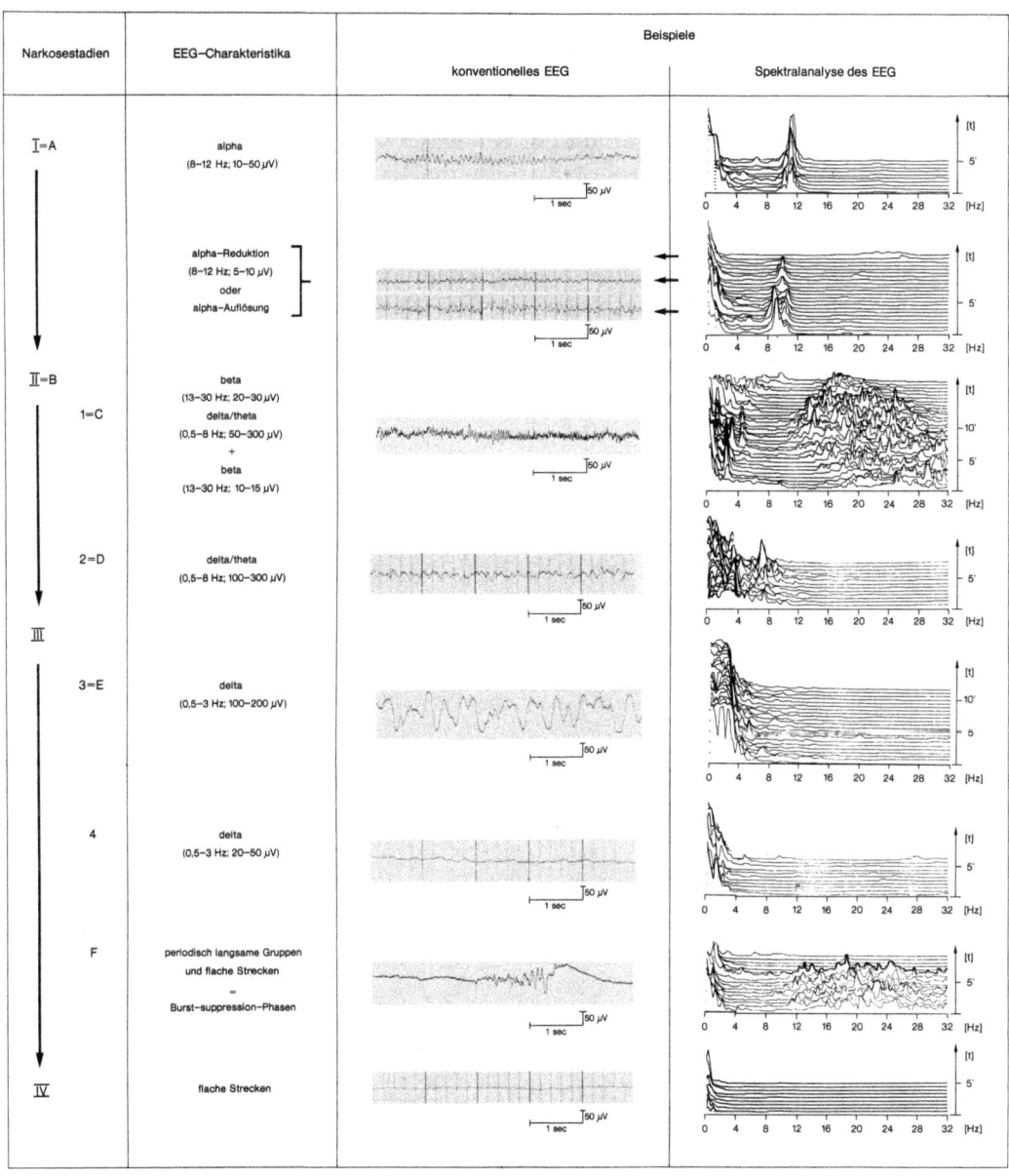

| Narkosestadien | EEG–Charakteristika | Beispiele | |
|---|---|---|---|
| | | konventionelles EEG | Spektralanalyse des EEG |
| Ī=A | alpha (8–12 Hz; 10–50 µV) | | |
| | alpha–Reduktion (8–12 Hz; 5–10 µV) oder alpha–Auflösung | | |
| Ⅱ=B | beta (13–30 Hz; 20–30 µV) | | |
| 1=C | delta/theta (0,5–8 Hz; 50–300 µV) + beta (13–30 Hz; 10–15 µV) | | |
| 2=D | delta/theta (0,5–8 Hz; 100–300 µV) | | |
| Ⅲ 3=E | delta (0,5–3 Hz; 100–200 µV) | | |
| 4 | delta (0,5–3 Hz; 20–50 µV) | | |
| F | periodisch langsame Gruppen und flache Strecken = Burst–suppression–Phasen | | |
| Ⅳ | flache Strecken | | |

**Abbildung 34**

Frequenz- und Amplitudenveränderungen in der kontinuierlich registrierten EEG-Spektralanalyse zeigen deutlich die Veränderungen der cerebralen Funktion mit der jeweils erreichten Narkosetiefe an.

Bei der Narkoseeinleitung und -weiterführung mit dem Inhalationsanästhetikum Enfluran wird im Stadium der Analgesie die gut ausgeprägte Alpha-Ausgangsaktivität abgebaut. Das Stadium der Exzitation ist durch das Auftreten von Beta-Frequenzen gekennzeichnet. Die schon zu diesem Zeitpunkt zusätzlich vorhandene Sedierung wird durch die gleichzeitig erscheinenden Delta-Frequenzanteile sichtbar. Unmittelbar darauf zeigt die nun allein vorhandene Delta-Aktivität eine tiefe Narkose an, die nach Reduktion der Enfluranzufuhr abrupt in ein oberflächliches Narkosestadium mit Delta/Theta- und Alpha/Beta-Tätigkeit übergeht.

Ableitung: $C_3$-$P_3$; Eichung: 50 µV = 7 mm; Reg. Geschw.: 30 mm/s; Filter: 70 Hz; ZK: 0,3 s; Spektralanalyse in 30-s-Epochen

[min nach Einleitung]

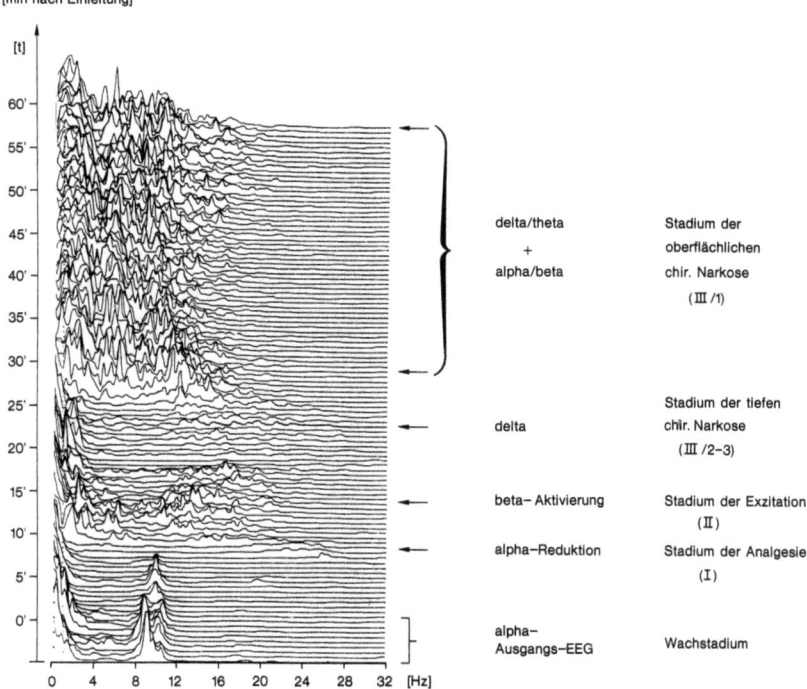

delta/theta          Stadium der
      +              oberflächlichen
alpha/beta           chir. Narkose
                        ( III /1)

                     Stadium der tiefen
delta                chir. Narkose
                        ( III /2–3)

beta– Aktivierung    Stadium der Exzitation
                        ( II )

alpha–Reduktion      Stadium der Analgesie
                        ( I )

alpha–
Ausgangs–EEG         Wachstadium

**Abbildung 35**

Die im EEG sichtbaren Korrelate der Veränderungen der aktuellen Narkosetiefe während einer Inhalationsnarkose mit Halothan sind in diesem Beispiel besonders gut erkennbar: Das Alpha-EEG des Wachstadiums geht über eine kurzfristige Reduktion mit klinischer Analgesie in hochgespannte, langanhaltende Beta-Aktivität – dem Äquivalent der klinischen Exzitationsphase – über. Danach wird zunächst das Stadium oberflächlicher chirurgischer Narkose mit Delta/Theta- und Beta-Aktivierung erreicht; das folgende Stadium der tiefen chirurgischen Narkose mit Delta-Frequenzen wird für die Dauer des chirurgischen Eingriffs beibehalten. Nach Reduktion der Halothanzufuhr beginnt in der 75. Minute das Aufwachstadium mit Delta/Theta- und zunehmender Alpha-Aktivität.

Ableitung: $C_3$-$P_3$; Eichung: 50 µV = 7 mm; Reg. Geschw.: 30 mm/s; Filter: 70 Hz; ZK: 0,3 s; Spektralanalyse in 30-s-Epochen

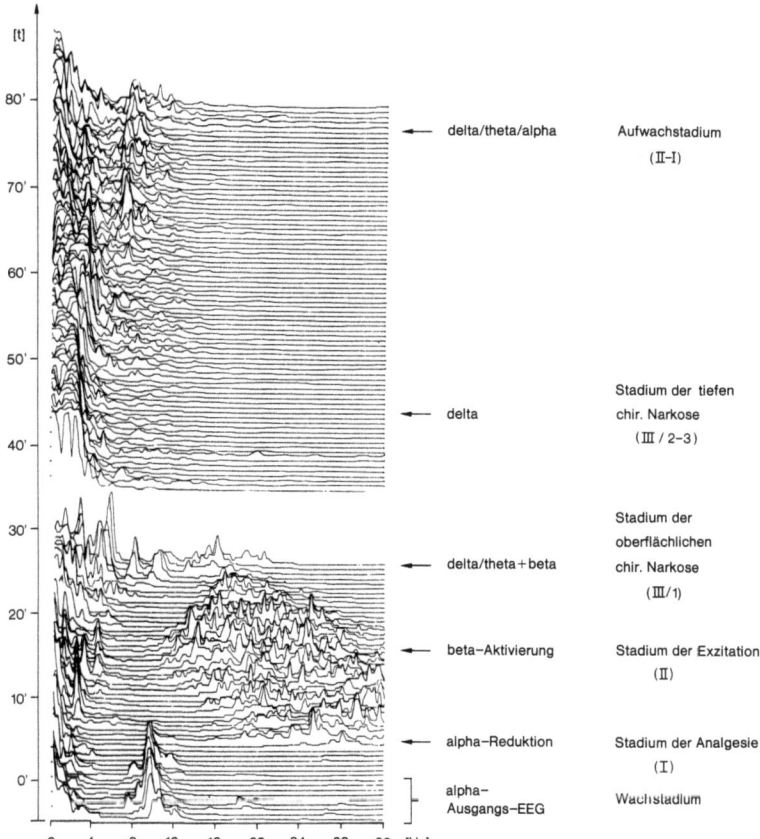

| | |
|---|---|
| ← delta/theta/alpha | Aufwachstadium (II-I) |
| ← delta | Stadium der tiefen chir. Narkose (III / 2-3) |
| ← delta/theta+beta | Stadium der oberflächlichen chir. Narkose (III/1) |
| ← beta-Aktivierung | Stadium der Exzitation (II) |
| ← alpha-Reduktion | Stadium der Analgesie (I) |
| alpha-Ausgangs-EEG | Wachstadium |

**Abbildung 36**

Bei diesem Beispiel der Narkoseeinleitung mit Thiopental (7 mg/kg KG) wird unmittelbar nach der langsamen Injektion des Barbiturates ein sehr tiefes Narkosestadium erreicht. Die Alpha-Aktivität des Ausgangs-EEG geht unmittelbar in Delta-Tätigkeit über. Burst-Suppression-Phasen – in der konventionellen EEG-Ableitung gut sichtbar – zeigen die individuelle Barbituratüberdosierung an.

Ableitung: $C_3$-$P_3$; Eichung: 50 µV = 7 mm; Reg. Geschw.: 30 mm/s; Filter: 70 Hz; ZK: 0,3 s; Spektralanalyse in 30-s-Epochen

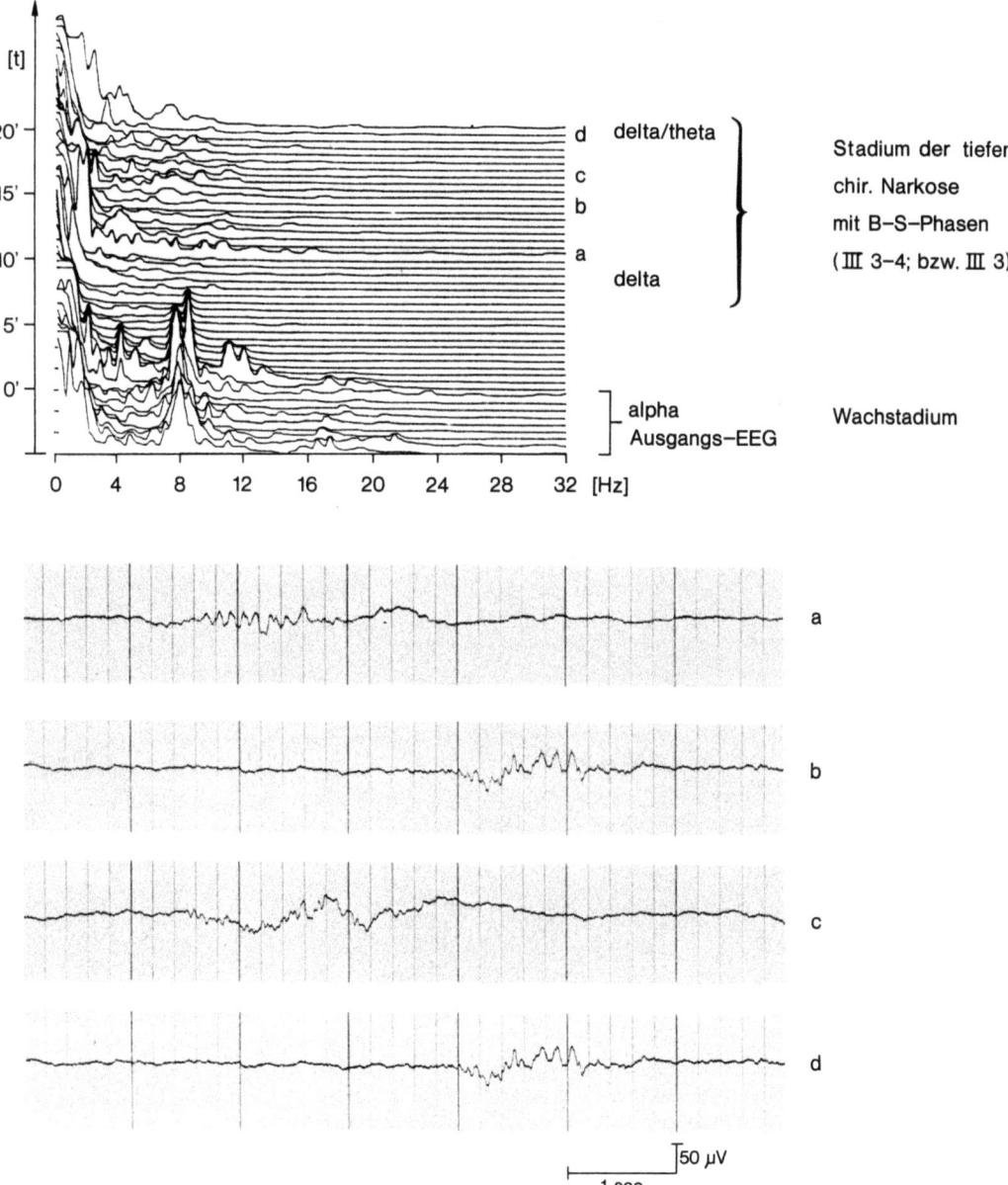

[min nach Einleitung]

[t]

20'     ————————————————————————— d    delta/theta    ⎫    Stadium der tiefen
                                      c                 ⎪    chir. Narkose
15'     ————————————————————————— b                    ⎬    mit B–S–Phasen
                                      a                 ⎪    ( III 3–4; bzw. III 3)
10'     ————————————————————————— delta                ⎭

5'

0'      ————————————————————————— alpha                     Wachstadium
                                      Ausgangs–EEG

        0    4    8    12   16   20   24   28   32  [Hz]

a

b

c

d

50 µV

1 sec

**Abbildung 37**

Tiefe bis tiefste Narkosestadien mit Übergang zum Koma durch Narkose-mittelintoxikation sind dargestellt.

Die Delta-Aktivität im Guedel-Stadium $III_3$ wird mit weiterer Narkotikazu-fuhr langsamer und niedergespannt (Guedel-Stadium $III_4$). Im Übergangs-stadium tiefster Narkose zum Koma (Guedel-Stadium III–IV) treten die sog. Burst-Suppression-Phasen (B-S-Phasen) auf, die von zunehmend lan-gen flachen Strecken unterbrochen sind.

Ableitung: $C_3$-$P_3$; Eichung: 50 μV = 7 mm; Reg. Geschw.: 30 mm/s; Filter: 70 Hz; ZK: 0,3 s; Spektralanalyse in 30-s-Epochen

EEG – Spektralanalyse          Narkosestadien /          Konventionelles EEG
                               EEG-Charakteristika

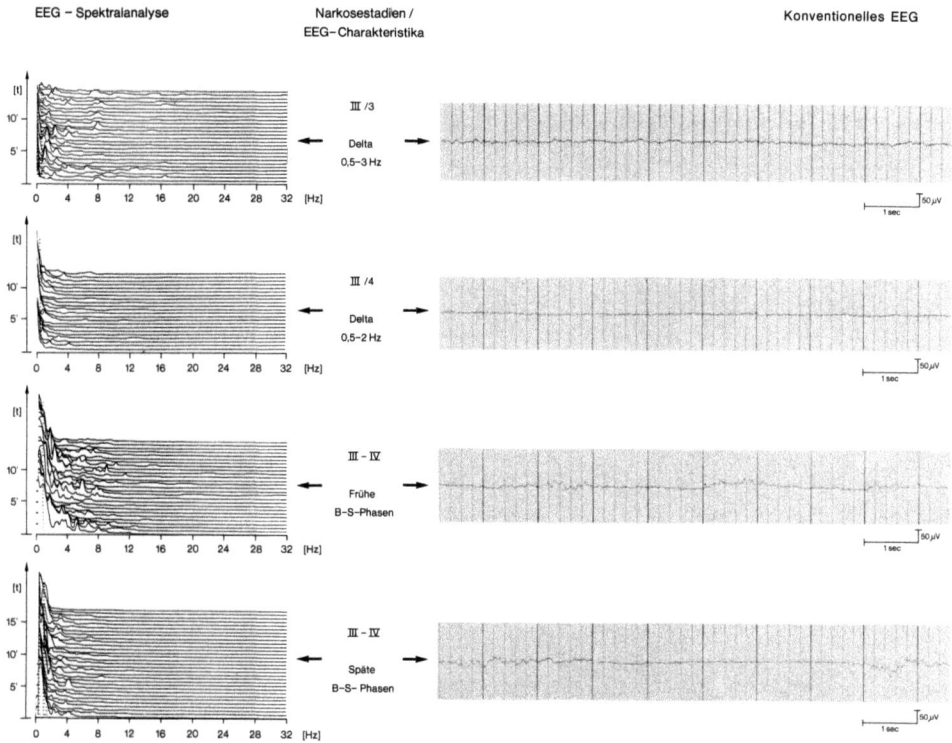

III /3

Delta
0,5–3 Hz

III /4

Delta
0,5–2 Hz

III – IV

Frühe
B-S-Phasen

III – IV

Späte
B-S-Phasen

**Abbildung 38**

Die späten B-S-Phasen mit nur noch gelegentlichem Auftreten von Wellen-
ausbrüchen im Verlauf langer flacher Strecken gehen im narkotischen Koma (Guedel-Stadium IV) in flache Strecken – dem Ausdruck der völligen
cerebralen Depression – über.

Sowohl Narkosestadien mit B-S-Phasen als auch das flache EEG werden
für begrenzte Zeiträume als reversibel angesehen.

Ableitung: $C_3$-$P_3$; Eichung: 50 µV = 7 mm; Reg. Geschw.: 30 mm/s; Filter:
70 Hz; ZK: 0,3 s; Spektralanalyse in 30-s-Epochen.

Das nichtreversible Nullinien-EEG bei vorliegendem Hirntod zeigt unter
verschärften Ableitungsbedingungen (ZK: 1,2 s; Eichung: 30 µV = 7 mm)
Unveränderlichkeit über lange Zeiträume (24 h). Gewöhnlich werden
EKG-Zacken in mehr oder minder starker Ausprägung erfaßt

EEG – Spektralanalyse            Narkosestadien /                             Konventionelles EEG

                                      EEG-Charakteristika

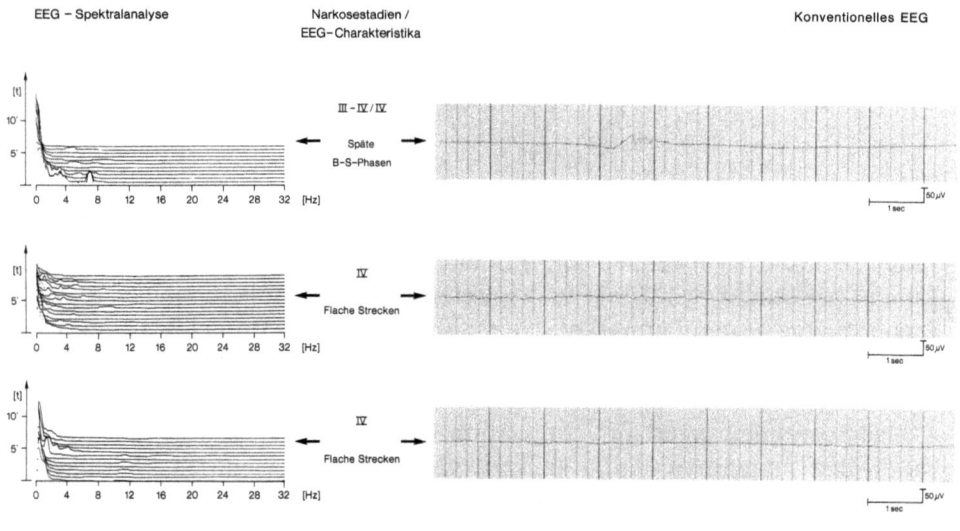

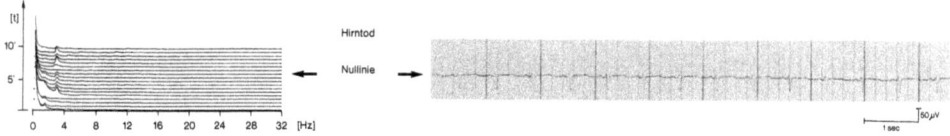

# III. Inhalationsnarkotika

Zur Narkoseeinleitung wird heute meistens eines der intravenös applizierbaren Narkotika verwendet. Die Einleitung durch ein Inhalationsnarkotikum ist sowohl für Kinder als auch – unter speziellen Indikationen (z. B. Allergieneigung gegenüber narkotischen Substanzen, z. B. Bronchialasthma) – für Erwachsene eine wertvolle Alternative. Elektroenzephalogramme gebräuchlicher Narkoseeinleitungsverfahren sind aufgeführt.

Narkoseeinleitungen mit Inhalationsnarkotika verursachen im EEG durch ihre langsamere Anflutungszeit gegenüber intravenösen Pharmaka die Charakteristika der jeweils erreichten Narkosestadien in reiner Form. Bei schnellerer Anflutung durch höhere Dosierung, unter starker Prämedikationswirkung und unter besonderen patientenspezifischen Situationen, wie schlechtem Allgemeinzustand u. ä., können einzelne – meist frühe – Narkosestadien so kurz durchlaufen werden, daß sie sich im enzephalographischen Bild wenig oder nicht ausprägen.

## Abbildung 39

| | |
|---|---|
| Ausgangs-EEG | Alpha-EEG (NB: sehr schönes Bild eines normalen Alpha-Ausgangs-EEG, vor allem in der konventionellen Kurve) |
| Nach Einleitung | Verlust der Alpha-Ausprägung. Aktivierung des Beta$_2$-Bereichs mit niedergespannten 22- bis 32-Hz-Wellen (*b*). Depression des Beta-Bandes, Aufbau von 0,5- bis 7,5-Hz-Frequenzen (*c*) |
| Beurteilung | Typische Inhalationsnarkoseeinleitung: Auftreten der Beta-Aktivität entspricht trotz fehlender klinischer Manifestation der cerebralen Excitation |
| Ableitung | C$_3$-P$_3$; Eichung: 50 µV = 7 mm; Reg. Geschw.: 30 mm/s; Filter: 70 Hz; ZK: 0,3 s; Spektralanalyse in 30-s-Epochen |
| Medikation | Halothaneinhalation 1 Vol% N$_2$O/O$_2$ (3:1) |

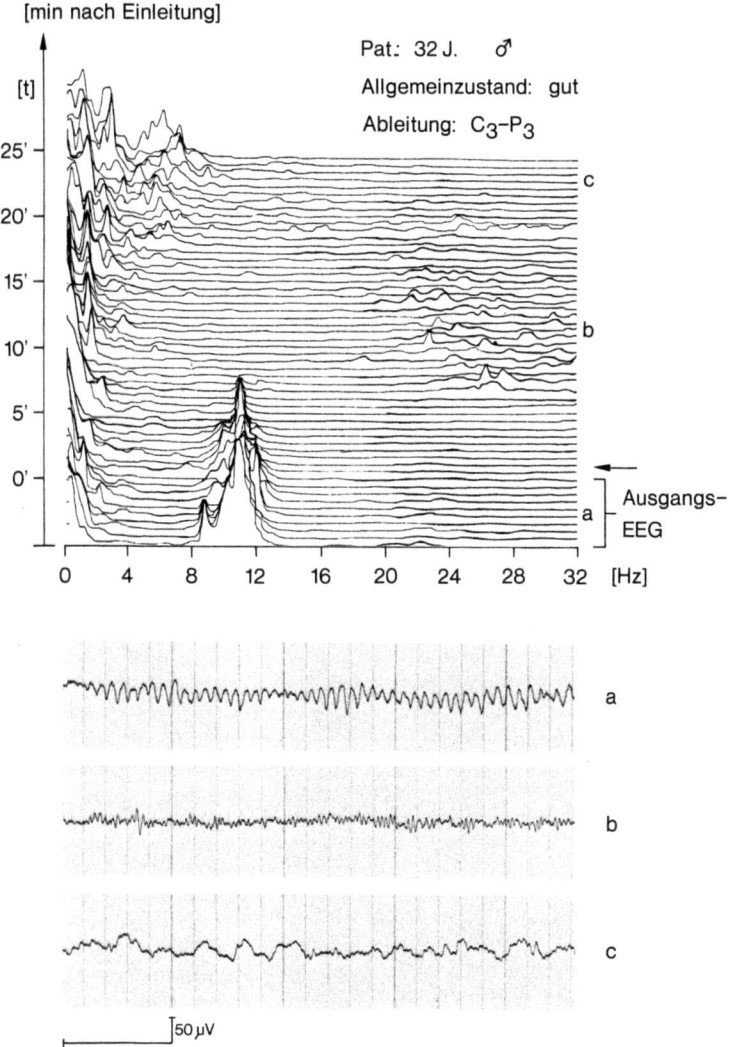

[min nach Einleitung]

Pat: 32 J. ♂

Allgemeinzustand: gut

Ableitung: $C_3-P_3$

**Abbildung 40**

| | |
|---|---|
| Ausgangs-EEG | Alpha-EEG |
| Nach Einleitung | Verlust der Alpha-Aktivität, Aktivierung des Beta$_2$-Bereichs von 22–32 Hz (*b*). Nach Abbau der Beta-Aktivitäten hochgespanntes Delta-Theta-EEG für die Dauer von 5 min. Danach Ausbildung eines unregelmäßigen EEG 0,5–26 Hz (*c*) zum Zeitpunkt der Intubation |
| Beurteilung | Zunächst typischer Verlauf einer Inhalationsnarkoseeinleitung. Am Ende der Überwachungsperiode stellt sich wieder ein erheblich flacheres Narkosestadium ein (Aufwachreaktion durch die Intubation) |
| Ableitung | C$_3$-P$_3$; Eichung: 50 µV = 7 mm; Reg. Geschw.: 30 mm/s; Filter: 70 Hz; ZK: 0,3 s; Spektralanalyse in 30-s-Epochen |
| Medikation | Halothaneinhalation 1 Vol% N$_2$O/O$_2$ (3 : 1) |

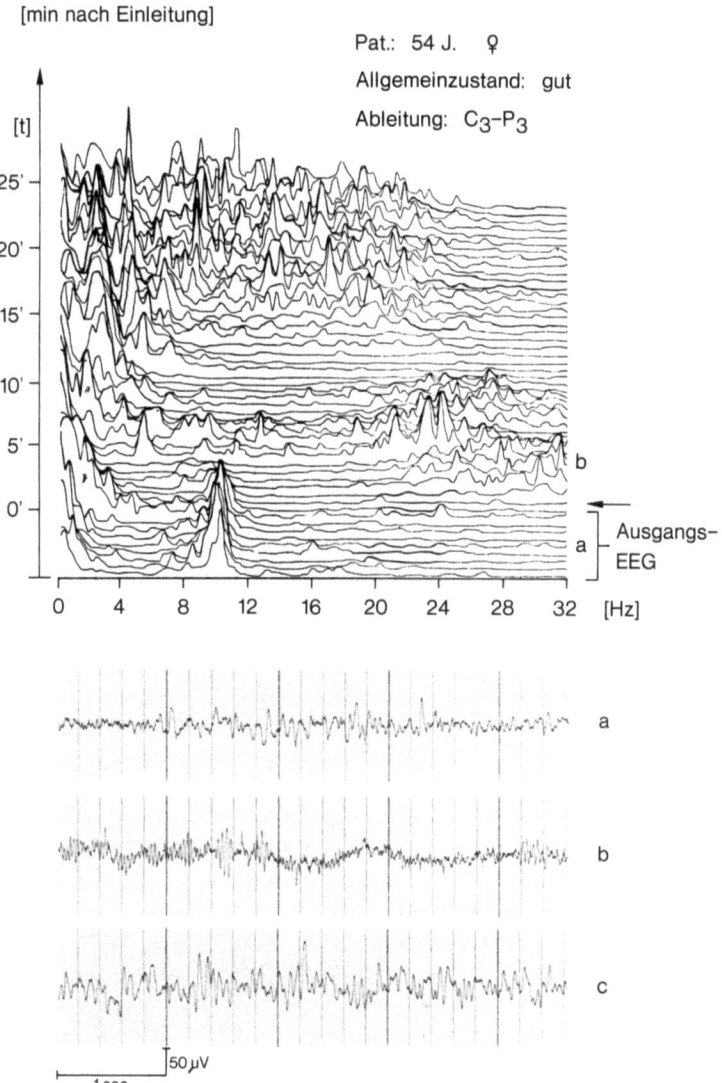

[min nach Einleitung]

Pat.: 54 J. ♀

Allgemeinzustand: gut

Ableitung: $C_3$–$P_3$

**Abbildung 41**

| | |
|---|---|
| Ausgangs-EEG | Alpha-EEG (DF 7,5–8 Hz) |
| Nach Einleitung | Relativ zögernder Abbau der Alpha-Aktivität mit folgendem Auftreten (*b*) hochgespannter Beta-Aktivität (20–28 Hz). Anschließend Delta-Theta-EEG mit Frequenzen von 0,5–5 Hz (*c*) |
| Beurteilung | Typischer Verlauf einer Narkoseeinleitung mit Inhalationsanästhetika. Auffällig ist die langsame Reduktion der Alpha-Aktivität; 3 ursächliche Möglichkeiten für die Verzögerung des gewohnten Ablaufs müssen in Betracht gezogen werden: 1. Einleitung mit individuell zu geringer Halothankonzentration, 2. Austauschstörung der Lungenfunktion, 3. verlängerte Kreislaufzeit |
| Ableitung | $C_3$-$P_3$; Eichung: 50 µV = 7 mm; Reg. Geschw.: 30 mm/s; Filter: 70 Hz; ZK: 0,3 s; Spektralanalyse in 30-s-Epochen |
| Medikation | Halothaneinhalation 1 Vol% $N_2O/O_2$ (3 : 1) |

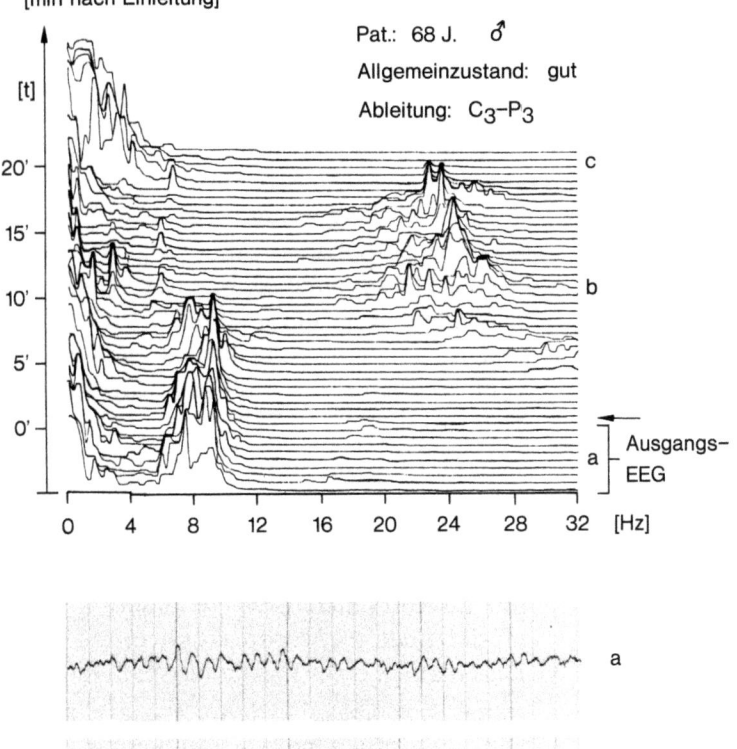

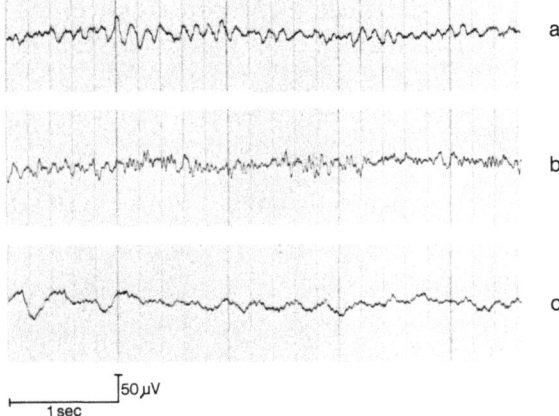

**Abbildung 42**

| | |
|---|---|
| Ausgangs-EEG | Alpha-EEG (DF 9 Hz mit reichlich Anteilen von Beta-Aktivität 16–22 Hz) |
| Nach Einleitung | Verminderung der Alpha-Aktivität, Leistungssteigerung des $Beta_2$-Bereichs 20–32 Hz für die Dauer von 3–4 min. Danach Rückkehr der Alpha-Aktivität mit Verlangsamung des Beta-Bandes für ca. 2,5 min. Kurzfristige Aktivitätssteigerung im Bereich 0,5–4 Hz ohne Alpha- und Beta-Aktivität. Anschließend Leistungsreduktion im Delta-Bereich und Reaktivierung der hochgespannten Beta-Aktivität. Schließlich (*c*) reine hochgespannte Delta-Theta-Aktivität 0,5–5 Hz |
| Beurteilung | Typische Inhalationsnarkoseeinleitung. Die ausgeprägten hochgespannten Beta-Aktivitäten sprechen im vorliegenden Beispiel für ein klinisch manifestes Excitationsstadium. Daraus erklären sich die weiteren ungeordneten EEG-Veränderungen mit intermittierenden Aufwachreaktionen und zweimaligem Durchlaufen eines Excitationsstadiums |
| Ableitung | $C_3$-$P_3$; Eichung: 50 µV = 7 mm; Reg. Geschw.: 30 mm/s; Filter: 70 Hz; ZK: 0,3 s; Spektralanalyse in 30-s-Epochen |
| Medikation | Halothaneinhalation 1 Vol% $N_2O/O_2$ (3 : 1) |

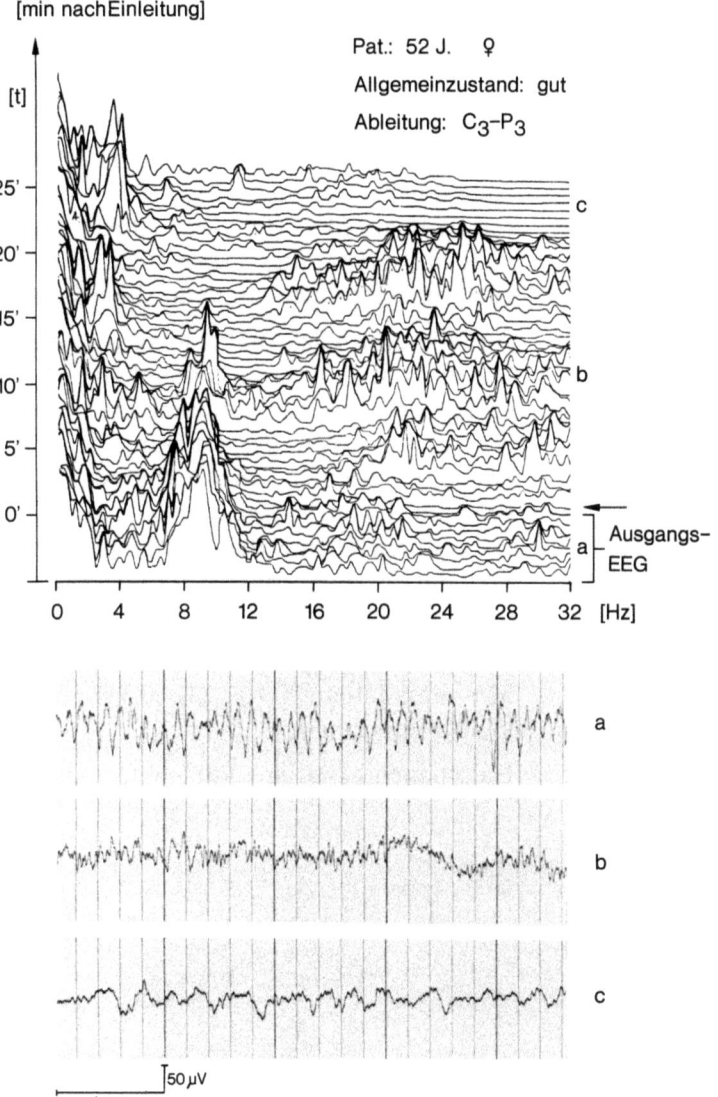

[min nachEinleitung]

[t]

Pat.: 52 J.  ♀

Allgemeinzustand: gut

Ableitung: C₃–P₃

25'

20'

15'

10'

5'

0'

c

b

a  Ausgangs-
EEG

0   4   8   12   16   20   24   28   32   [Hz]

a

b

c

50 μV

1 sec

**Abbildung 43**

| | |
|---|---|
| Ausgangs-EEG | Alpha-EEG (DF 12 Hz, hoher Beta-Anteil 18–24 Hz) |
| Nach Einleitung | Auftreten eines unregelmäßigen EEG von 0,5–24 Hz mit Dominanz des Delta-Theta-Bereichs. Allmähliche Beschleunigung der Frequenzen zum reinen Beta$_2$-EEG (*b*). Nach Abbau der Beta-Aktivität hochgespanntes Delta-Theta-EEG mit deutlichen Einlagerungen aus dem Alpha-Bereich (*c*) |
| Beurteilung | Auffällige hirnelektrische Reaktion während einer Halothaninhalationsnarkoseeinleitung. Zunächst erfolgt eine rasche Anflutung des Narkosemittels mit schneller Narkosevertiefung bei nur geringen Excitationszeichen. Unmittelbar darauf (*b*) Rückkehr zu einem ausgeprägten Excitationsstadium (z. B. durch schmerzhafte Manipulationen ausgelöst) mit anschließender Narkosevertiefung bis zum Guedel-Stadium III$_1$ |
| Ableitung | C$_3$-P$_3$; Eichung: 50 µV = 7 mm; Reg. Geschw.: 30 mm/s; Filter: 70 Hz; ZK: 0,3 s; Spektralanalyse in 30-s-Epochen |
| Medikation | Halothaneinhalation 1 Vol% N$_2$O/O$_2$ (3 : 1) |

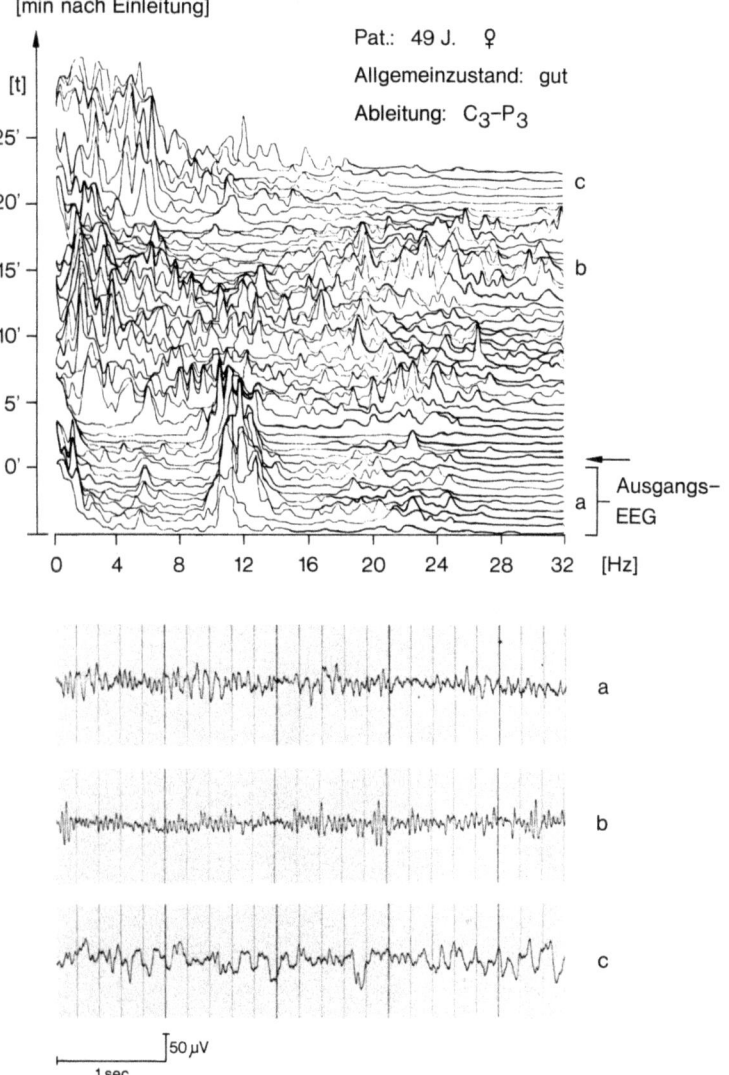

**Abbildung 44**

| | |
|---|---|
| Ausgangs-EEG | Alpha-EEG |
| Nach Einleitung | Verlust der Alpha-Aktivität. Ein kurz anhaltendes Niederspannungs-EEG wird von einem hochgespannten Delta-Theta-EEG gefolgt, das bis zum Ende der Überwachungsperiode anhält |
| Beurteilung | Beispiel für das Fehlen einer cerebralen Excitation (die allerdings im konventionellen EEG durch sehr niedergespannte kurzfristige Beta-Aktivität noch rudimentär angedeutet wird) und sofortigen Übergang in eine tiefe Narkose. In Anbetracht von Alter und Allgemeinzustand erweist sich die gewählte Dosierung als zu hoch |
| Ableitung | $C_3$-$P_3$; Eichung: 50 μV = 7 mm; Reg. Geschw.: 30 mm/s; Filter: 70 Hz; ZK: 0,3 s; Spektralanalyse in 30-s-Epochen |
| Medikation | Halothaneinhalation 1 Vol% $N_2O/O_2$ (3:1) |

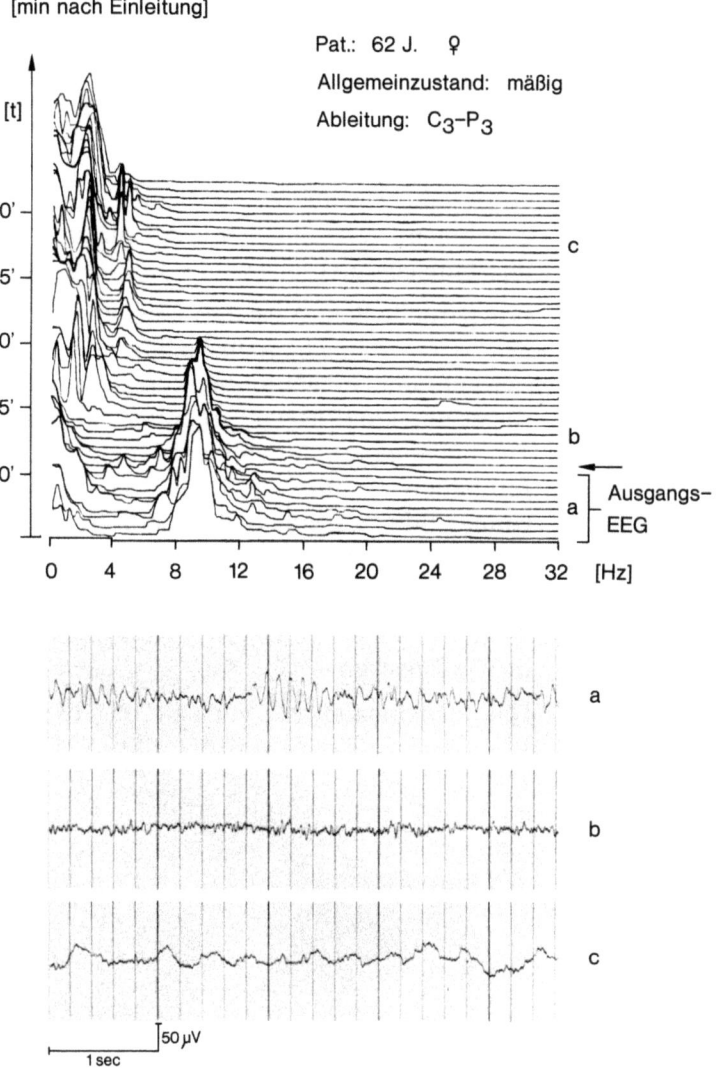

[min nach Einleitung]

Pat.: 62 J.   ♀

Allgemeinzustand:  mäßig

Ableitung:  $C_3$–$P_3$

**Abbildung 45**

| | |
|---|---|
| Ausgangs-EEG | Partielles Beta-EEG |
| Nach Einleitung | Verlust der Alpha-Aktivität, kurzfristige (ca. 4 min) anhaltende Beschleunigung der Beta-Aktivitäten bei niedriger Spannung mit folgendem Aufbau einer hochgespannten Delta-Theta-Aktivität (*b*) (0,5 –6 Hz), die gegen Ende des Beobachtungszeitraums zunehmend von schnellen Frequenzen aus dem Alpha-Bereich durchsetzt wird (*c*) |
| Beurteilung | Das partielle Beta-Ausgangs-EEG kann konstitutionell oder prämedikationsbedingt sein. Typischer Verlauf einer Inhalationsnarkoseeinleitung mit geringer und kurzfristiger cerebraler Excitation (Beta-Beschleunigung). Anschließend tiefe Narkose. Die Intubation, 5 min vor Ende der EEG-Überwachung, führt zu einem flacheren Narkosestadium (Zunahme schnellerer Frequenzen) |
| Ableitung | $C_3$-$P_3$; Eichung: 50 µV = 7 mm; Reg. Geschw.: 30 mm/s; Filter: 70 Hz, ZK: 0,3 s; Spektralanalyse in 30-s-Epochen |
| Medikation | Halothaneinhalation 1 Vol% $N_2O/O_2$ (3:1) |

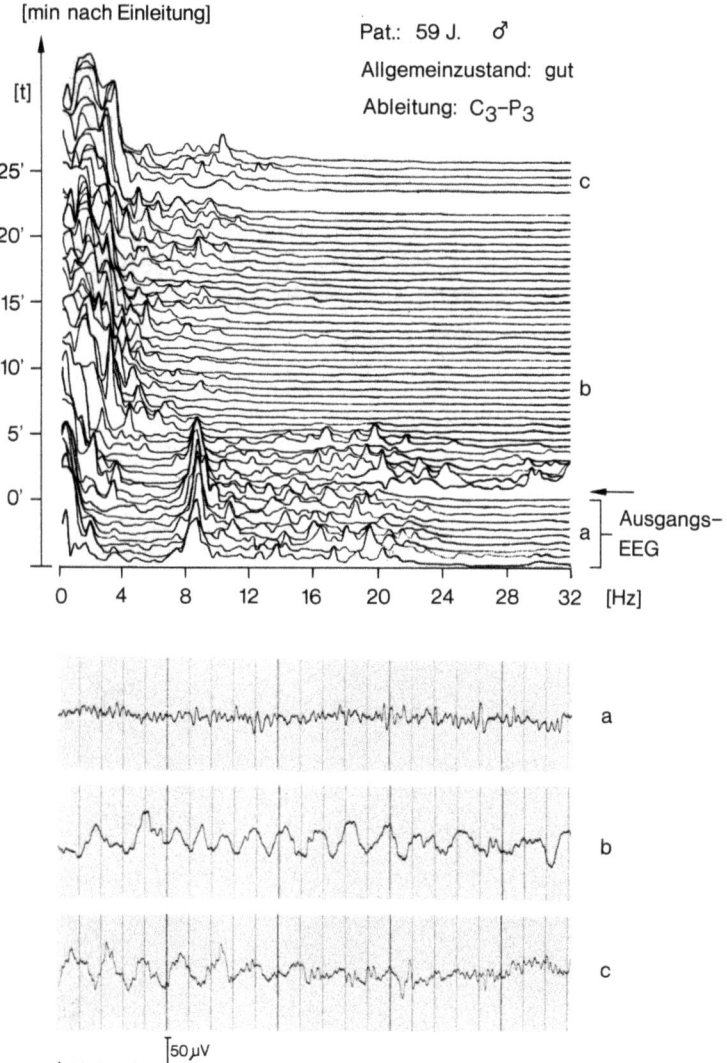

[min nach Einleitung]

Pat.: 59 J. ♂

Allgemeinzustand: gut

Ableitung: $C_3-P_3$

**Abbildung 46**

| | |
|---|---|
| Ausgangs-EEG | Unregelmäßiges EEG |
| Nach Einleitung | Depression der vorbestehenden Ausgangsaktivitäten. Im Anschluß (c) Aktivierung des Beta$_2$-Bandes (22–32 Hz) und geringfügige Aktivitätsminderung im Delta-Theta-Band |
| Beurteilung | Im vorliegenden Beispiel wird bei 15minütiger Halothaneinhalation zur Narkoseeinleitung lediglich das Stadium der cerebralen Excitation erreicht |
| Ableitung | C$_3$-P$_3$; Eichung: 50 μV = 7 mm; Reg. Geschw.: 30 mm/s; Filter: 70 Hz; ZK: 0,3 s; Spektralanalyse in 30-s-Epochen |
| Medikation | Halothaneinhalation 1 Vol% N$_2$O/O$_2$ (3 : 1) |

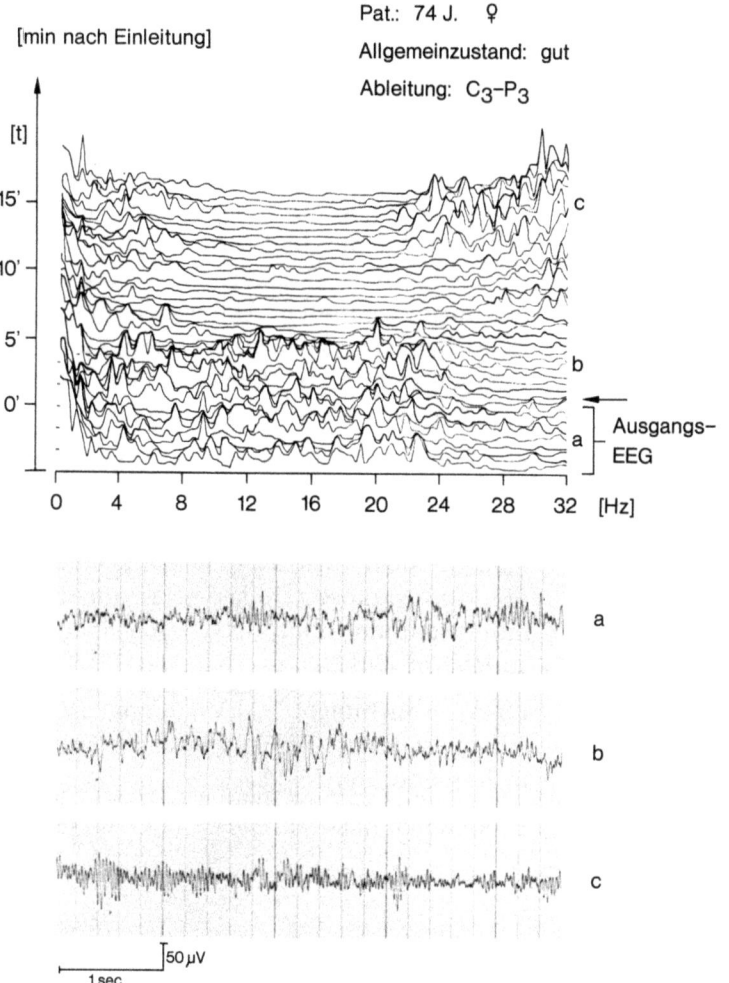

[min nach Einleitung]

Pat.: 74 J. ♀

Allgemeinzustand: gut

Ableitung: C₃–P₃

Ausgangs–EEG

**Abbildung 47**

| | |
|---|---|
| Ausgangs-EEG | Unregelmäßiges EEG (vorwiegend Frequenzverteilung in Theta-Alpha-Beta-Band) |
| Nach Einleitung | Anfänglich kommt es zu einer Vermehrung der Beta-Aktivitäten mit geringfügiger Spannungserhöhung, die besonders im konventionellen EEG sichtbar wird. Im Anschluß Aufbau einer hochgespannten Delta-Theta-Tätigkeit (0,5–6 Hz) mit vergleichbar hochgespannten Aktivitäten des Alpha-Beta-$Beta_2$-Bereichs (9–32 Hz). Gegen Ende des Überwachungszeitraums Verschwinden der hochfrequenten Aktivitäten 26–32 Hz (c) |
| Beurteilung | Die Frequenzzusammensetzung des Ausgangs-EEG ist offensichtlich prämedikationsbedingt. Nach Narkoseeinleitung kommt es zu einem atypischen Verlauf, der dem Hirnstrombild nach einer Kombination aus Narkose (Delta-Theta-Anteile) und Exzitationsstadium (hohe $Beta_1$-$Beta_2$-Spannungen entspricht (b) |
| Ableitung | $C_Z$-$A_1$; Eichung: 50 µV = 7 mm; Reg. Geschw.: 30 mm/s; Filter: 70 Hz; ZK: 0,3 s; Spektralanalyse in 30-s-Epochen |
| Medikation | Halothaneinhalation 1 Vol% $N_2O/O_2$ (3:1) |

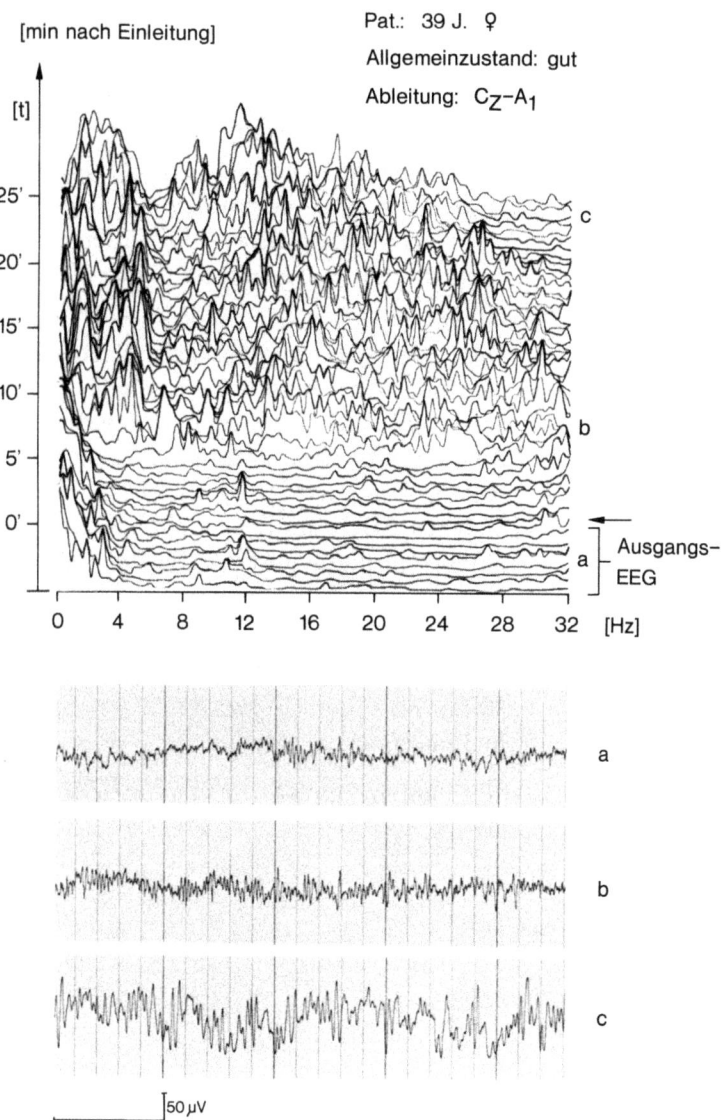

[min nach Einleitung]

Pat.: 39 J. ♀

Allgemeinzustand: gut

Ableitung: $C_Z$–$A_1$

[t]

25'

20'

15'

10'

5'

0'

c

b

a

Ausgangs–
EEG

0    4    8    12    16    20    24    28    32    [Hz]

a

b

c

50 µV

1 sec

## Abbildung 48

| | |
|---|---|
| Ausgangs-EEG | Niederspannungs-EEG (Spektralanalyse). Überwiegend Beta-Frequenzen niedriger Spannung (konventionelles EEG) |
| Nach Einleitung | Mit einer Latenz von 6–7 min Aktivierung niedriggespannter Beta-Aktivitäten im Bereich 12–24 Hz (*b*). Nach Abbau dieser Aktivitäten findet sich ein ziemlich gut ausgeprägtes Delta-Theta-EEG (0,5 –6 Hz) (*c*) |
| Beurteilung | Die in der Spektralanalyse als „flaches EEG" imponierende Ausgangskurve erscheint aufgrund der konventionellen EEG-Beurteilung durch Angst und Anspannung hervorgerufen zu sein (hoher Beta-Anteil, Desynchronisationseffekt). Für ein echtes „flaches EEG" müßten mehr langsame Frequenzanteile vorhanden sein. Hierfür spricht auch der Einleitungsverlauf. Bemerkenswert ist die lange Latenz bis zum Auftreten der ersten Veränderungen |
| Ableitung | $C_3$-$P_3$; Eichung: 50 µV = 7 mm; Reg. Geschw.: 30 mm/s; Filter: 70 Hz; ZK: 0,3 s; Spektralanalyse in 30-s-Epochen |
| Medikation | Halothaneinhalation 1 Vol% $N_2O/O_2$ (3:1) |

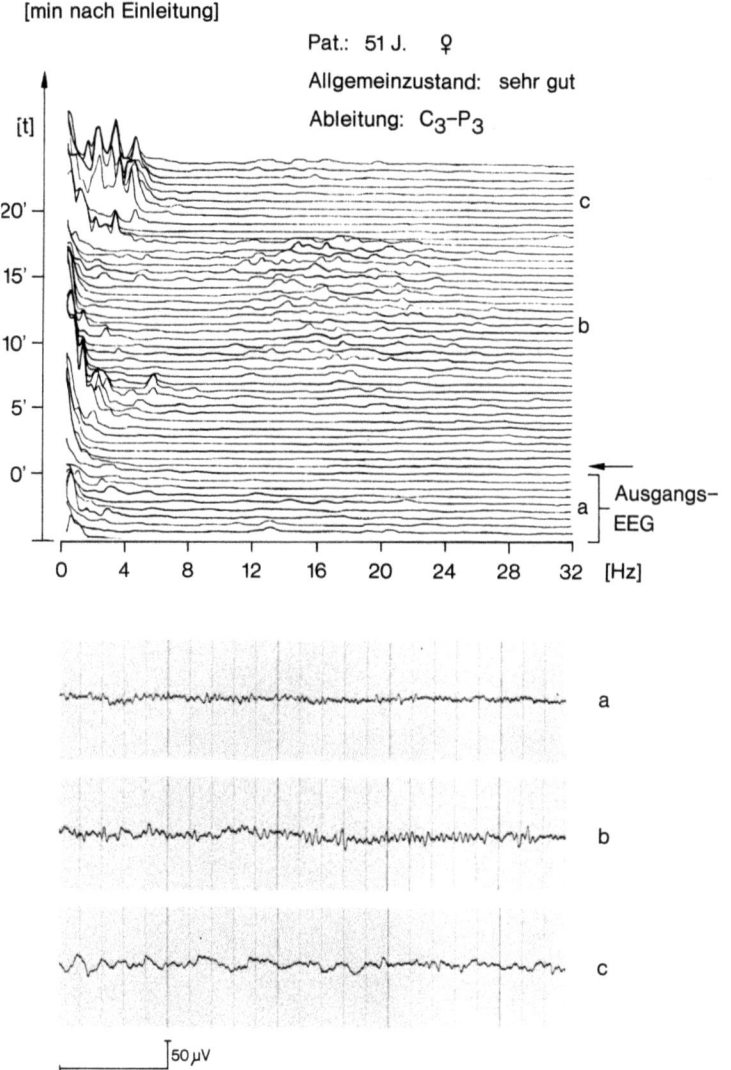

[min nach Einleitung]

Pat.: 51 J.  ♀

Allgemeinzustand: sehr gut

Ableitung: C₃–P₃

**Abbildung 49**

| | |
|---|---|
| Ausgangs-EEG | Alpha-EEG |
| Nach Einleitung | Verlust der Alpha-Aktivität. Nach ca. 3 min resultiert für die Dauer von 3–4 min ein reines Beta-EEG niedriger Spannung (*b*). Es folgt ein hochgespanntes Delta-Theta-EEG (0,5–6 Hz), das auch durch die Intubation (*c*) nicht beeinflußt wird |
| Beurteilung | Typische rasche Ethraneinhalationsnarkoseeinleitung mit sehr kurzem, klinisch nicht manifestem Excitationsstadium (Beta-Aktivität) und anschließender adäquater Narkosetiefe |
| Ableitung | $C_3$-$P_3$; Eichung: 50 µV = 7 mm; Reg. Geschw.: 30 mm/s; Filter: 70 Hz; ZK: 0,3 s; Spektralanalyse in 30-s-Epochen |
| Medikation | Ethraneinhalation 1,5 Vol% $N_2O/O_2$ (3:1) |

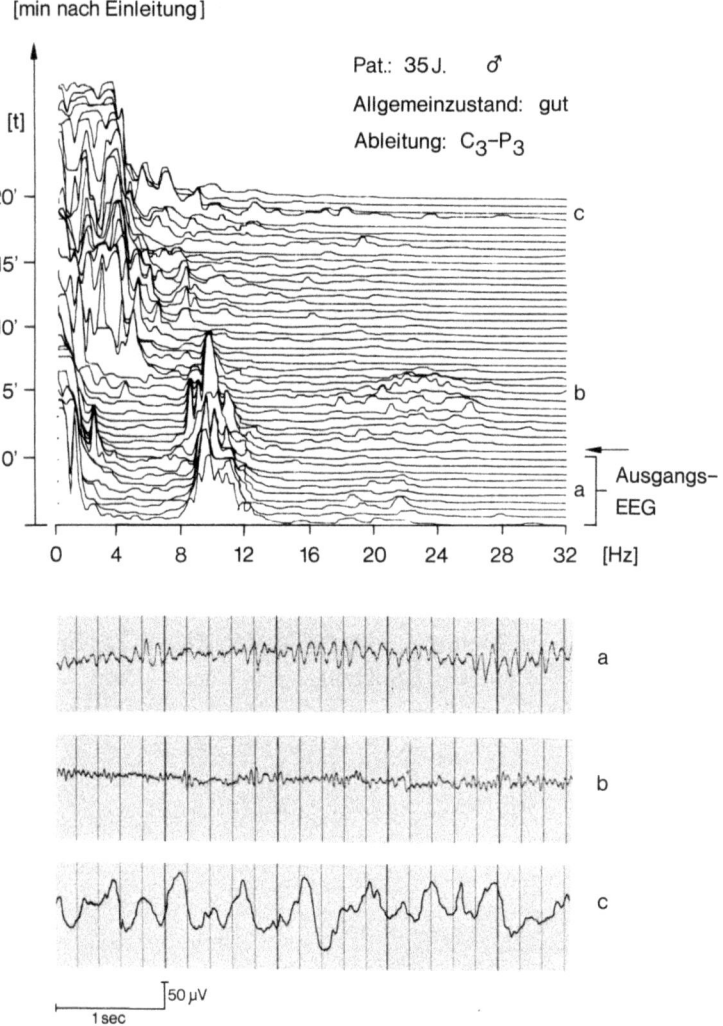

[min nach Einleitung]

Pat.: 35 J.   ♂

Allgemeinzustand:  gut

Ableitung:  $C_3$–$P_3$

**Abbildung 50**

| | |
|---|---|
| Ausgangs-EEG | Alpha-EEG |
| Nach Einleitung | Allmählicher Abbau der vorbestehenden Ausgangs-aktivität. Nach ca. 7 min resultiert ein reines Beta-EEG (*b*) mit niedriger elektrischer Leistung. (Die zwischenzeitliche Alpha- und Delta-Aktivierung ist ein Artefakt durch Kopfbewegung.) Nach Abbau der Beta-Anteile Aktivierung eines hochgespannten Delta-Theta-EEG, in das gegen Ende der Messung nach der Intubation (*c*) schnellere Frequenzanteile eingelagert werden |
| Beurteilung | Typischer Verlauf einer Inhalationsnarkoseeinleitung mit Excitationsstadium (Beta-Aktivierung) und anschließender tiefer Narkose, die durch die Manipulationen bei der endotrachealen Intubation flacher wird |
| Ableitung | $C_3$-$P_3$; Eichung: 50 µV = 7 mm; Reg. Geschw.: 30 mm/s; Filter: 70 Hz; ZK: 0,3 s; Spektralanalyse in 30-s-Epochen |
| Medikation | Ethraneinhalation 1,5 Vol% $N_2O/O_2$ (3 : 1) |

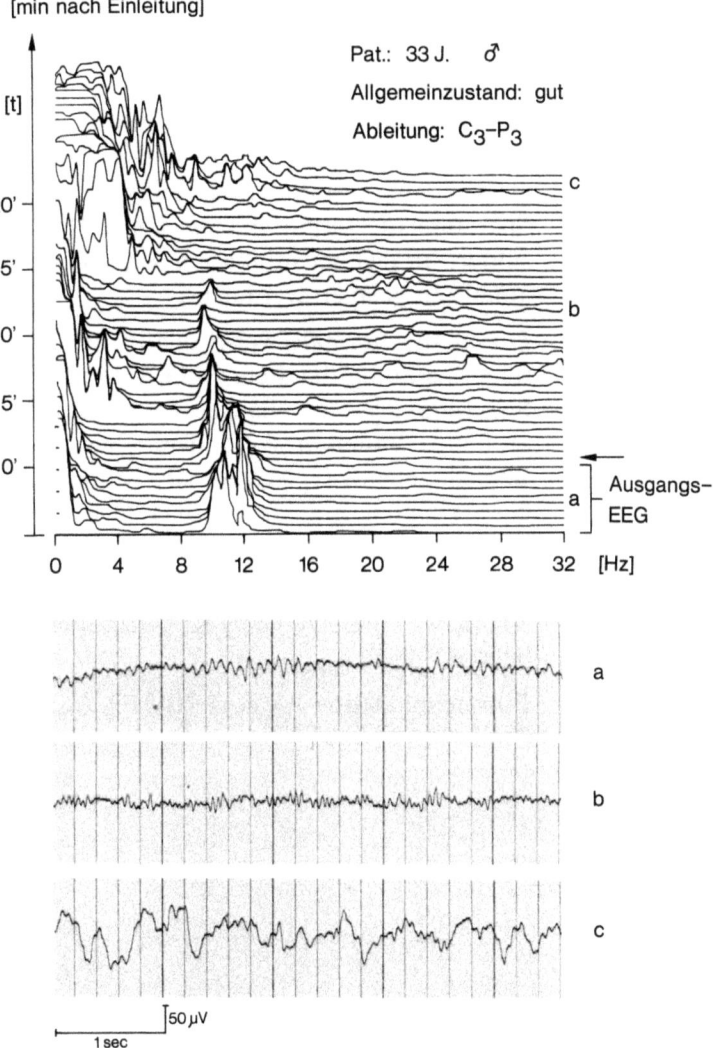

[min nach Einleitung]

[t]

Pat.: 33 J. ♂

Allgemeinzustand: gut

Ableitung: $C_3-P_3$

20'

15'

10'

5'

0'

c

b

a

Ausgangs-
EEG

0 4 8 12 16 20 24 28 32 [Hz]

a

b

c

50 µV

1 sec

## Abbildung 51

| | |
|---|---|
| Ausgangs-EEG | Niederspannungs-EEG (Spektralanalyse) Beta-EEG (konventionelle Ableitung) |
| Nach Einleitung | Der $Beta_2$-Bereich (22–32 Hz) nimmt erheblich an elektrischer Leistung zu (*b*) und verlangsamt nach etwa 5 min kontinuierlich seine Frequenz unter Spannungssteigerung, bis ein Delta-Theta-EEG resultiert, in das bei Intubation schnellere Frequenzanteile eingelagert werden (*c*) |
| Beurteilung | Durch die normalerweise relativ niedrige elektrische Spannung der Beta-EEG werden diese in der Spektralanalyse als flaches EEG dargestellt. Der auffällige Einleitungsverlauf mit Beginn im $Beta_2$-Bereich scheint typisch für die Ethrane-Einleitung bei Patienten mit einem Beta-Ausgangs-EEG zu sein |
| Ableitung | $C_3$-$P_3$; Eichung: 50 µV = 7 mm; Reg. Geschw.: 30 mm/s; Filter: 70 Hz; ZK: 0,3 s; Spektralanalyse in 30-s-Epochen |
| Medikation | Ethraneinhalation 1,5 Vol% $N_2O/O_2$ (3 : 1) |

[min nach Einleitung]

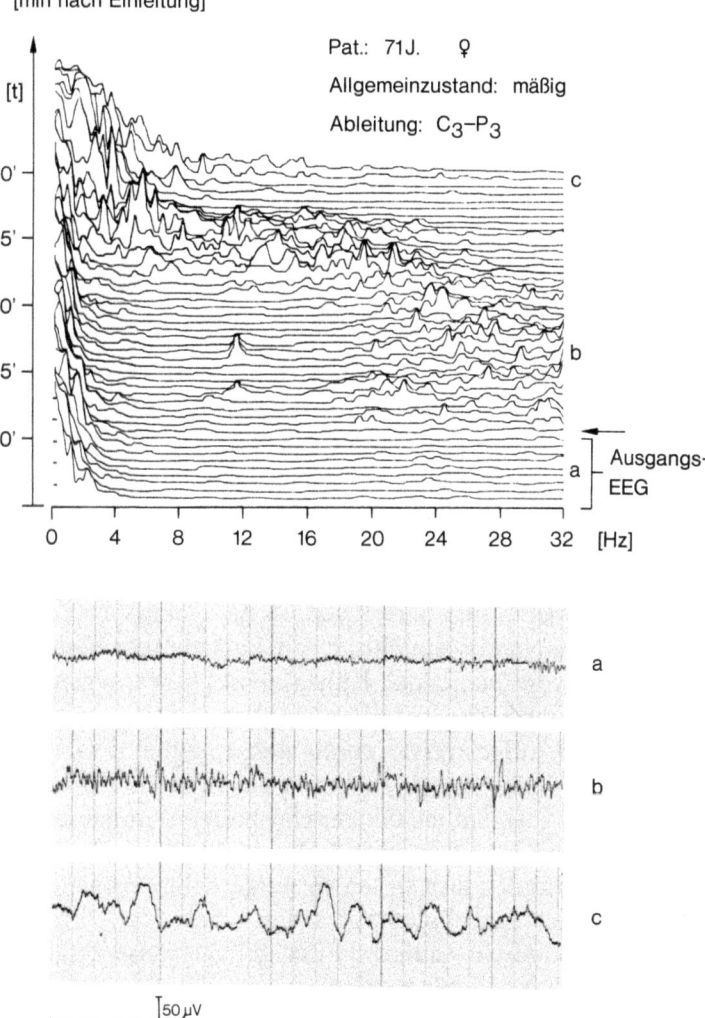

Pat.: 71 J.  ♀

Allgemeinzustand: mäßig

Ableitung: $C_3-P_3$

# IV. Intravenöse Narkotika

## 1. Einzelverfahren

### a) Barbiturate

EEG-Veränderungen unter verschiedenen Barbituratpräparaten mit unterschiedlichen Wirkzeiten ähneln sich weitgehend. Enzephalographische Charakteristiken dieser Gruppe werden am Beispiel des Thiopental dargestellt. Dabei führen gewichtsbezogene Dosierungen innerhalb der heute üblichen Grenzen gewöhnlich nur zu einer oberflächlichen Narkose. Bei reduziertem Allgemeinzustand können andererseits kurzfristige sehr tiefe Narkosestadien eintreten.

Die typische, im EEG sichtbare Reaktion der elektrischen Hirnfunktion auf eine intravenöse Narkoseeinleitung mit Barbituraten besteht in einem raschen Abbau der vorbestehenden Ruheaktivität (überwiegend Alpha-Aktivität) zugunsten einer hochgespannten langsamen Delta- und Theta-Aktivität mit gelegentlich aufgelagerten gering ausgeprägten Beta-Wellen. Nach 4–7 min erfolgt ein fließender Übergang in ein gemischtes Alpha- und Beta-EEG, wie es auch gelegentlich bei der chronischen Einnahme barbiturathaltiger Medikamente gefunden wird. Individuelle Abweichungen von dieser Verhaltensweise finden sich unter körpergewichtsbezogener Dosierung häufig. Sie äußern sich enzephalographisch in Über- oder Unterdosierungserscheinungen, die klinisch – aufgrund der üblicherweise zusätzlich erfolgten Relaxierung – nicht sichtbar werden.

Überdosierungserscheinungen sind im Elektroenzephalogramm durch das Auftreten von B-S-Phasen gekennzeichnet (Abb. 57–59), sie zeigen ein bedenklich tiefes Narkosestadium. Zeichen der Unterdosierung sind erheblich verkürzte narkotische Phasen mit Delta-Theta-Frequenzen und das Bestehenbleiben schneller Aktivitäten während dieser Zeit. Besonderheiten des Ruhe-EEG können sich ebenfalls in den Veränderungen der elektrischen Hirnaktivität auswirken (Abb. 54–56, 59). Ein niedergespanntes Ausgangs-EEG kann unter Barbituateinwirkung die erwarteten Veränderungen in voller Ausprägung zeigen oder auch bei nur geringen Spannungsunterschieden schwer beurteilbar sein. Falls die Niederspannung nicht dem Grund-EEG-Typ des Patienten entspricht, sondern präoperativ durch psychische Spannung bedingt ist, wirkt sich diese Angstsituation häufig auch im Anästhesieverlauf aus. Bei Normdosierungen zeigt sich klinisch ein abnorm flacher Narkoseverlauf (Abb. 54–56). Unregelmäßige EEG-Formen mit Übergang zur Allgemeinveränderung sowie mit pathologischen Frequenzverlangsamungen reagieren lediglich mit einer Spannungsverminderung ihrer schnellen Frequenzanteile, die in ihrem Ausmaß mäßig mit den Narkosestadien korreliert. Eine eindeutige Zuordnung zu einzelnen Stadien ist mit Ausnahme des Auftretens von B-S-Phasen nicht möglich (Abb. 59).

**Abbildung 52**

| | |
|---|---|
| Ausgangs-EEG | Alpha-EEG |
| Nach Einleitung | Es zeigt sich eine Verschiebung der EEG-Frequenzen in den Delta- und Theta-Bereich, die etwa 2 –5 min anhält, um dann fließend zu schnelleren Aktivitäten des Alpha- und Beta-Bandes zurückzukehren. Am Ende der Beobachtungsperiode ist das EEG durch die barbiturattypische Sigmaaktivität (Beta-Aktivität des Bereichs 13–18 Hz) geprägt |
| Beurteilung | Typischer Verlauf einer intravenösen Narkoseeinleitung mit Thiopental |
| Ableitung | $C_Z$-$A_1$; Eichung: 50 µV = 7 mm; Reg. Geschw.: 30 mm/s; Filter: 70 Hz; ZK: 0,3 s; Spektralanalyse in 30-s-Epochen |
| Medikation | Trapanal 7 mg/kg KG |

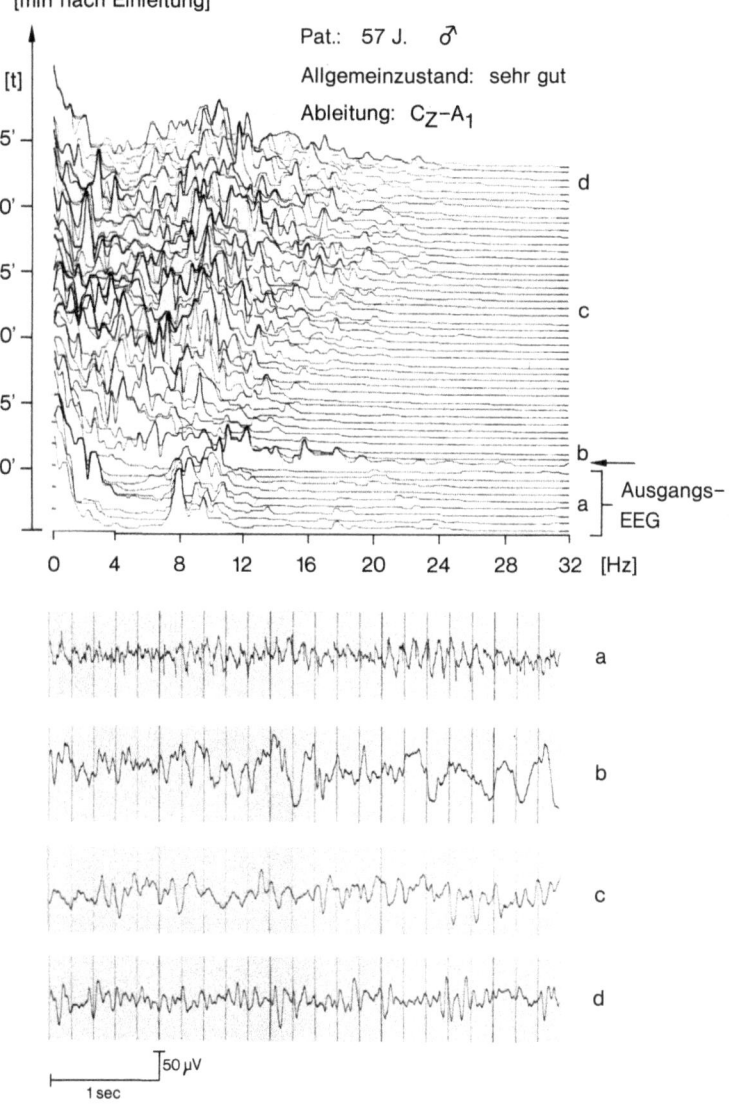

[min nach Einleitung]

[t]

Pat.: 57 J. ♂

Allgemeinzustand: sehr gut

Ableitung: $C_Z-A_1$

25'

20'

15'

10'

5'

0'

d

c

b

a

Ausgangs–
EEG

0    4    8    12    16    20    24    28    32   [Hz]

a

b

c

d

50 µV

1 sec

**Abbildung 53**

| | |
|---|---|
| Ausgangs-EEG | Alpha-EEG |
| Nach Einleitung | Unmittelbar nach der Barbituratinjektion kommt es zum Aufbau langsamer Frequenzanteile im Delta- und Theta-Bereich. Diese werden ständig von schnelleren Aktivitäten des Alpha- und Beta-Bandes überlagert (besonders deutlich in der konventionellen Darstellung). Bereits nach 2 min überwiegen die schnellen Frequenzen |
| Beurteilung | Beispiel einer geringen und kurzdauernden narkotischen Wirkung der intravenösen Barbiturateinleitung. Das EEG-Korrelat am Ende der Überwachungsperiode entspricht der Aufwachphase einer Barbituratnarkose |
| Ableitung | $C_Z$-$A_1$; Eichung: 50 µV = 7 mm; Reg.Geschw.: 30 mm/s; Filter: 70 Hz; ZK: 0,3 s; Spektralanalyse in 30-s-Epochen |
| Medikation | Trapanal 7 mg/kg KG |

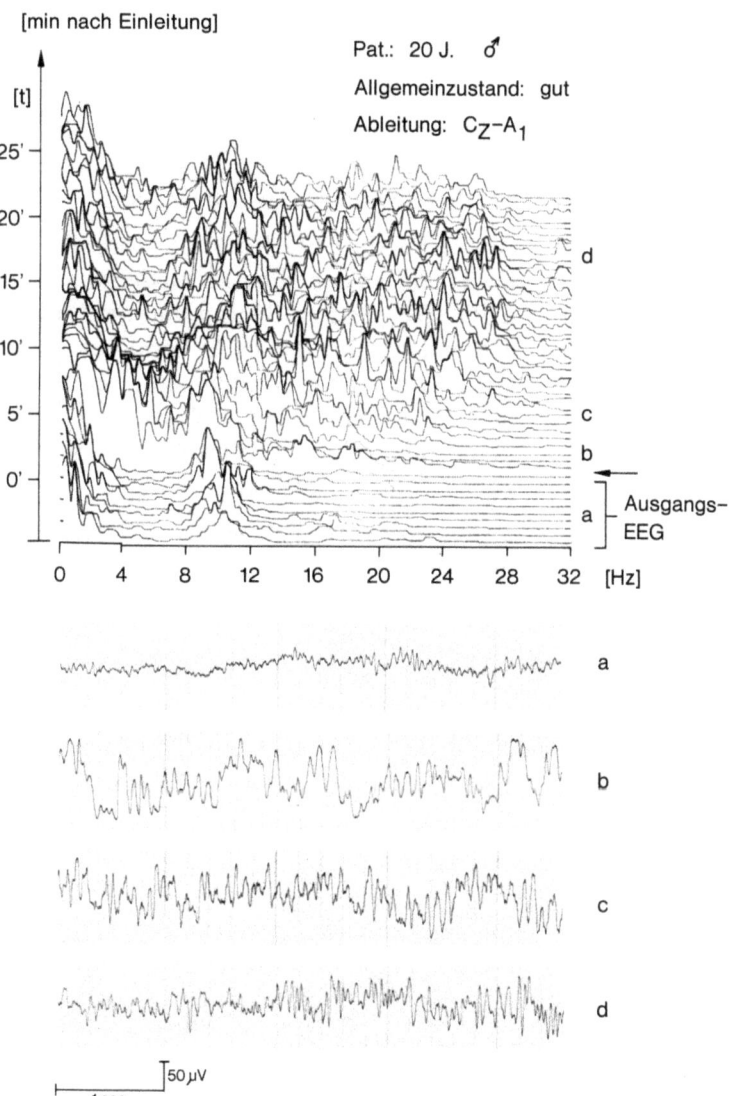

[min nach Einleitung]

Pat.: 20 J. ♂

Allgemeinzustand: gut

Ableitung: $C_Z-A_1$

Ausgangs-EEG

$50\,\mu V$

1 sec

## Abbildung 54

| | |
|---|---|
| Ausgangs-EEG | Niederspannungs-EEG |
| Nach Einleitung | Zunächst ist eine kurze und tiefe narkotische Phase sichtbar. Zwischen der 7. und 15. min fällt die rasche Beta-Aktivität auf, die sich im weiteren Verlauf auf den Sigmabereich konzentriert |
| Beurteilung | Abweichende EEG-Reaktion nach Thiopentalgabe bei einem angstbedingten niedergespannten Ruhe-EEG: Während zu Beginn und am Ende der Beobachtungsperiode das EEG-Verhalten als barbiturattypisch angesehen werden kann, muß der Zeitraum mit Beta-Frequenzen >20 Hz einer Exzitationsphase zugerechnet werden (Guedel-Stadium II) |
| Ableitung | $C_3$-$P_3$; Eichung: 50 µV = 7 mm; Reg. Geschw.: 30 mm/s; Filter: 70 Hz; ZK: 0,3 s; Spektralanalyse in 30-s-Epochen |
| Medikation | Trapanal 7 mg/kg KG |

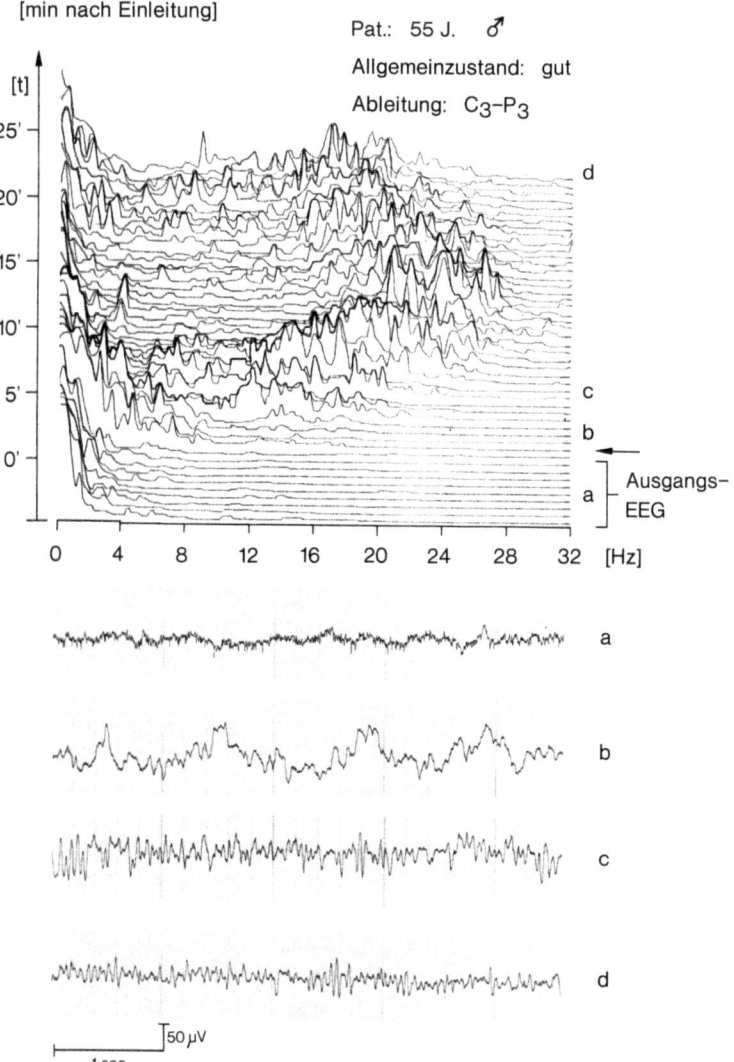

[min nach Einleitung]

Pat.: 55 J. ♂

Allgemeinzustand: gut

Ableitung: C$_3$–P$_3$

Ausgangs-EEG

50 μV

1 sec

## Abbildung 55

| | |
|---|---|
| Ausgangs-EEG | Niederspannungs-EEG |
| Nach Einleitung | Ausprägung eines unregelmäßigen EEG, das nach wenigen Minuten von hochgespannter Beta-Aktivität geprägt wird |
| Beurteilung | Hier fehlt nach Injektion von Thiopental die narkotische Phase. Der Übergang zu raschen Beta-Frequenzen ( > 18 Hz) zeigt ein Exzitationsstadium an, das im Beobachtungszeitraum anhält |
| Ableitung | $C_Z$-$A_1$; Eichung: 50 µV = 7 mm; Reg. Geschw.: 30 mm/s; Filter: 70 Hz; ZK: 0,3 s; Spektralanalyse in 30-s-Epochen |
| Medikation | Trapanal 7 mg/kg KG |

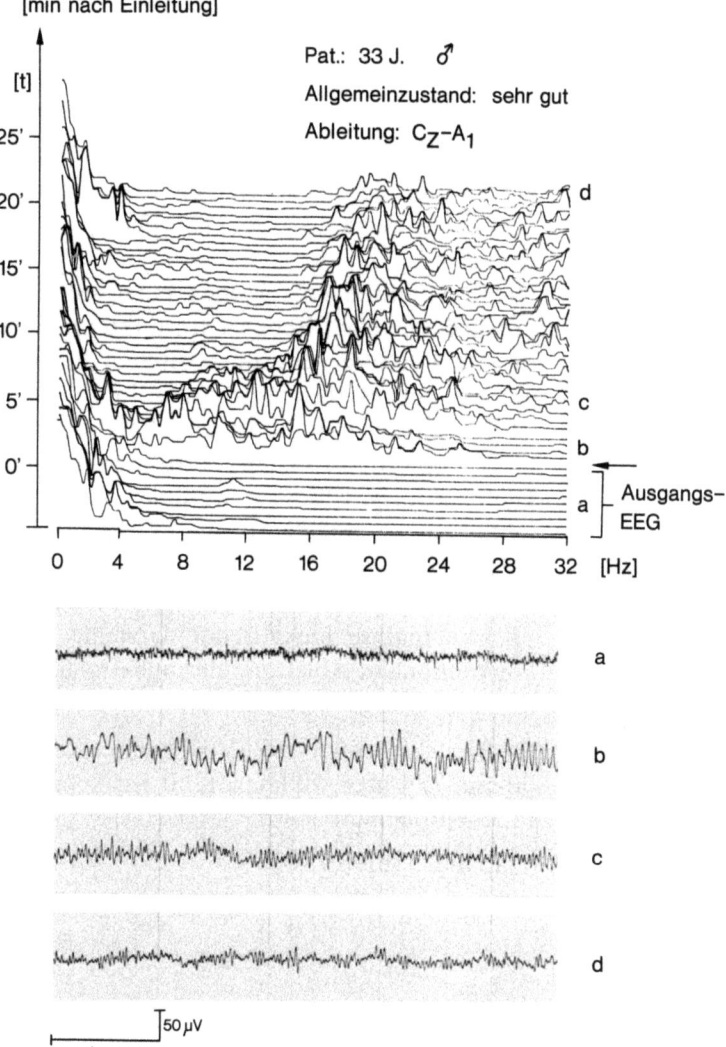

[min nach Einleitung]

Pat.: 33 J.   ♂
Allgemeinzustand:  sehr gut
Ableitung:  C$_Z$–A$_1$

[t]

25'
20'                                                                    d
15'
10'
5'                                                                     c
0'                                                                     b
                                                                       a   Ausgangs-
                                                                           EEG

0    4    8    12    16    20    24    28    32   [Hz]

a

b

c

d

50 μV
1 sec

**Abbildung 56**

| | |
|---|---|
| Ausgangs-EEG | Alpha-EEG |
| Nach Einleitung | Innerhalb von 1 min Auftreten von B-S-Phasen. Im Anschluß Ausprägung eines unregelmäßigen EEG |
| Beurteilung | Überdosierungserscheinungen bei körpergewichtsbezogener Dosierung von Thiopental zur Narkoseeinleitung.<br>Die B-S-Phasen entsprechen einer subtotalen Depression der elektrischen Hirnfunktion; sie sind die direkte Vorstufe des isoelektrischen EEG und zeigen ein tiefstes Narkosestadium. In diesem Beispiel ist ihre Ursache eine kurz anhaltende Barbituratintoxikation, da sowohl Perfusionsstörungen wie Hypoxie ausgeschlossen werden konnten. Das anschließende unregelmäßige EEG ist barbituratspezifisch.<br>Zu beachten ist, daß die B-S-Phase sich in der Spektralanalyse nicht sicher darstellt. Hier ist die konventionelle Ableitung der Spektralanalyse überlegen (*b*) |
| Ableitung | $C_3$-$P_3$; Eichung: 50 μV = 7 mm; Reg. Geschw.: 30 mm/s; Filter: 70 Hz; ZK: 0,3 s; Spektralanalyse in 30-s-Epochen |
| Medikation | Trapanal 7 mg/kg KG |

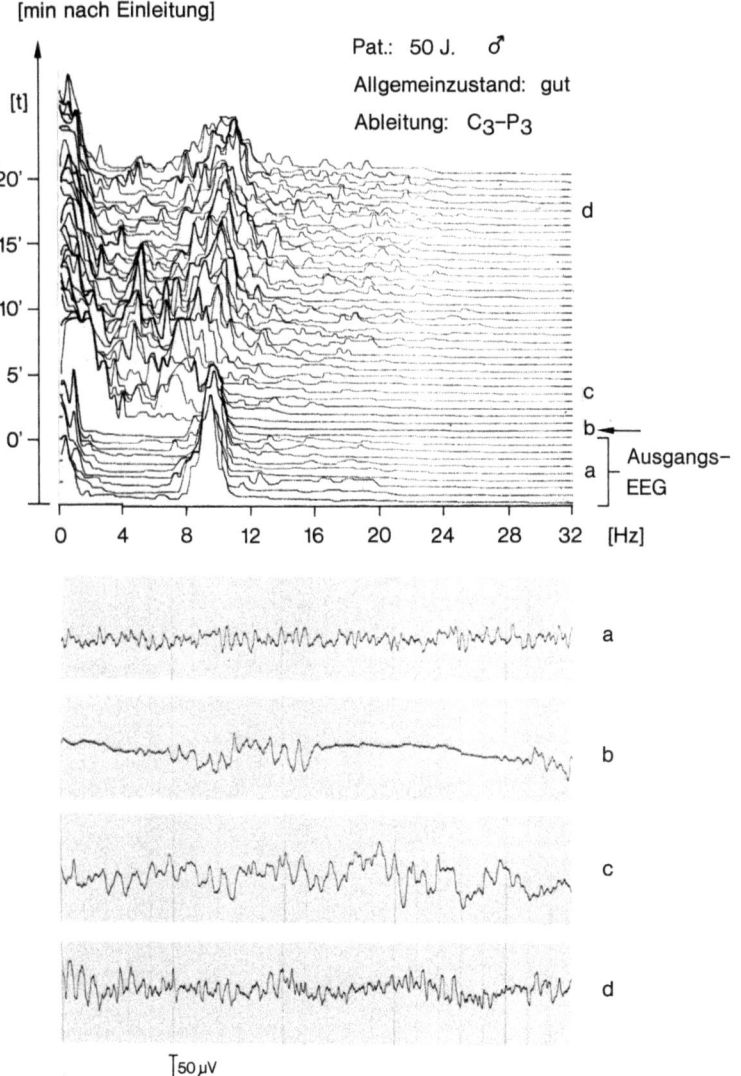

[min nach Einleitung]

Pat.: 50 J. ♂

Allgemeinzustand: gut

Ableitung: C₃–P₃

**Abbildung 57**

| | |
|---|---|
| Ausgangs-EEG | Alpha-EEG |
| Nach Einleitung | Auftreten von B-S-Phasen unmittelbar nach Thiopentalapplikation. Danach Übergang in ein unregelmäßiges EEG mit zunehmenden Anteilen schneller Frequenzen |
| Beurteilung | Beispiel einer starken individuellen Barbituratüberdosierung mit über 2 min anhaltender subtotaler cerebraler Funktionsdepression, die in der Spektralanalyse nur angedeutet sichtbar ist, wogegen sie im konventionellen EEG leicht identifiziert werden kann. Nach Erholung barbiturattypisches EEG-Verhalten |
| Ableitung | $C_Z$-$A_1$; Eichung: 50 µV = 7 mm; Reg. Geschw.: 30 mm/s; Filter: 70 Hz; ZK: 0,3 s; Spektralanalyse in 30-s-Epochen |
| Medikation | Trapanal 7 mg/kg KG |

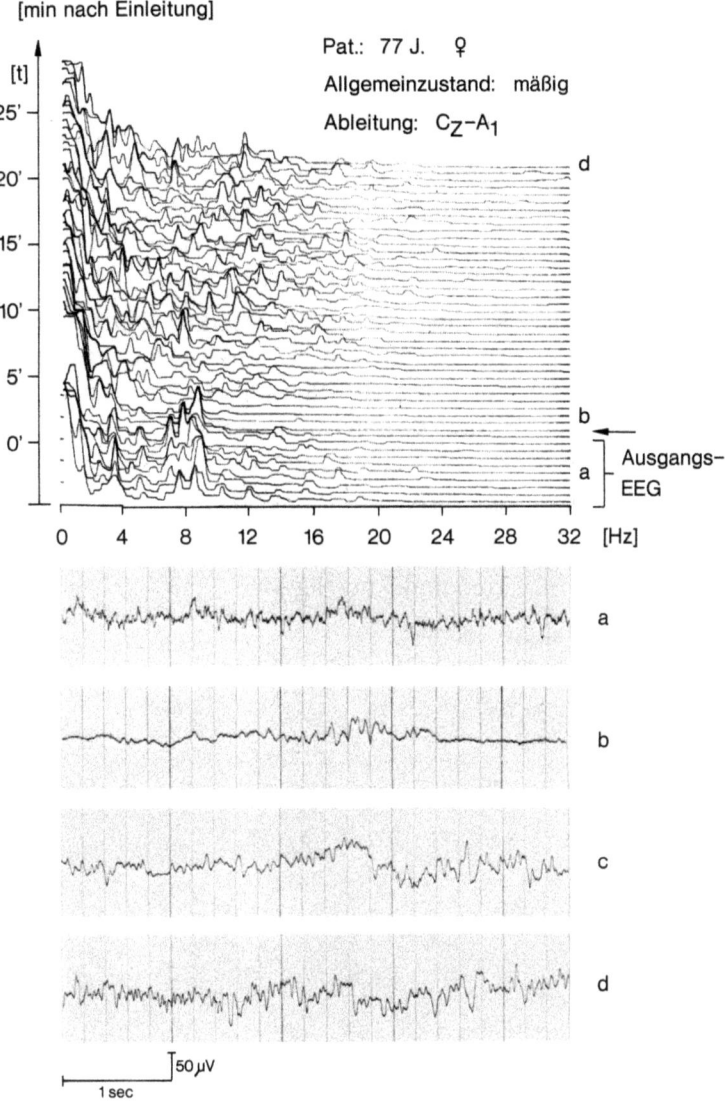

[min nach Einleitung]

Pat.: 77 J.  ♀

Allgemeinzustand:  mäßig

Ableitung:  $C_Z$–$A_1$

## Abbildung 58

| | |
|---|---|
| Ausgangs-EEG | Alpha-EEG |
| Nach Einleitung | Übergang in ein hochgespanntes Delta-Theta-EEG mit geringfügigen Beta-Einstreuungen. Nach 5 min Auftreten von B-S-Phasen, die in der Spektralanalyse nicht erkennbar sind. Am Ende des Beobachtungszeitraums Delta-Theta-EEG mit deutlichen Beta-Ein- und Auflagerungen |
| Beurteilung | Beispiel einer sehr starken Narkosewirkung des Thiopental mit Überdosierungserscheinungen in Form von B-S-Phasen. Narkoseabflachung am Ende der Beobachtungsperiode |
| Ableitung | $C_Z$-$A_1$; Eichung: 50 µV = 7 mm; Reg. Geschw.: 30 mm/s; Filter: 70 Hz; ZK: 0,3 s; Spektralanalyse in 30-s-Epochen |
| Medikation | Trapanal 5 mg/kg KG |

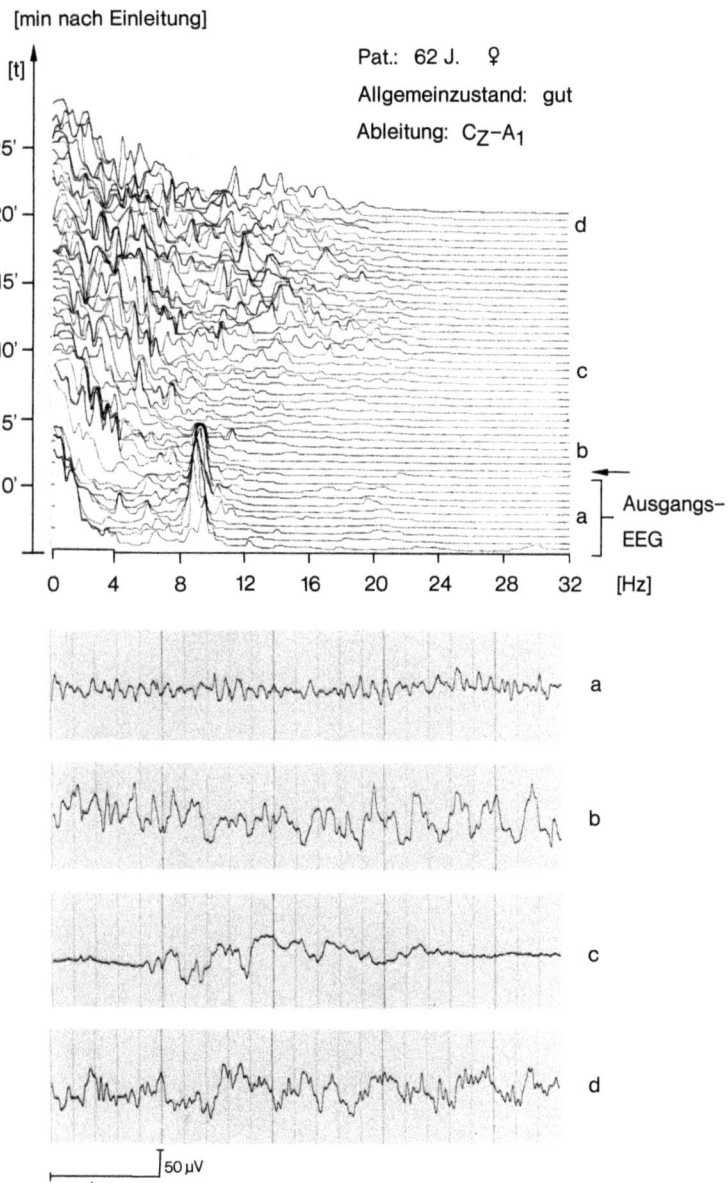

[min nach Einleitung]

Pat.: 62 J. ♀

Allgemeinzustand: gut

Ableitung: $C_Z - A_1$

d

c

b

a — Ausgangs-EEG

[Hz]

a

b

c

d

50 µV

1 sec

**Abbildung 59**

| | |
|---|---|
| Ausgangs-EEG | Beta-EEG |
| Nach Einleitung | Das Beta-Ausgangs-EEG zeigt 3 min nach Thiopentalinjektion eine kurzzeitig anhaltende Null-Linie, die über B-S-Phasen in ein unregelmäßiges EEG übergeht. Gegen Ende der Beobachtungsperiode überwiegen schnelle Frequenzanteile |
| Beurteilung | Auch in diesem Beispiel ist eine starke individuelle Barbituratüberdosierung dargestellt, die auch in der Spektralanalyse deutlich sichtbar ist. Es erfolgt eine schnelle Rückkehr der grenzwertig tiefen Narkose in mittlere und am Ende der Überwachungsperiode oberflächliche Narkosestadien |
| Ableitung | $C_3$-$P_3$; Eichung: 50 μV = 7 mm; Reg. Geschw.: 30 mm/s; Filter: 70 Hz; ZK: 0,3 s; Spektralanalyse in 30-s-Epochen |
| Medikation | Trapanal 7 mg/kg KG |

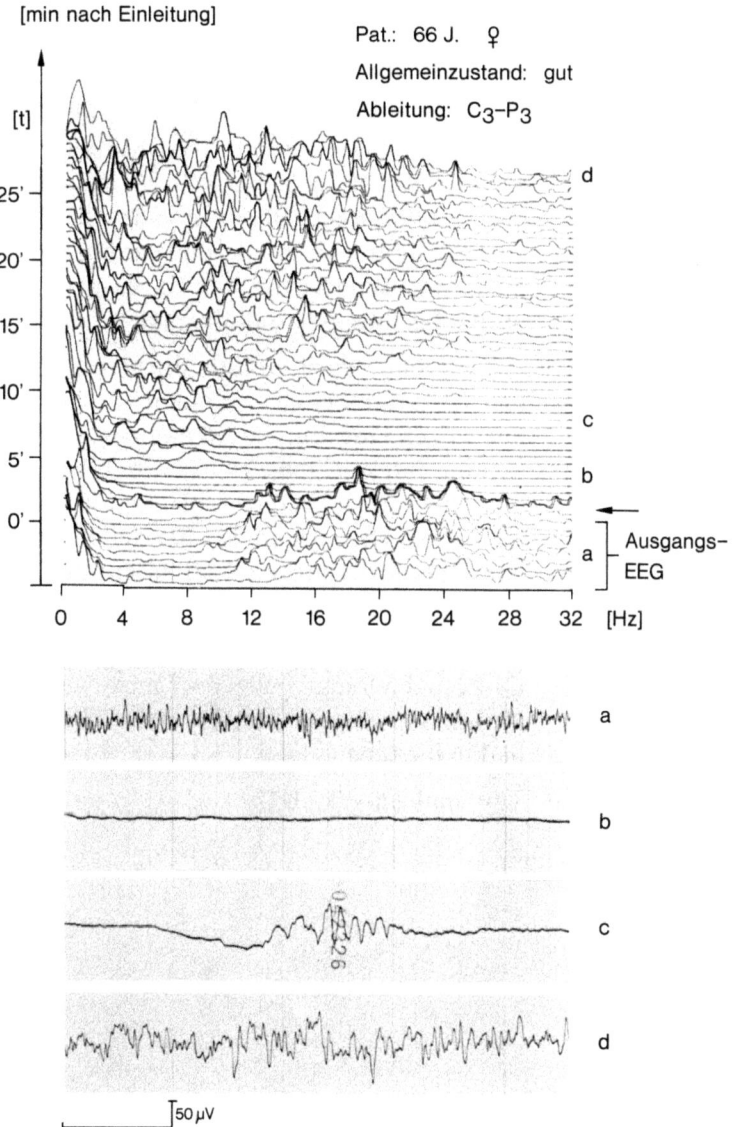

[min nach Einleitung]

Pat.: 66 J. ♀

Allgemeinzustand: gut

Ableitung: $C_3$–$P_3$

[t]

25'

20'

15'

10'

5'

0'

d

c

b

a ⟵ Ausgangs-EEG

0   4   8   12   16   20   24   28   32   [Hz]

a

b

c

d

50 µV

1 sec

**Abbildung 60**

| | |
|---|---|
| Ausgangs-EEG | Unregelmäßiges EEG (Alters-EEG mit Übergang zur leichten cerebralen Allgemeinveränderung) |
| Nach Einleitung | Es kommt 2 min nach Narkosebeginn zum Auftreten von B-S-Phasen. Im weiteren Verlauf fehlt die barbiturattypische Beta-Aktivität. Statt dessen ist eine Spannungsverminderung der oberen Grenzfrequenz im Bereich von 4–9 Hz zu beobachten, die im Beobachtungszeitraum anhält |
| Beurteilung | Individuelle Barbituratüberdosierung bei einem primär pathologisch verändertem Ausgangs-EEG. Die allgemeine Einschränkung der cerebralen Reaktionsfähigkeit zeigt sich an der Reduktion der oberen Frequenzbereiche als Äquivalent der Narkosetiefe. Die generelle Beurteilungsmöglichkeit von Überdosierungen (B-S-Phasen) und cerebralen Versorgungsstörungen (z. B. durch Hypotonie oder Hypoxie) ist erhalten |
| Ableitung | $C_3$-$P_3$; Eichung: 50 µV = 7 mm; Reg. Geschw.: 30 mm/s; Filter: 70 Hz; ZK: 0,3 s; Spektralanalyse in 30-s-Epochen |
| Medikation | Trapanal 7 mg/kg KG |

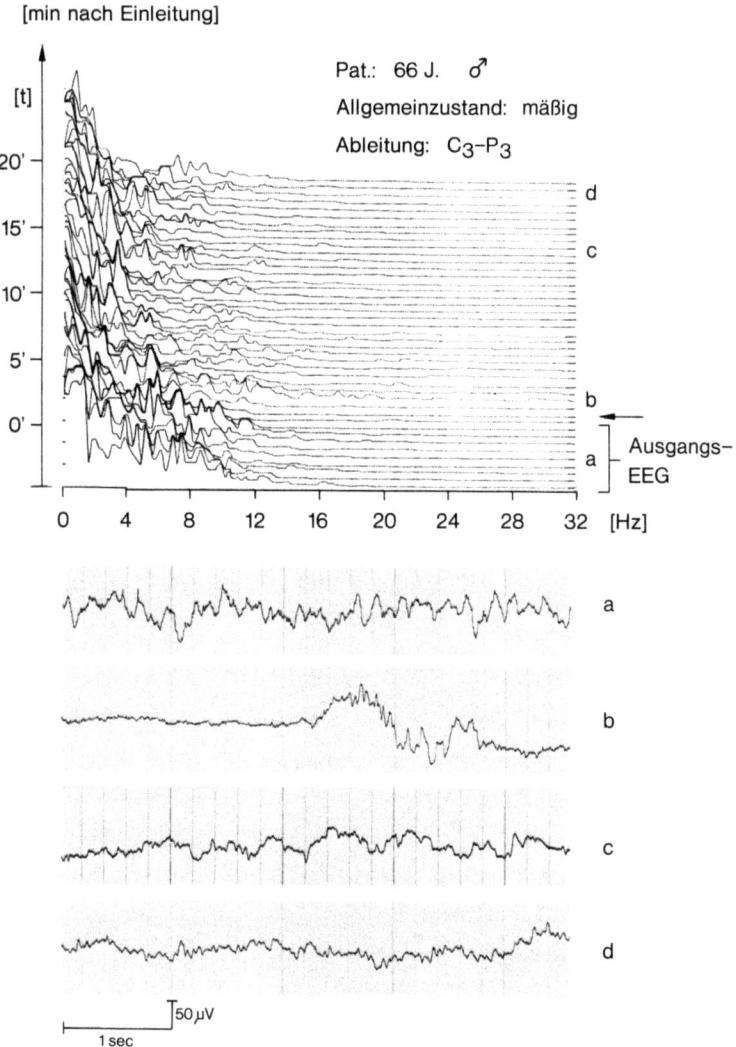

[min nach Einleitung]

[t]

20'

15'

10'

5'

0'

Pat.: 66 J. ♂

Allgemeinzustand: mäßig

Ableitung: C₃–P₃

d

c

b

a ⌐ Ausgangs-
    EEG

0   4   8   12   16   20   24   28   32   [Hz]

a

b

c

d

50 µV

1 sec

## Abbildung 61

| | |
|---|---|
| Ausgangs-EEG | Unregelmäßiges EEG (0,5–16 Hz und 28–32 Hz; hochgespannt, langsame Anteile bis 100 µV) |
| Nach Einleitung | Zunächst kurzfristige völlige Depression der elektrischen Hirnfunktion (b). Besonderheit: im konventionellen EEG EKG-Artefakte. Über ein B-S-Stadium (c) allmähliche Wiederherstellung der unregelmäßigen EEG-Ausgangsaktivität (d) von 0,5 –20 Hz am Ende des Meßzeitraums |
| Beurteilung | Beispiel für eine individuelle Barbituratüberdosierung bei sehr reduziertem Allgemeinzustand des Patienten und bereits pathologisch verändertem Ausgangs-EEG, die vorübergehend zu völliger cerebraler Depression führt. Dennoch tritt anschließend eine rasche Erholung der Organfunktion ein |
| Ableitung | $C_Z$-$A_1$; Eichung: 50 µV = 7 mm; Reg. Geschw.: 30 mm/s; Filter: 70 Hz; ZK: 0,3 s; Spektralanalyse in 30-s-Epochen |
| Medikation | Trapanal 7 mg/kg KG |

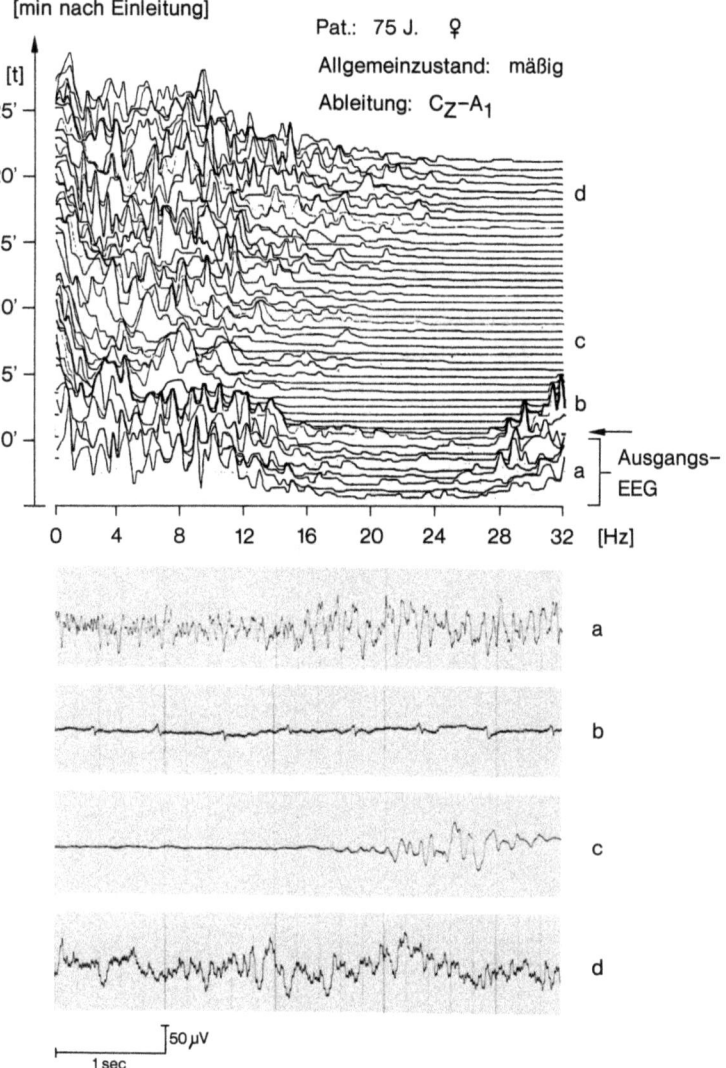

[min nach Einleitung]

Pat.: 75 J. ♀

Allgemeinzustand: mäßig

Ableitung: $C_Z$–$A_1$

## Abbildung 62

| | |
|---|---|
| Ausgangs-EEG | Unregelmäßiges EEG (DF 7,5–16 Hz) |
| Nach Einleitung | Zunächst nur Spannungszunahme bei gleichbleibender Frequenzverteilung. Nach 3–4 min Übergang zur cerebralen Depression (B-S-Phasen). Gegen Ende des Überwachungszeitraums überwiegt ein auffällig niedergespanntes Delta-Theta-EEG mit Einstreuungen aus dem Alpha-Bereich |
| Beurteilung | Beispiel individueller, accidenteller Überdosierung bei einem geriatrischen Patienten in reduziertem Allgemeinzustand |
| Ableitung | $C_Z$-$A_1$; Eichung: 50 µV = 7 mm; Reg. Geschw.: 30 mm/s; Filter: 70 Hz; ZK: 0,3 s; Spektralanalyse in 30-s-Epochen |
| Medikation | Trapanal 5 mg/kg KG |

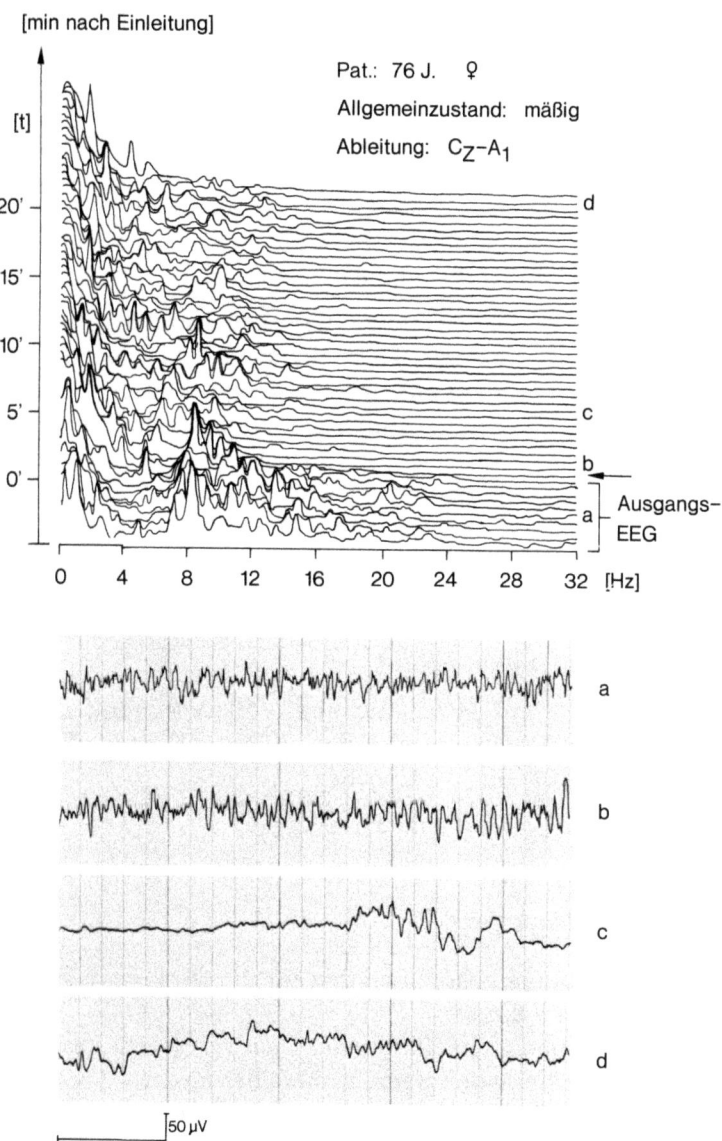

[min nach Einleitung]

[t]

Pat.: 76 J. ♀

Allgemeinzustand: mäßig

Ableitung: C$_Z$–A$_1$

20'

15'

10'

5'

0'

d

c

b

a

Ausgangs–
EEG

0   4   8   12   16   20   24   28   32   [Hz]

a

b

c

d

50 µV

1 sec

**Abbildung 63**

| | |
|---|---|
| Ausgangs-EEG | Unregelmäßiges EEG (7,5–24 Hz) |
| Nach Einleitung | Übergang in ein unregelmäßiges EEG von 0,5–14 Hz mit Dominanz des Delta-Theta-Bereichs. Ca. 10 min nach der Thiopentalapplikation fallen B-S-Phasen auf. Am Meßzeitende wieder unregelmäßiges EEG mit Frequenzen aus dem Delta-, Theta- und Alpha-Bereich |
| Beurteilung | Bild einer sehr starken Narkosewirkung des Thiopentals. Das sehr späte Auftreten der B-S-Phasen weist auf eine verzögerte Wirkung – wahrscheinlich bedingt durch eine verlängerte Kreislaufzeit – hin. Vergleicht man im konventionellen EEG die Zeitpunkte *b* und *d*, so ergibt sich der Eindruck, daß die Patientin zum Zeitpunkt *b* noch nicht richtig schläft, wohl aber zum Zeitpunkt *d*. Dieses Verhalten wird in der Spektralanalyse nicht so deutlich, entspricht aber gut den so spät einsetzenden B-S-Phasen |
| Ableitung | $C_3$-$P_3$; Eichung: 50 µV = 7 mm; Reg. Geschw.: 30 mm/s; Filter: 70 Hz; ZK: 0,3 s; Spektralanalyse in 30-s-Epochen |
| Medikation | Trapanal 5 mg/kg KG |

## b) Barbituratfreie Narkosemittel

Etomidat und Ketamin gehören zu den für die Narkoseeinleitung routinemäßig benutzten Substanzen.

Das kurzwirksame Hypnotikum *Etomidat* verursacht im EEG zunächst barbituratähnliche Veränderungen, wobei aber niedrige Frequenzbereiche, deren Dominanz sich mit Abflachung der Narkose allmählich wieder zur Ausgangsfrequenz verschiebt, besonders betont sind.

*Ketamin* ist im EEG-Bild durch die stark ausgeprägte Aktivierung des Theta-Bereiches charakterisiert. Häufig treten zusätzlich niederamplitudige Frequenzen des Beta-Bandes auf.

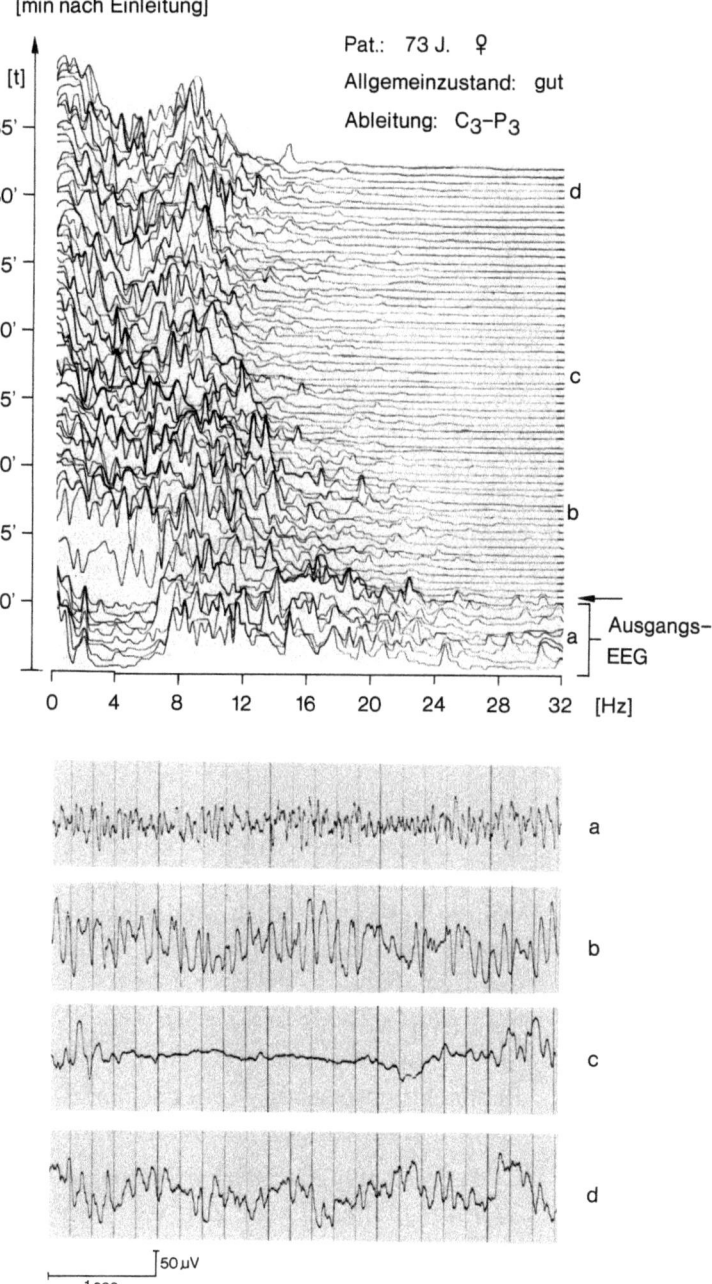

[min nach Einleitung]

Pat.: 73 J. ♀

Allgemeinzustand: gut

Ableitung: C$_3$–P$_3$

Ausgangs-EEG

50 µV

1 sec

*α) Etomidat*

Die Substanz eignet sich aufgrund ihrer geringen Kreislaufbeeinflussung besonders für die Narkoseeinleitung von „Problempatienten". Im Gegensatz zu den Barbituraten (Thiopental, Methohexital) beruht ihre kurze Wirksamkeit nicht auf Umverteilungsprozessen, sondern auf einer raschen Metabolisierung. Gelegentlich auftretende Myoklonien bei alleiniger Verwendung der Substanz sind Ausdruck fehlender telencephaler Hemmung auf tiefergelegene motorische Systeme, nicht Zeichen einer Exzitation oder einer „epileptogenen Wirkung" des Medikaments.

Die durch Etomidat hervorgerufenen Änderungen der elektrischen Hirnaktivität gleichen bei unauffälligem Ausgangs-EEG denen der Barbiturate: Es kommt zu einer raschen Verschiebung der Ausgangsaktivitäten in den Delta- und Theta-Bereich, mit gelegentlicher Aktivierung des Sigmabandes. Im Verlauf von 10–15 min erfolgt eine allmähliche Rückkehr der dominanten Frequenzen in den Alpha-Bereich. Bei pathologischem, unregelmäßigem Ausgangs-EEG ist das cerebrale Reaktionsverhalten vermindert. Wie bei anderen Anästhesieformen sind Rückschlüsse auf die Narkosetiefe eingeschränkt. Überdosierungen bei körpergewichtsbezogener Etomidatapplikation sind aufgrund einer großen therapeutischen Breite selten. Ihr Auftreten wird im EEG durch B-S-Phasen angezeigt.

## Abbildung 64

| | |
|---|---|
| Ausgangs-EEG | Alpha-EEG |
| Nach Einleitung | Die vorbestehende Alpha-Aktivität geht rasch in hochgespannte Delta/Theta-Frequenzen über. Der weitere Verlauf ist durch wieder einsetzende zunehmende Frequenzbeschleunigung – mit Beteiligung des Sigmabandes – gekennzeichnet |
| Beurteilung | Typischer Verlauf einer Narkoseeinleitung durch intravenöse Etomidatinjektion. Die gegen Ende der Beobachtungsperiode vorherrschende Beta-Aktivität spricht für ein oberflächliches Narkosestadium |
| Ableitung | $C_3$-$P_3$; Eichung: 50 µV = 7 mm; Reg. Geschw.: 30 mm/s; Filter: 70 Hz; ZK: 0,3 s; Spektralanalyse in 30-s-Epochen |
| Medikation | Etomidat 0,6 mg/kg KG |

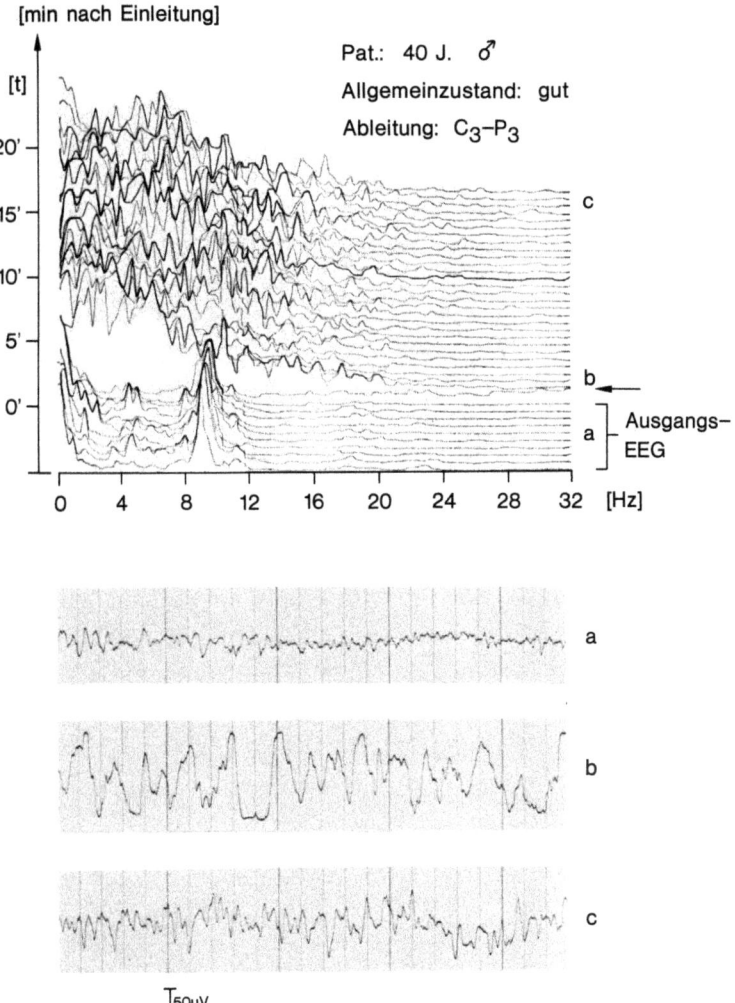

**Abbildung 65**

| | |
|---|---|
| Ausgangs-EEG | Niederspannungs-EEG |
| Nach Einleitung | Aktivitätssteigerungen im Delta-Theta-Bereich mit fließendem Übergang in schnellere Frequenzbereiche |
| Beurteilung | Zunächst mittlere Narkosetiefe mit zum Ende der Beobachtungsperiode hin abklingender Wirkung |
| Ableitung | $C_3$-$P_3$; Eichung: 50 μV = 7 mm; Reg. Geschw.: 30 mm/s; Filter: 70 Hz; ZK: 0,3 s; Spektralanalyse in 30-s-Epochen |
| Medikation | Etomidat 0,6 mg/kg KG |

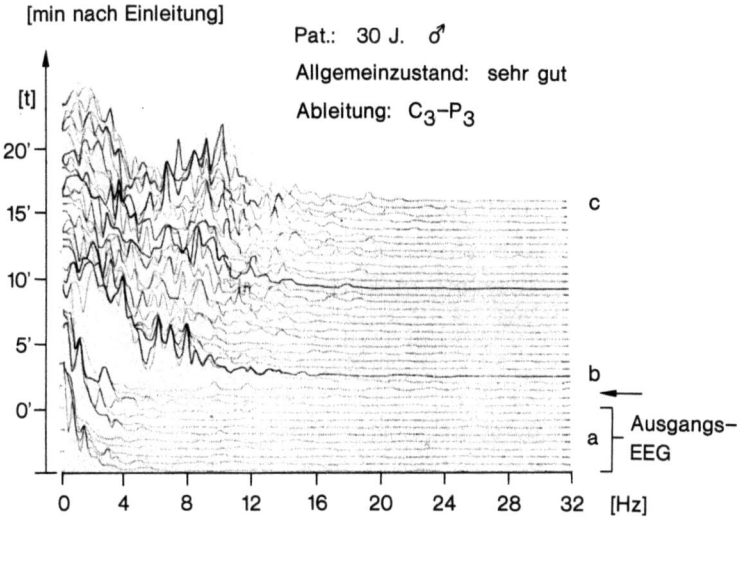

[min nach Einleitung]

Pat.: 30 J. ♂

Allgemeinzustand: sehr gut

Ableitung: $C_3$–$P_3$

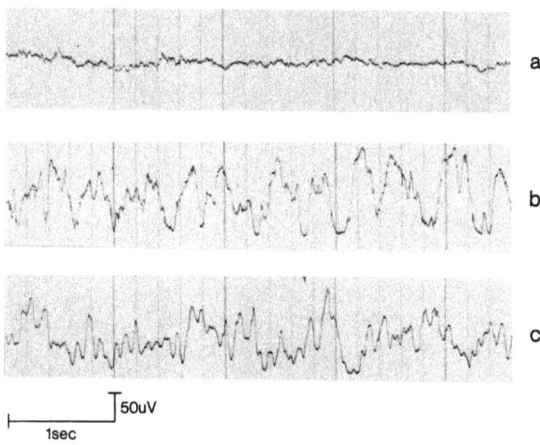

**Abbildung 66**

| | |
|---|---|
| Ausgangs-EEG | Partielles Beta-EEG |
| Nach Einleitung | Auftreten eines unregelmäßigen hochgespannten EEG zunächst zwischen 0,5 und 10 Hz. Anschließend Beschleunigung der Frequenzen in den niedrigen Beta-Bereich |
| Beurteilung | Typischer EEG-Verlauf unter Etomidatwirkung mit zunächst mittlerer, später abflachender Narkosetiefe |
| Ableitung | $C_3$-$P_3$; Eichung: 50 μV = 7 mm; Reg. Geschw.: 30 mm/s; Filter: 70 Hz; ZK: 0,3 s; Spektralanalyse in 30-s-Epochen |
| Medikation | Etomidat 0,6 mg/kg KG |

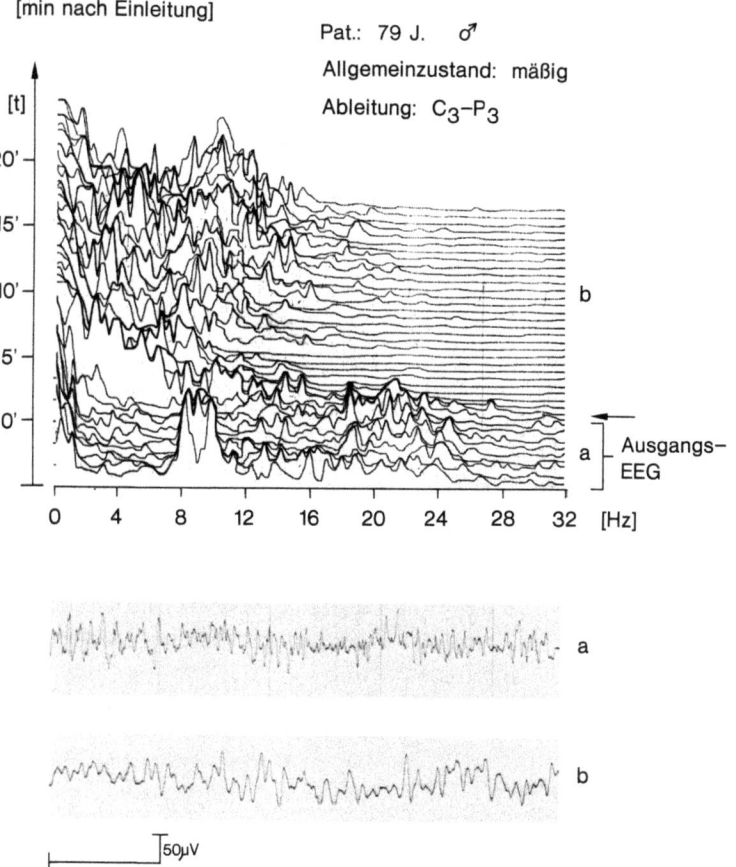

[min nach Einleitung]

Pat.: 79 J.  ♂

Allgemeinzustand: mäßig

Ableitung: C₃–P₃

**Abbildung 67**

| | |
|---|---|
| Ausgangs-EEG | Unregelmäßiges EEG mit überwiegend langsamen Frequenzanteilen (Alters-EEG bei klinischen Zeichen von Cerebralsklerose) |
| Nach Einleitung | Nach Einleitung der Narkose kommt es zu einer kurzfristigen Reduktion der elektrischen Leistungen vorwiegend im Bereich schnellerer Frequenzen. Im konventionellen EEG zeigen sich beginnende B-S-Phasen, die in der Spektralanalyse nicht erkennbar sind |
| Beurteilung | Beispiel einer eingeschränkten, atypischen Reaktion nach Etomidatinjektion. Eine sichere Zuordnung zu definierten Narkosestadien ist nicht möglich. Die B-S-Phasen zeigen bei dem primär veränderten EEG jedoch zuverlässig die individuelle Überdosierung an |
| Ableitung | $C_3$-$P_3$; Eichung: 50 µV = 7 mm; Reg. Geschw.: 30 mm/s; Filter: 70 Hz; ZK: 0,3 s; Spektralanalyse in 30-s-Epochen |
| Medikation | Etomidat 0,6 mg/kg KG |

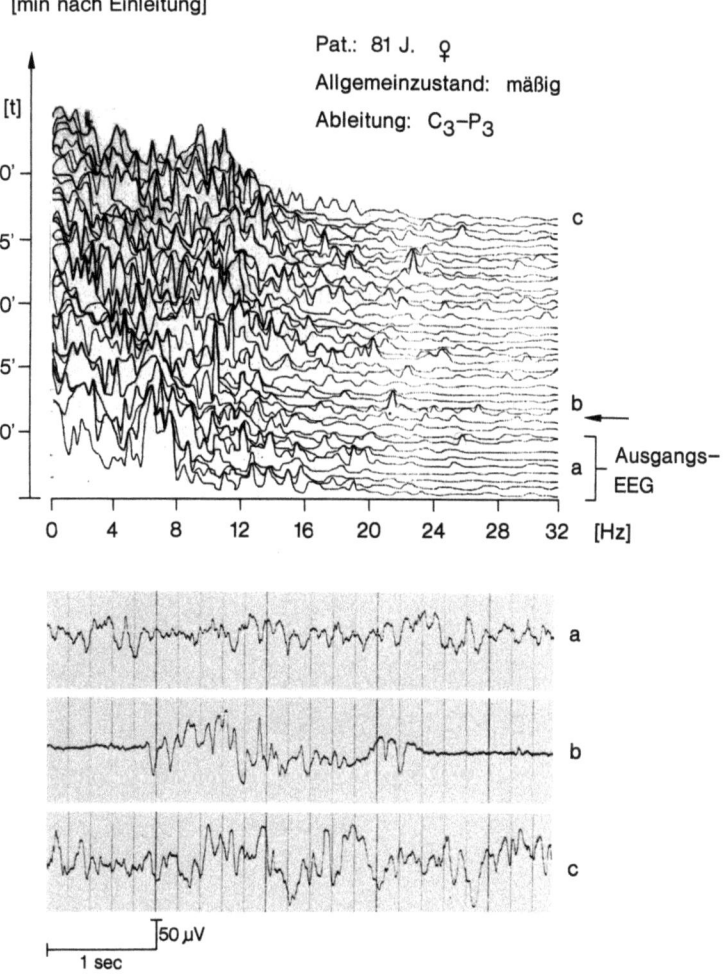

[min nach Einleitung]

Pat.: 81 J. ♀

Allgemeinzustand: mäßig

Ableitung: $C_3$–$P_3$

Ausgangs-EEG

50 µV

1 sec

## Abbildung 68

| | |
|---|---|
| Ausgangs-EEG | Langsames Alpha-EEG |
| Nach Einleitung | Nach zunächst typischer Reaktion mit Aktivierung des Delta- und Theta-Bandes kommt es zu einer langanhaltenden B-S-Phase, die im konventionellen EEG deutlich erkennbar ist (c). Im Anschluß Ausbildung eines unregelmäßigen EEG |
| Beurteilung | Beispiel einer Überdosierungsreaktion nach Etomidatgabe. Danach rückläufige Narkosetiefe bis zu einem oberflächlichen Narkosestadium am Ende der Beobachtungsperiode |
| Ableitung | $C_3$-$P_3$; Eichung: 50 µV = 7 mm; Reg. Geschw.: 30 mm/s; Filter: 70 Hz; ZK: 0,3 s; Spektralanalyse in 30-s-Epochen |
| Medikation | Etomidat 0,6 mg/kg KG |

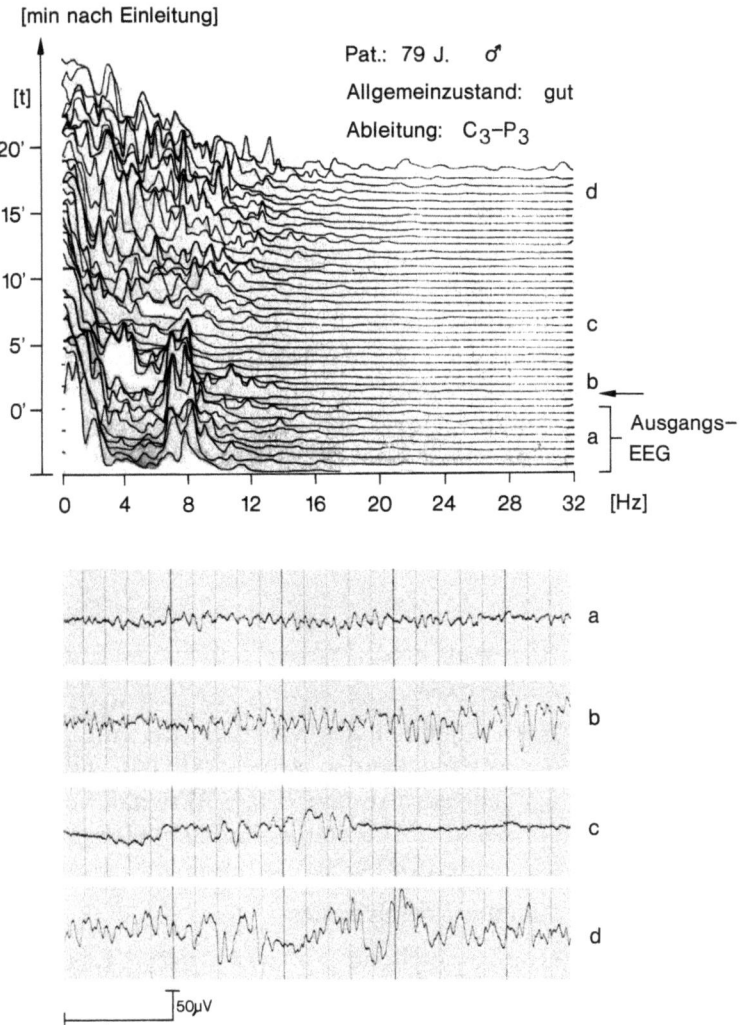

*β*) Ketamin

Ketamin ist ein Narkotikum mit speziellem Wirkungsspektrum im zentralen Nervensystem. Bei direkter und gezielter Hemmung telencephaler Funktionen mit Bewußtlosigkeit können diencephale Strukturen – bedingt durch fehlende corticale Hemmung bzw. auch durch direkte Stimulation – in ihrer Funktion aktiviert werden. Zusätzlich hat Ketamin starke analgetische Eigenschaften. Für die ketamininduzierte Narkose hat sich aufgrund dieser speziellen Wirkungsmechanismen der Begriff der „dissoziativen Anästhesie" durchgesetzt. Die Aktivierung in tieferen Hirnabschnitten ist die Ursache für die – besonders in der Aufwachphase registrierten – zumeist unangenehmen Traumerlebnisse, die durch diencephal dämpfende Psychopharmaka (Ataraktika, Neuroleptika) unterdrückt werden können. Der typische Wirkungsverlauf im Elektroenzephalogramm zeigt zunächst eine Auflösung der vorbestehenden Alpha-Aktivität, nachfolgend die Ausbildung einer hochgespannten, frontal betonten, bilateral synchronen 4–6-Hz-Theta-Aktivität. Mitunter treten schnelle Aktivitäten aus dem Beta$_2$-Bereich hinzu.

## Abbildung 69

| | |
|---|---|
| Ausgangs-EEG | Alpha-EEG |
| Nach Einleitung | Nach Injektion der Substanz tritt eine Reduktion der vorbestehenden Alpha-Aktivität zugunsten einer hochgespannten Theta-Aktivität von 4–6 Hz ein. Weitere Aktivitäten sind nicht erkennbar |
| Beurteilung | Typischer EEG-Verlauf nach intravenöser Narkoseeinleitung mit Ketanest |
| Ableitung | $C_Z$-$A_1$; Eichung: 50 µV = 7 mm; Reg. Geschw.: 30 mm/s; Filter: 70 Hz; ZK: 0,3 s; Spektralanalyse in 30-s-Epochen |
| Medikation | Ketanest 2 mg/kg KG |

[min nach Einleitung]

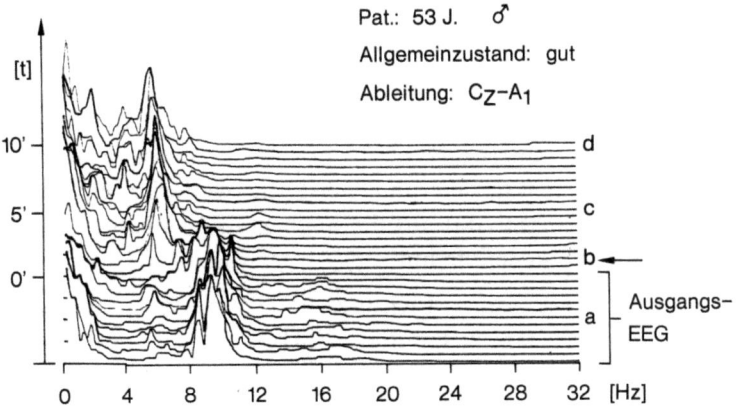

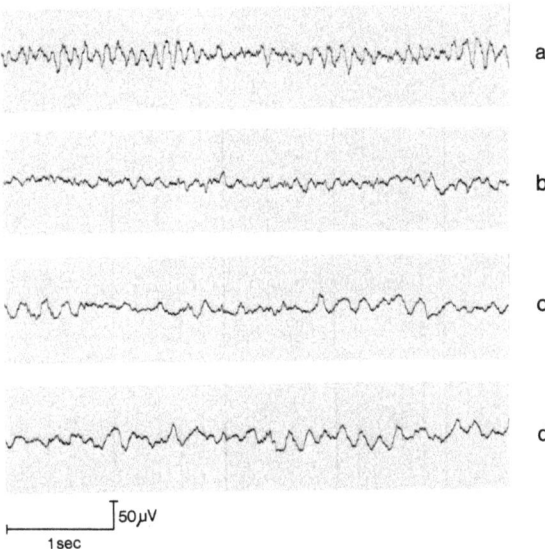

**Abbildung 70**

| | |
|---|---|
| Ausgangs-EEG | Alpha-EEG |
| Nach Einleitung | Neben der Theta-Aktivierung Persistieren einer ver-langsamten Alpha-Aktivität |
| Beurteilung | Beispiel einer klinisch nicht ausreichenden Ketanestnarkose. Neben der ketanestspezifischen Theta-Aktivierung weist die weiterbestehende Alpha-Aktivität auf die auch klinisch unzureichende Narkosetiefe hin |
| Ableitung | $C_Z$-$A_1$; Eichung: 50 µV = 7 mm; Reg. Geschw.: 30 mm/s; Filter: 70 Hz; ZK: 0,3 s; Spektralanalyse in 30-s-Epochen |
| Medikation | Ketanest 2 mg/kg KG |

[min nach Einleitung]

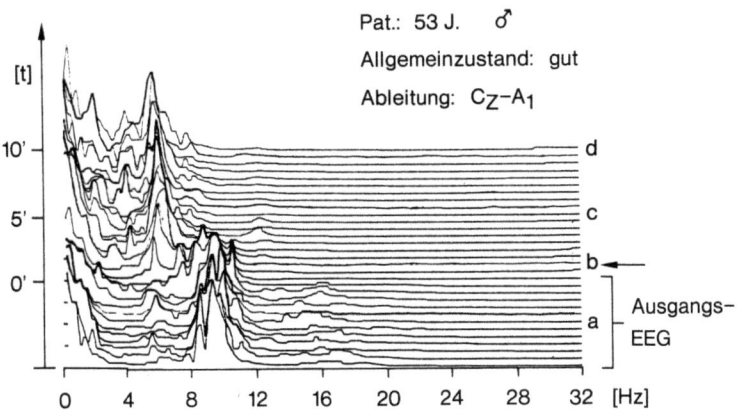

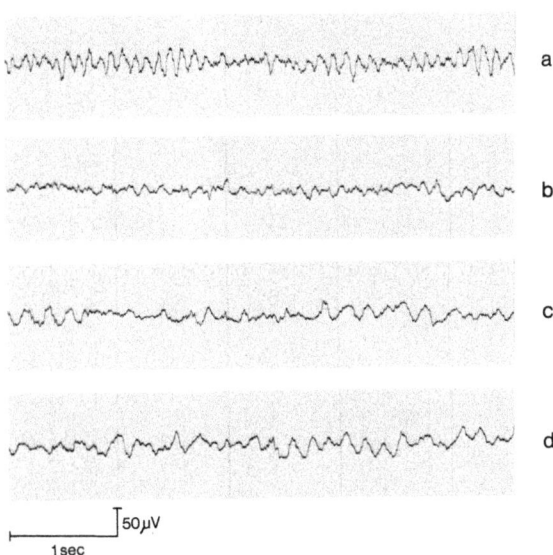

50μV

1sec

**Abbildung 71**

| | |
|---|---|
| Ausgangs-EEG | Niederspannungs-EEG |
| Nach Einleitung | Es kommt zur Ausbildung der ketaminspezifischen hochgespannten Theta-Aktivität von 4–6 Hz. Weitere Aktivitäten sind im Beobachtungszeitraum nicht erkennbar |
| Beurteilung | Beispiel einer idealen Ketanestnarkose |
| Ableitung | $C_Z$-$A_1$; Eichung: 50 µV = 7 mm; Reg. Geschw.: 30 mm/s; Filter: 70 Hz; ZK: 0,3 s; Spektralanalyse in 30-s-Epochen |
| Medikation | Ketanest 2 mg/kg KG |

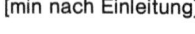

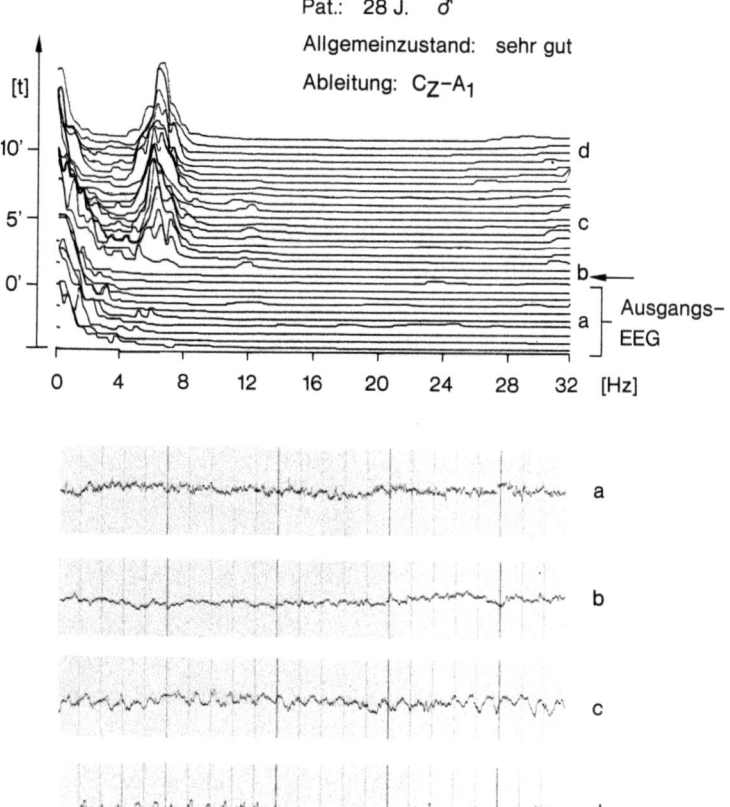

**Abbildung 72**

| | |
|---|---|
| Ausgangs-EEG | Beta-EEG |
| Nach Einleitung | Ausbildung von hochgespannten Theta-Aktivitäten und schnellen Beta-Aktivitäten. Keine weiteren Veränderungen während des Beobachtungszeitraumes |
| Beurteilung | Die hier dargestellten EEG-Veränderungen mit Theta- und Beta-Anteilen stellen ebenfalls einen substanzspezifischen Verlauf einer Ketanestnarkose dar |
| Ableitung | $C_Z$-$A_1$; Eichung: 50 $\mu$V = 7 mm; Reg. Geschw.: 30 mm/s; Filter: 70 Hz; ZK: 0,3 s; Spektralanalyse in 30-s-Epochen |
| Medikation | Ketanest 2 mg/kg KG |

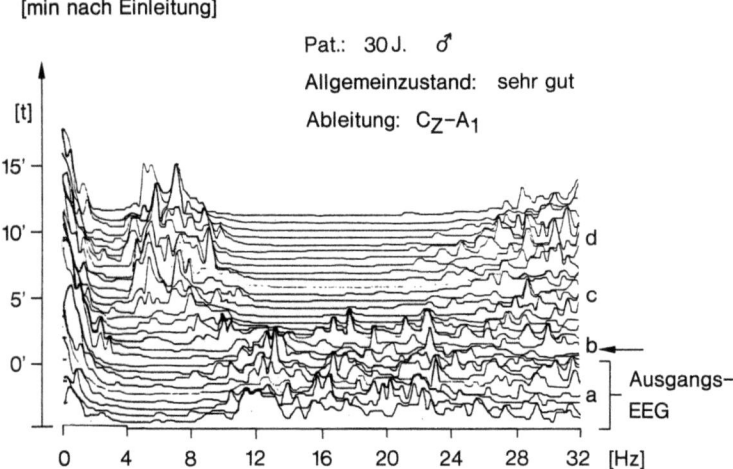

[min nach Einleitung]

Pat.: 30 J. ♂

Allgemeinzustand: sehr gut

Ableitung: $C_Z$–$A_1$

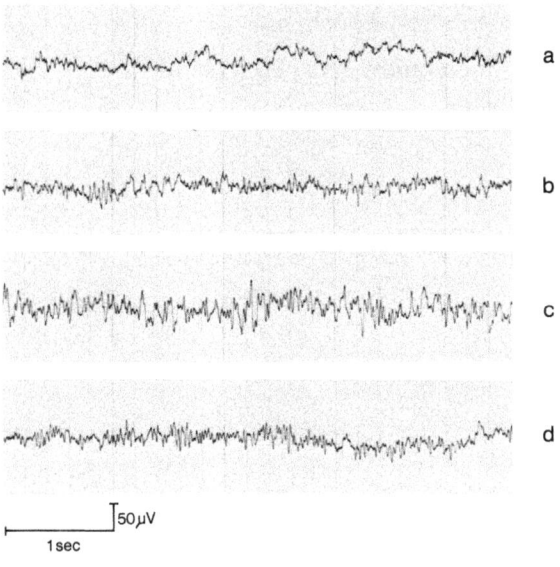

50 µV

1 sec

**Abbildung 73**

| | |
|---|---|
| Ausgangs-EEG | Partielles Beta-EEG |
| Nach Einleitung | Ausprägung von hochgespannter Theta-Aktivität wie auch schneller Beta-Frequenzen |
| Beurteilung | Die Theta-Anteile im EEG entsprechen der keta-minspezifischen Reaktion. Das akzidentelle Auftreten von Beta-Aktivität wird ebenfalls als substanz-spezifisch angesehen. Inwieweit das intermittierende Auftreten dieser Aktivitäten in diesem Beispiel einem klinisch inapparenten Exzitationsstadium zugeordnet werden kann oder Ausdruck der spezifischen Form der dissoziativen Anästhesie ist, bleibt ungeklärt |
| Ableitung | $C_Z$-$A_1$; Eichung: 50 µV = 7 mm; Reg. Geschw.: 30 mm/s; Filter: 70 Hz; ZK: 0,3 s; Spektralanalyse in 30-s-Epochen |
| Medikation | Ketanest 2 mg/kg KG |

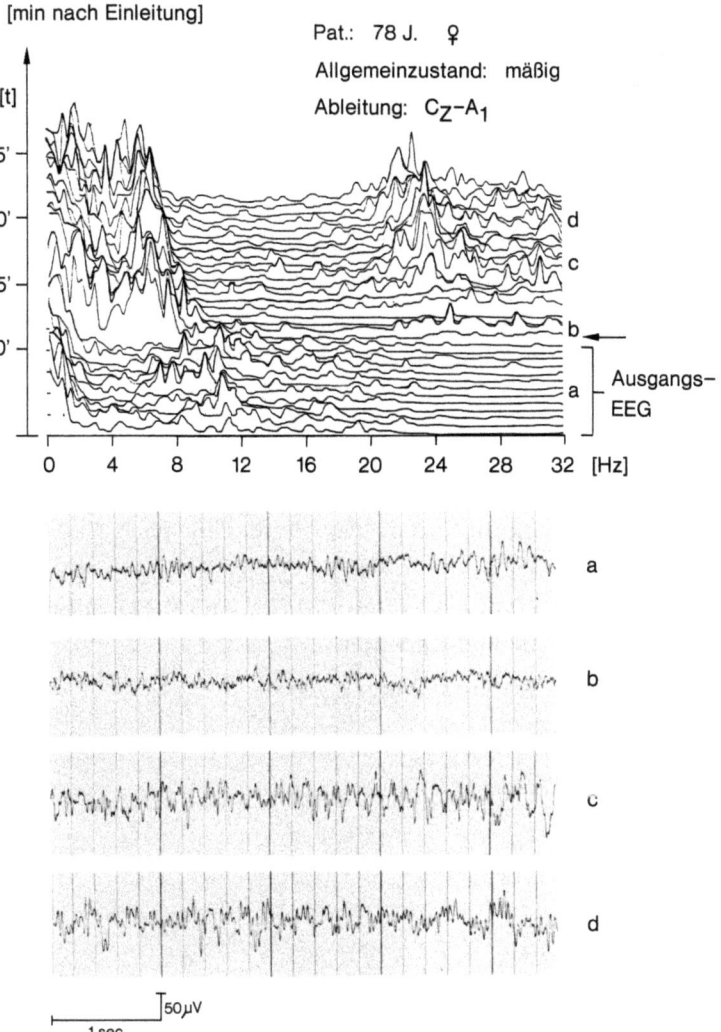

**Abbildung 74**

| | |
|---|---|
| Ausgangs-EEG | Partielles Beta-EEG |
| Nach Einleitung | Ausbildung eines unregelmäßigen EEG 0,5–9 Hz (Dominanter Frequenzbereich: Delta-Band). Nach ca. 5 min Auftreten eines 6-Hz-Peak. Über den ganzen Beobachtungszeitraum starke Aktivierung des Beta$_2$-Bandes (26–32 Hz).<br>Auffällig: Persistieren des 9-Hz-Alpha-Peak |
| Beurteilung | Das Bestehenbleiben der Alpha-Aktivität deutet auf eine unzureichende Narkosetiefe hin. Die klinische Bedeutung der Beta$_2$-Aktivität bleibt unklar; einerseits werden diese Frequenzen als ketanest-typisch beschrieben, andererseits sprechen eigene Untersuchungen für eine cerebrale Exzitation und damit für ein sehr oberflächliches Narkosestadium |
| Ableitung | C$_3$-P$_3$; Eichung: 50 µV = 7 mm; Reg. Geschw.: 30 mm/s; Filter: 70 Hz; ZK: 0,3 s; Spektralanalyse in 30-s-Epochen |
| Medikation | Ketanest 2 mg/kg KG |

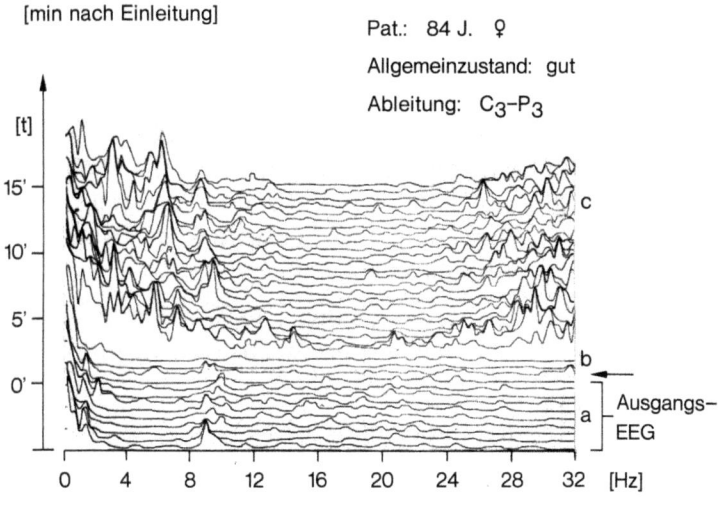

[min nach Einleitung]

Pat.: 84 J. ♀

Allgemeinzustand: gut

Ableitung: C₃–P₃

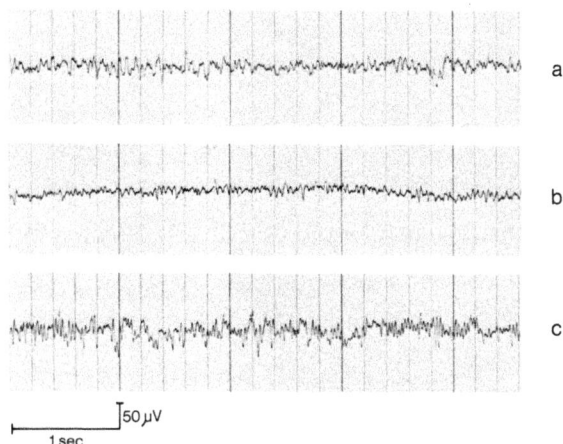

**Abbildung 75**

| | |
|---|---|
| Ausgangs-EEG | Unregelmäßiges EEG (Alters-EEG) |
| Nach Einleitung | Es finden sich angedeutete Aktivierungen im Delta-Theta-Bereich und im schnellen Beta-Bereich |
| Beurteilung | Untypische Verlaufsform einer Ketanestnarkose bei pathologisch verändertem Ausgangs-EEG, wobei eine eindeutige Beurteilung der Narkosetiefe nicht möglich ist |
| Ableitung | $C_Z$-$A_1$; Eichung: 50 µV = 7 mm; Reg. Geschw.: 30 mm/s; Filter: 70 Hz; ZK: 0,3 s; Spektralanalyse in 30-s-Epochen |
| Medikation | Ketanest 2 mg/kg KG |

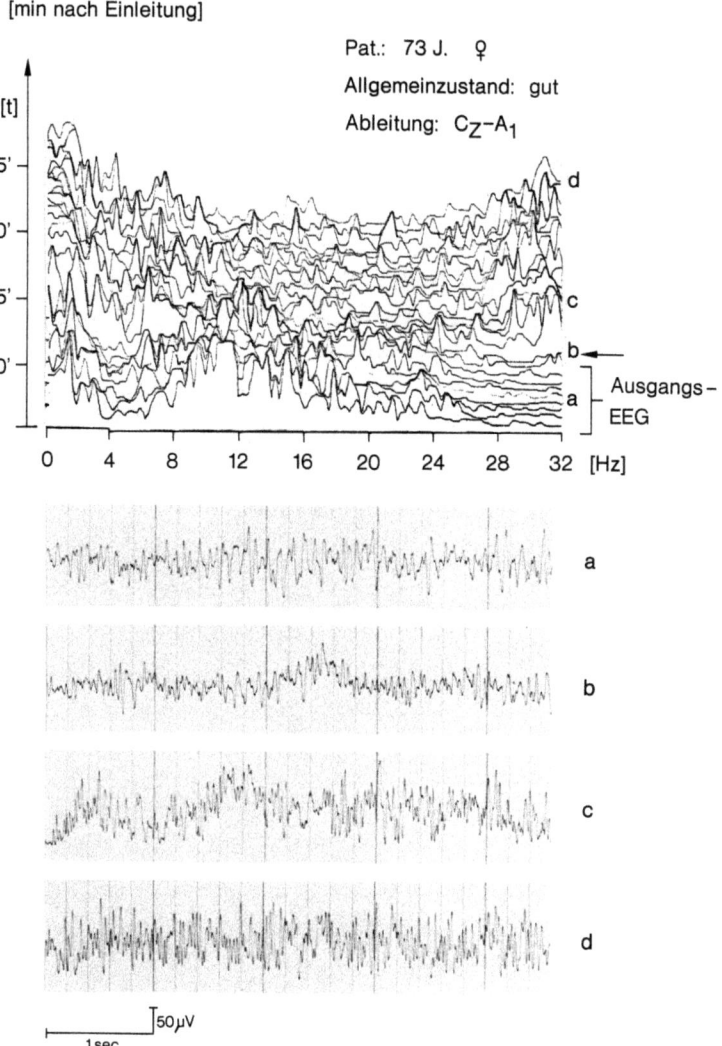

## Abbildung 76

| | |
|---|---|
| Ausgangs-EEG | Unregelmäßiges EEG (Delta-Theta-Alpha-EEG) |
| Nach Einleitung | Übergang in ein Delta-Theta-EEG (0,5–6 Hz) |
| Beurteilung | Das Ausgangs-EEG mit hohem Anteil langsamer Frequenzen ist als altersbedingt verändert anzusehen. Der ketamintypische 6-Hz-Peak fehlt; langsame Frequenzen werden aktiviert. Dies ist als altersspezifische Reaktion bei bereits verlangsamtem Ausgangs-EEG anzusehen und entspricht einem Narkosestadium $III_2$ |
| Ableitung | $C_3$-$P_3$; Eichung: 50 µV = 7 mm; Reg. Geschw.: 30 mm/s; Filter: 70 Hz; ZK: 0,3 s; Spektralanalyse in 30-s-Epochen |
| Medikation | Ketanest 2 mg/kg KG |

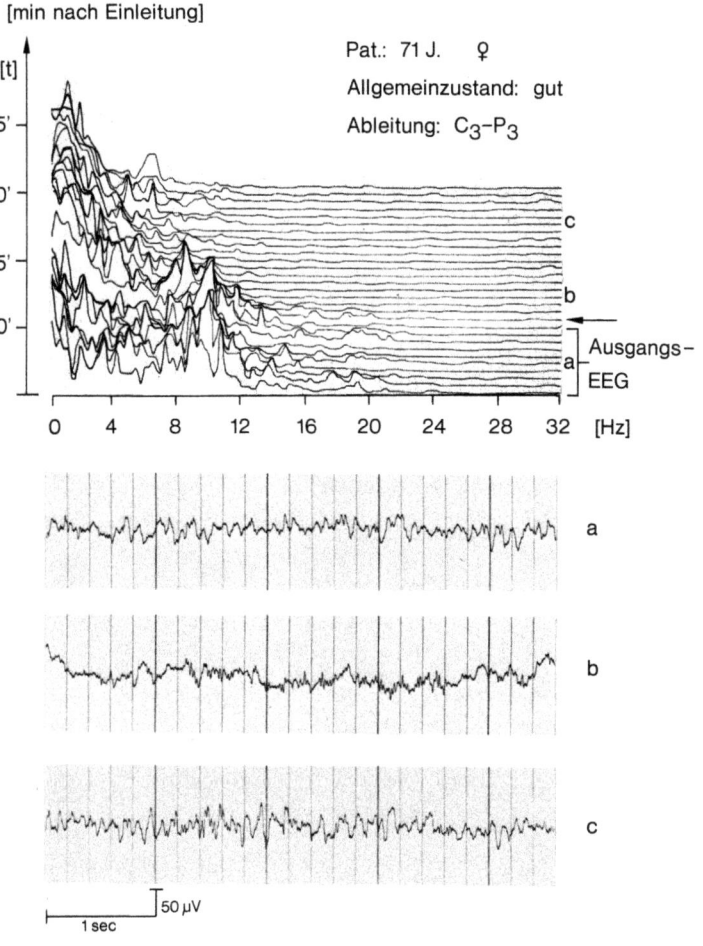

[min nach Einleitung]

Pat.: 71 J.   ♀

Allgemeinzustand:  gut

Ableitung:  C₃–P₃

**Abbildung 77**

| | |
|---|---|
| Ausgangs-EEG | Alpha-EEG |
| Nach Einleitung | Übergang in ein unregelmäßiges EEG mit Frequenzen von 0,5–11 Hz. Nach 4 min hochgespanntes Theta-EEG (4–6 Hz) mit geringen Beta-Auflagerungen |
| Beurteilung | Am Ende der Beobachtungsperiode typische ketaminbedingte EEG-Veränderungen. Auffällig ist das direkt nach Injektion auftretende unregelmäßige EEG, das für einen verzögerten Wirkungseintritt spricht |
| Ableitung | $C_3$-$P_3$; Eichung: 50 µV = 7 mm; Reg. Geschw.: 30 mm/s; Filter: 70 Hz; ZK: 0,3 s; Spektralanalyse in 30-s-Epochen |
| Medikation | Ketanest 2 mg/kg KG |

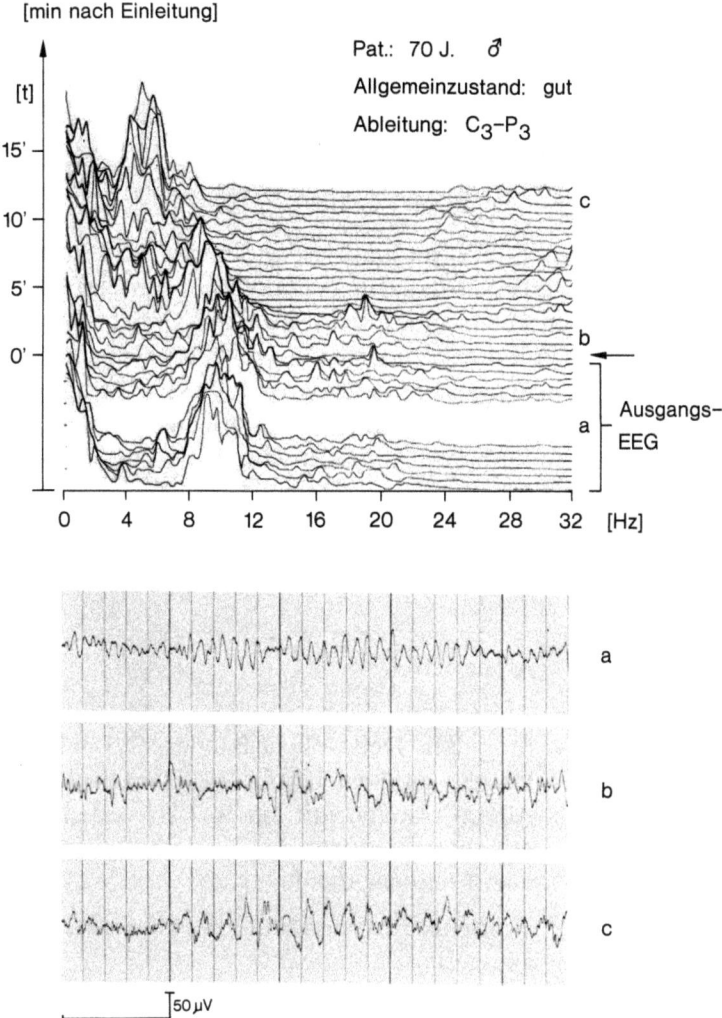

[min nach Einleitung]

Pat.: 70 J.  ♂
Allgemeinzustand: gut
Ableitung: C₃–P₃

## c) Kombinierte Narkoseeinleitungsverfahren

Vorteile mehrerer Substanzen bzw. mehrerer Einleitungsverfahren in Kombination miteinander werden zur Reduktion der Dosierung der Einzelkomponenten und deren unerwünschten Nebenwirkungen bei der kombinierten Narkoseeinleitung genützt.

α) Neuroleptanalgesie
Die Neuroleptanalgesie (NLA) im klassischen Sinn ist ein Einzelverfahren mit Anwendung mehrerer Substanzen. Fentanyl und Droperidol sind führend und prägen das encephalographische Korrelat.

Nach Narkoseeinleitung tritt zunächst die sog. „narkotische Phase" der NLA mit Dominanz niedriger Frequenzen ein. Diese wird innerhalb von 15 min von der „analgetischen Phase", die durch einen stabilen, von peripheren Reizen unbeeinflußbaren Alpha-Rhythmus gekennzeichnet ist, abgelöst.

## Abbildung 78

| | |
|---|---|
| Ausgangs-EEG | Alpha-EEG |
| Nach Einleitung | Abbau der Alpha-Aktivität und Aktivitätssteigerung des Delta-Theta-Bandes (0,5–4 Hz) für die Dauer von etwa 10 min (b). Danach Rückkehr der Alpha-Aktivität mit um ½–1 Hz verlangsamter dominanter Frequenz, bei Weiterbestehen der langsamen Frequenzanteile (c) |
| Beurteilung | Typische Reaktion auf die klassische Neuroleptanalgesie.<br>1. Phase: narkotische Phase (10 min reine Delta-Theta-Aktivität)<br>2. Phase: Rückkehr einer geringfügig verlangsamten Alpha-Aktivität = analgetische Phase der NLA |
| Ableitung | $C_3$-$P_3$; Eichung: 50 μV = 7 mm; Reg. Geschw.: 30 mm/s; Filter: 70 Hz; ZK: 0,3 s; Spektralanalyse in 30-s-Epochen |
| Medikation | Droperidol 0,25 mg/kg KG<br>Fentanyl 0,01 mg/kg KG |

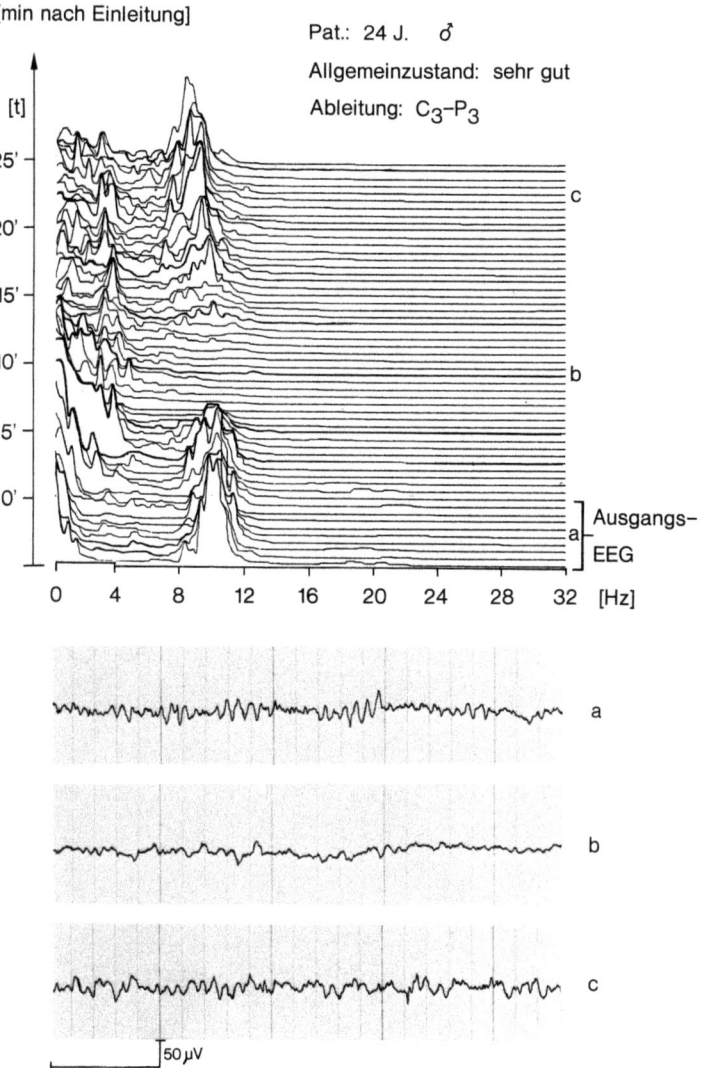

[min nach Einleitung]

Pat.: 24 J.  ♂

Allgemeinzustand:  sehr gut

Ableitung:  $C_3$–$P_3$

## Abbildung 79

| | |
|---|---|
| Ausgangs-EEG | Alpha-EEG |
| Nach Einleitung | Bei Weiterbestehen der Alpha-Aktivität zusätzlicher Aufbau von Delta-Theta-Aktivität (0,5–7 Hz) (*b*) mit allmählicher Zunahme von $Beta_1$-Frequenzen 12,5–20 Hz (*c*) |
| Beurteilung | Atypisches Verhalten unter Neuroleptanalgesie. Eine ausgeprägte narkotische Phase fehlt; das Auftreten der Beta-Aktivität läßt an eine unzureichende Abschirmung des Patienten gegenüber peripheren Reizen denken (Arousalreaktion) |
| Ableitung | $C_3$-$P_3$; Eichung: 50 µV = 7 mm; Reg. Geschw.: 30 mm/s; Filter: 70 Hz; ZK: 0,3 s; Spektralanalyse in 30-s-Epochen |
| Medikation | Droperidol 0,25 mg/kg KG<br>Fentanyl 0,01 mg/kg KG |

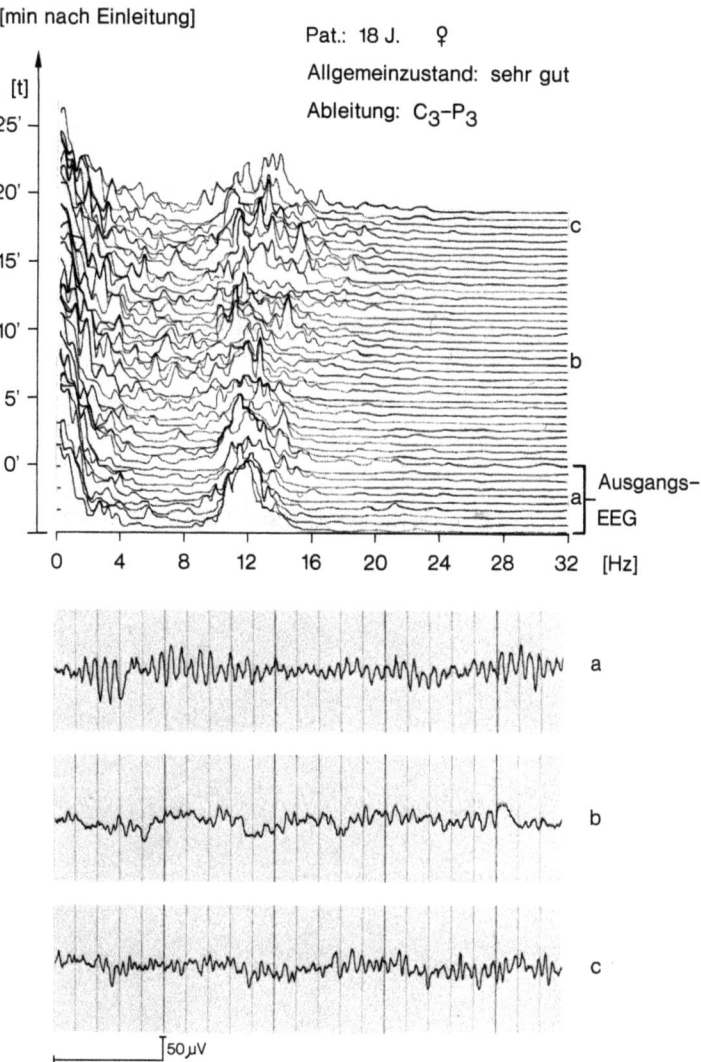

[min nach Einleitung]

Pat.: 18 J.   ♀

Allgemeinzustand: sehr gut

Ableitung:  C$_3$-P$_3$

## Abbildung 80

| | |
|---|---|
| Ausgangs-EEG | Alpha-EEG |
| Nach Einleitung | Abrupter Übergang in ein unregelmäßiges hochge- spanntes Delta-Theta-EEG 0,5–7,5 Hz. Keine wei- teren Veränderungen im Überwachungszeitraum |
| Beurteilung | Beispiel einer verstärkten NLA-Wirkung. Die aus- geprägte narkotische Wirkung ist in diesem Fall verlängert, sie zeigt innerhalb des 20minütigen Überwachungszeitraums keine Rückbildungsten- denz |
| Ableitung | $C_3$-$P_3$; Eichung: 50 µV = 7 mm; Reg. Geschw.: 30 mm/s; Filter: 70 Hz; ZK: 0,3 s; Spektralanalyse in 30-s-Epochen |
| Medikation | Droperidol 0,25 mg/kg KG Fentanyl 0,01 mg/kg KG |

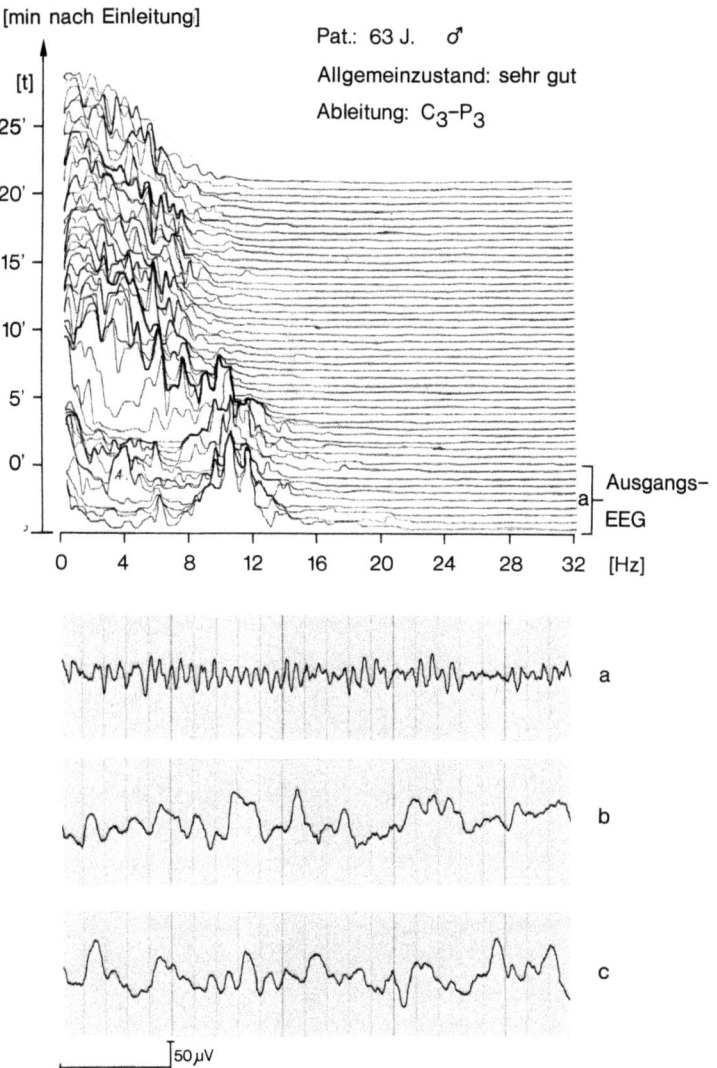

[min nach Einleitung]

Pat.: 63 J.   ♂

Allgemeinzustand: sehr gut

Ableitung: $C_3-P_3$

Ausgangs-EEG

a

b

c

50 μV

1 sec

**Abbildung 81**

| | |
|---|---|
| Ausgangs-EEG | Alpha-EEG mit geringen Beta-Anteilen |
| Nach Einleitung | Unter Verlust der Alpha-Aktivität Übergang zu einer hochgespannten Delta-Theta-Tätigkeit (0,5 –7,5 Hz) bis zum Ende der Überwachungsperiode |
| Beurteilung | Beispiel einer ausgeprägten und verlängerten narkotischen NLA-Phase bei stabilen Kreislaufverhältnissen |
| Ableitung | $C_3$-$P_3$; Eichung: 50 µV = 7 mm; Reg. Geschw.: 30 mm/s; Filter: 70 Hz; ZK: 0,3 s; Spektralanalyse in 30-s-Epochen |
| Medikation | Droperidol 0,25 mg/kg KG<br>Fentanyl 0,01 mg/kg KG |

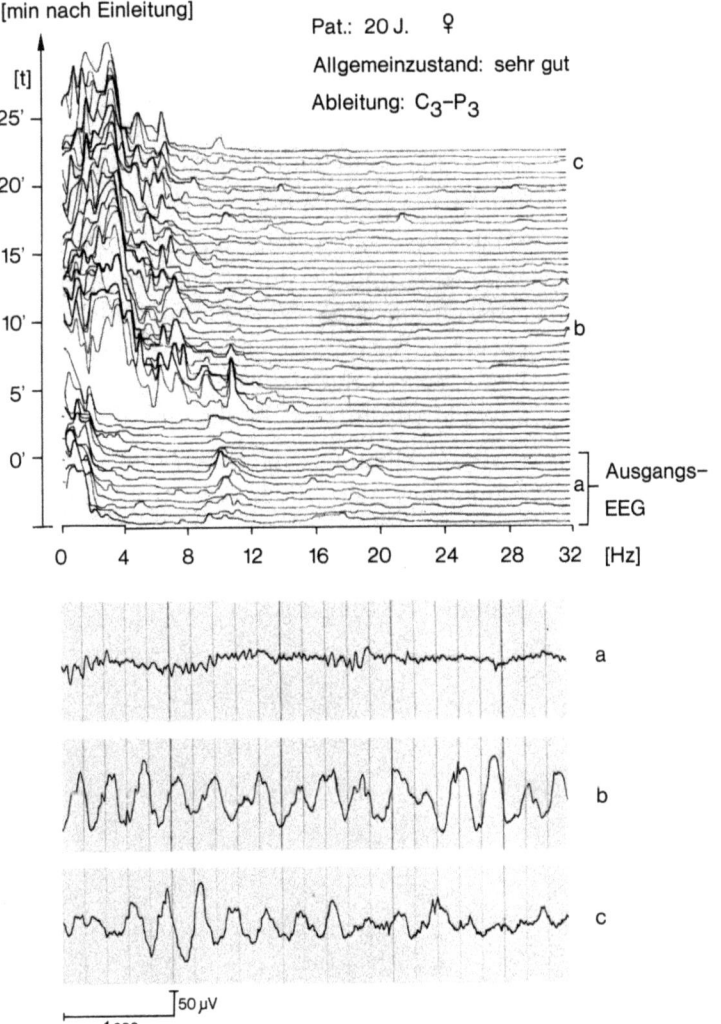

[min nach Einleitung]

[t]

Pat.: 20 J. ♀

Allgemeinzustand: sehr gut

Ableitung: C₃–P₃

## Abbildung 82

| | |
|---|---|
| Ausgangs-EEG | Alpha-EEG |
| Nach Einleitung | Übergang zum unregelmäßigen Delta-Theta-EEG (0,5–7,5 Hz) bei nicht vollständiger Auslöschung der Alpha-Aktivität. Nach 10 min Abflachung und Überwiegen der Anteile des Beta-Bandes |
| Beurteilung | Nach einer nicht ganz typischen (Weiterbestehen einer allerdings leistungsreduzierten Alpha-Aktivität) narkotischen NLA-Phase finden sich in der ebenfalls nicht voll ausgeprägten analgetischen Phase Beta-Anteile, die auf eine ungenügende vegetative Dämpfung des Patienten hinweisen |
| Ableitung | $C_3$-$P_3$; Eichung: 50 µV = 7 mm; Reg. Geschw.: 30 mm/s; Filter: 70 Hz; ZK: 0,3 s; Spektralanalyse in 30-s-Epochen |
| Medikation | Droperidol 0,25 mg/kg KG<br>Fentanyl 0,01 mg/kg KG |

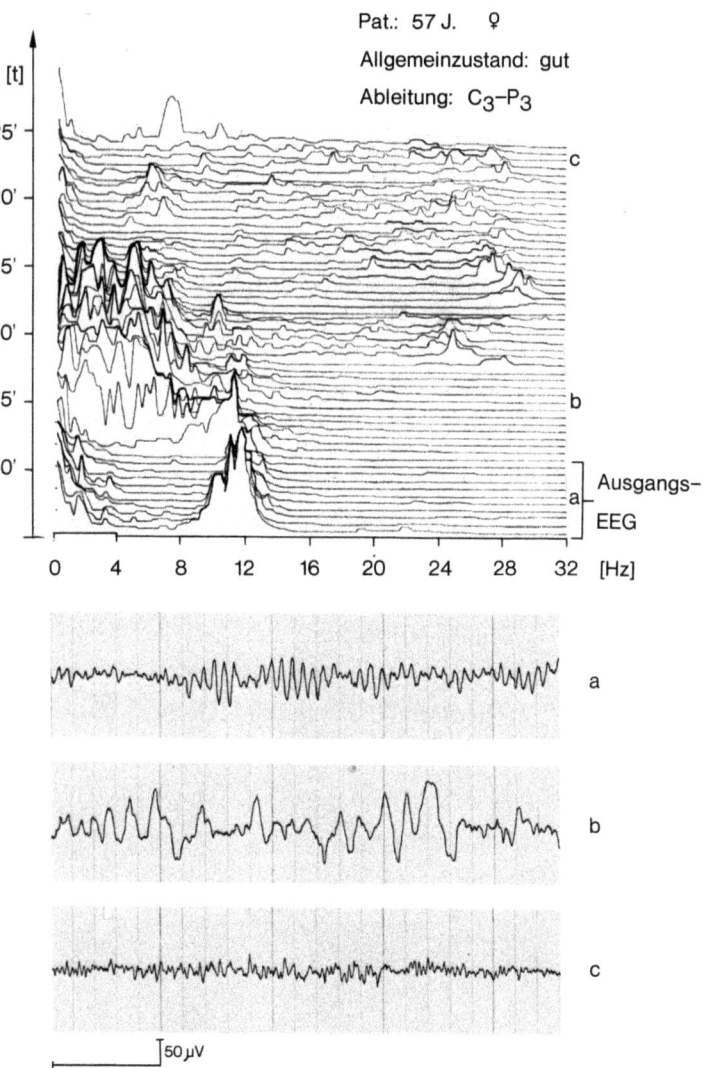

## Abbildung 83

| | |
|---|---|
| Ausgangs-EEG | Alpha-EEG |
| Nach Einleitung | Allmähliche Leistungsreduktion der Alpha-Aktivität bis zum völligen Erliegen 10 min nach Injektion. Keine Aktivierung des Delta-Theta-Bandes. Bis zum Ende der Überwachungsperiode Niederspannungs-EEG |
| Beurteilung | Atypisches EEG-Verhalten. Es fehlt die narkotische Phase; dies spricht im Zusammenhang mit den Kreislaufparametern (RR-Anstieg bei Intubation) für eine unzureichende Narkosetiefe. Das anschließende Niederspannungs-EEG läßt sich nicht sicher einem Narkosestadium zuordnen. Es könnte sowohl einer zu tiefen wie einer inadäquaten Narkosetiefe entsprechen |
| Ableitung | $C_3$-$P_3$; Eichung: 50 µV = 7 mm; Reg. Geschw.: 30 mm/s; Filter: 70 Hz; ZK: 0,3 s; Spektralanalyse in 30-s-Epochen |
| Medikation | Droperidol 0,25 mg/kg KG<br>Fentanyl 0,01 mg/kg KG |

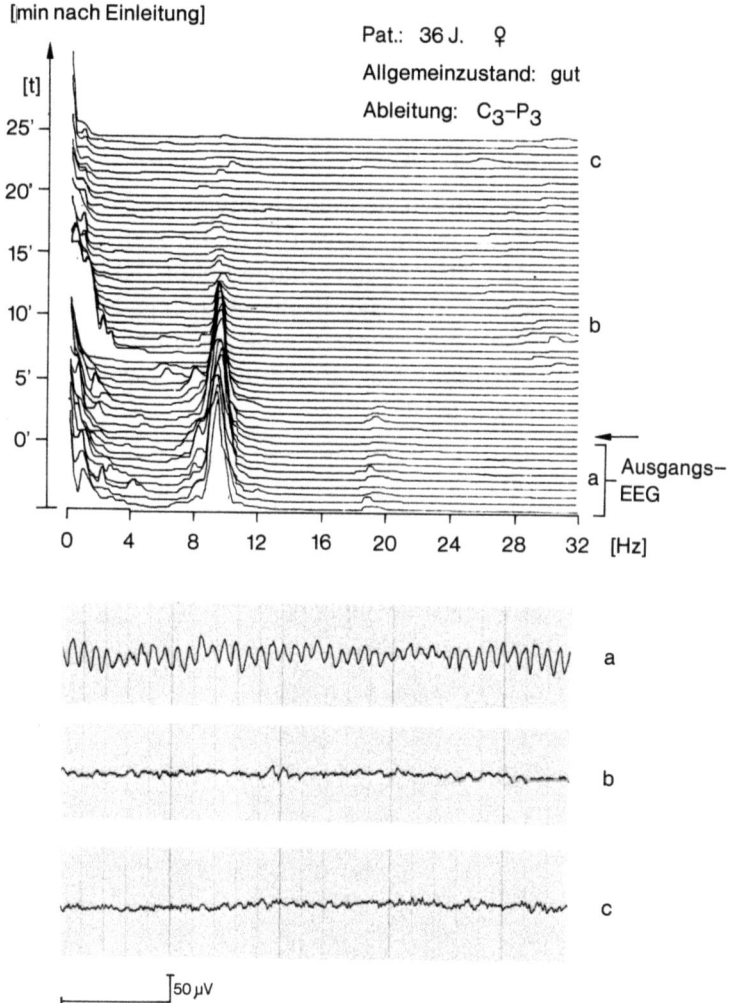

[min nach Einleitung]

Pat.: 36 J.   ♀

Allgemeinzustand: gut

Ableitung:  C₃–P₃

**Abbildung 84**

| | |
|---|---|
| Ausgangs-EEG | Niederspannungs-EEG |
| Nach Einleitung | Leichte Spannungszunahme der im flachen EEG typischen Theta-Anteile. Nach 15 min Reaktivierung der Alpha-Aktivität |
| Beurteilung | Es handelt sich um eine typische NLA-Reaktion bei flachem Ausgangs-EEG. Das Auftreten der Alpha-Aktivität in der analgetischen NLA-Phase spricht dafür, daß das flache Ausgangs-EEG nicht genetisch determiniert, sondern durch mangelnde Entspannung bei Erwartungsangst vor der Operation bedingt ist |
| Ableitung | $C_3$-$P_3$; Eichung: 50 $\mu$V = 7 mm; Reg. Geschw.: 30 mm/s; Filter: 70 Hz; ZK: 0,3 s; Spektralanalyse in 30-s-Epochen |
| Medikation | Droperidol 0,25 mg/kg KG<br>Fentanyl 0,01 mg/kg KG |

[min nach Einleitung]

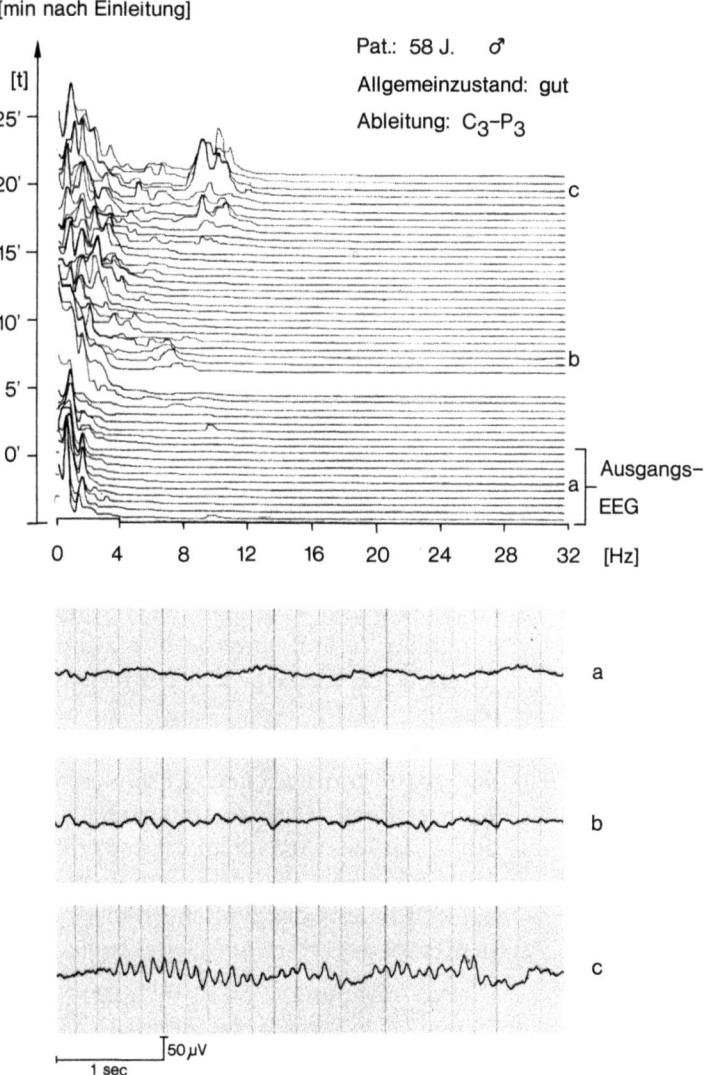

Pat.: 58 J.   ♂

Allgemeinzustand: gut

Ableitung: C₃–P₃

β) Barbituratinduzierte Inhalationsnarkoseeinleitung
Die barbituratinduzierte Inhalationsnarkoseeinleitung ruft im EEG zu-
nächst typische Barbituratzeichen mit unregelmäßigen Frequenzen hervor.
Diese gehen dann zu langsameren Wellen als Zeichen mittlerer bis tiefer
Narkosestadien über. Die für Inhalationsnarkotika typische Beta-Aktivie-
rung als Korrelat der klinischen Exzitation bleibt aus.

**Abbildung 85**

| | |
|---|---|
| Ausgangs-EEG | Alpha-EEG |
| Nach Einleitung | Abrupter Übergang zu einem unregelmäßigen EEG mit Frequenzen von 0,5–28 Hz. Anfängliche Dominanz der Delta-Theta-Aktivität, die anschließend von den Beta-Frequenzen abgelöst wird. Nach 10 min allmähliche Spannungsminderung der schnellen Frequenzanteile und Übergang in ein reines Delta-Theta-EEG, das bis zum Ende der Überwachungsperiode anhält |
| Beurteilung | Typischer Verlauf einer barbituratinduzierten Halothannarkose. Es zeigt sich ein biphasisches Verhalten: <br> 1. Phase: Barbituratphase (ca. 10 min). Sie ist durch die barbiturattypischen EEG-Veränderungen gekennzeichnet. Die exzitatorischen Eigenschaften des volatilen Anästhetikums werden vollständig überdeckt. Bei Abklingen der Barbituratphase findet sich bereits das typische Bild einer tiefen Halothanenarkose mit reiner Delta-Theta-Aktivität |
| Ableitung | $C_3$-$P_3$; Eichung: 50 μV = 7 mm; Reg. Geschw.: 30 mm/s; Filter: 70 Hz; ZK: 0,3 s; Spektralanalyse in 30-s-Epochen |
| Medikation | Trapanal 5 mg/kg KG <br> Halothane 1 Vol% |

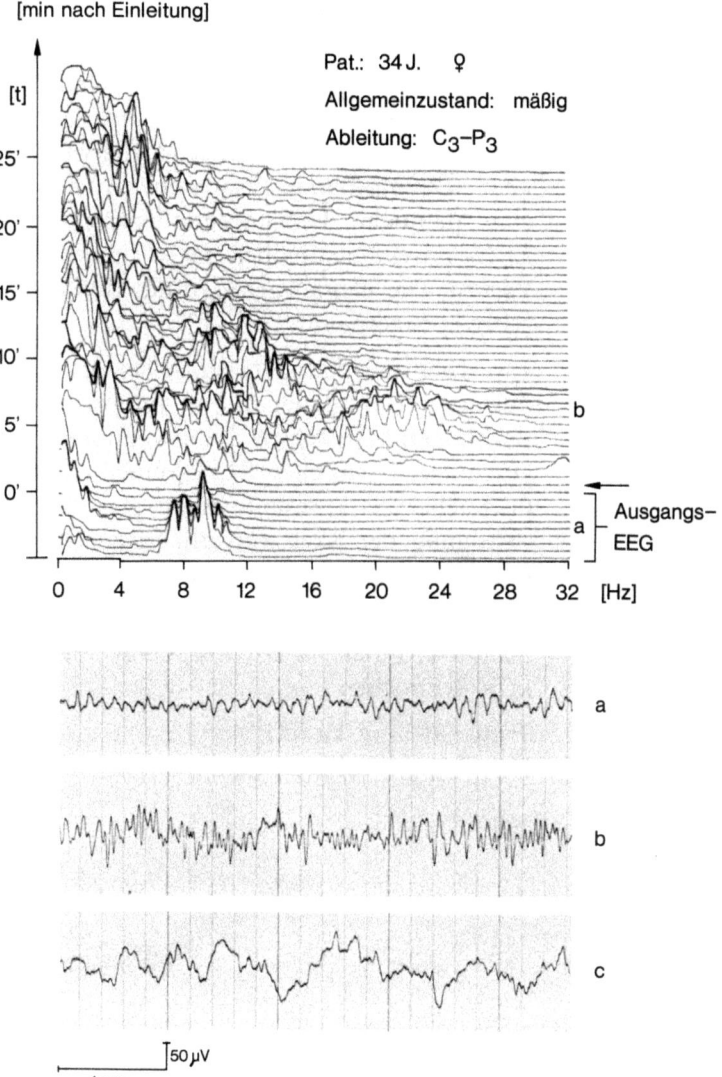

[min nach Einleitung]

[t]

Pat.: 34 J.   ♀

Allgemeinzustand:  mäßig

Ableitung:  C₃–P₃

25'

20'

15'

10'

5'

0'

b

a   Ausgangs–
    EEG

0   4   8   12   16   20   24   28   32   [Hz]

a

b

c

50 µV

1 sec

**Abbildung 86**

| | |
|---|---|
| Ausgangs-EEG | Alpha-EEG |
| Nach Einleitung | Abrupter Übergang in ein unregelmäßiges EEG von 0,5–28 Hz. Der Delta-Theta-Bereich ist anfänglich dominierend, anschließend überwiegt die Aktivität des Beta-Bandes. Nach etwa 10 min zeigt sich eine deutliche Leistungsminderung der raschen EEG-Aktivitäten, jedoch nicht ihr vollkommener Verlust. Die Delta-Theta-Grundaktivität ist gleichzeitig hochgespannt |
| Beurteilung | Typischer zweiphasiger Verlauf einer barbituratinduzierten Halothanenarkose. Im Anschluß an die Barbituratphase zeigen die – wenn auch leistungsgemindert – schnellen EEG-Anteile ein noch oberflächliches Narkosestadium an, das unter Berücksichtigung der Kreislaufverhältnisse (Blutdruckabfall) hier bewußt eingehalten wurde |
| Ableitung | $C_3$-$P_3$; Eichung: 50 µV = 7 mm; Reg. Geschw.: 30 mm/s; Filter: 70 Hz; ZK: 0,3 s; Spektralanalyse in 30-s-Epochen |
| Medikation | Trapanal 5 mg/kg KG<br>Halothane 1 Vol% |

[min nach Einleitung]

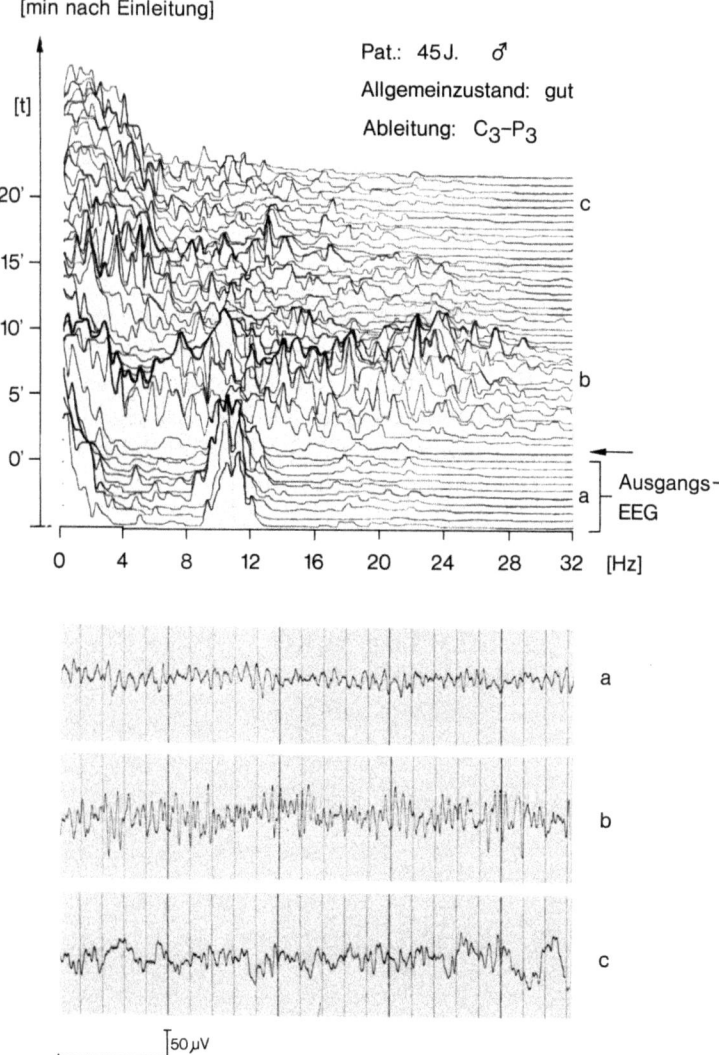

Pat.: 45 J.    ♂

Allgemeinzustand: gut

Ableitung: $C_3$–$P_3$

**Abbildung 87**

| | |
|---|---|
| Ausgangs-EEG | Alpha-EEG mit Beta-Anteilen |
| Nach Einleitung | Abrupter Übergang zu einem unregelmäßigen EEG 0,5–28 Hz, das anfänglich Delta-Theta-betont – später Alpha-Beta-betont ist (*b*). Nach etwa 10 min Einstellung eines bis zum Ende der Überwachungszeit konstanten unregelmäßigen EEG von 0,5 –20 Hz |
| Beurteilung | Am Ende der Barbituratphase ist unter der Beatmung mit 1 Vol% Halothane ein oberflächliches Narkosestadium eingetreten, das aufgrund einer gleichzeitigen Kreislaufdepression (Abfall des Mitteldruckes auf 67 mm Hg) im Überwachungszeitraum nicht vertieft wird |
| Ableitung | $C_Z$-$A_1$; Eichung: 50 µV = 7 mm; Reg. Geschw.: 30 mm/s; Filter: 70 Hz; ZK: 0,3 s; Spektralanalyse in 30-s-Epochen |
| Medikation | Trapanal 5 mg/kg KG Halothane 1 Vol% |

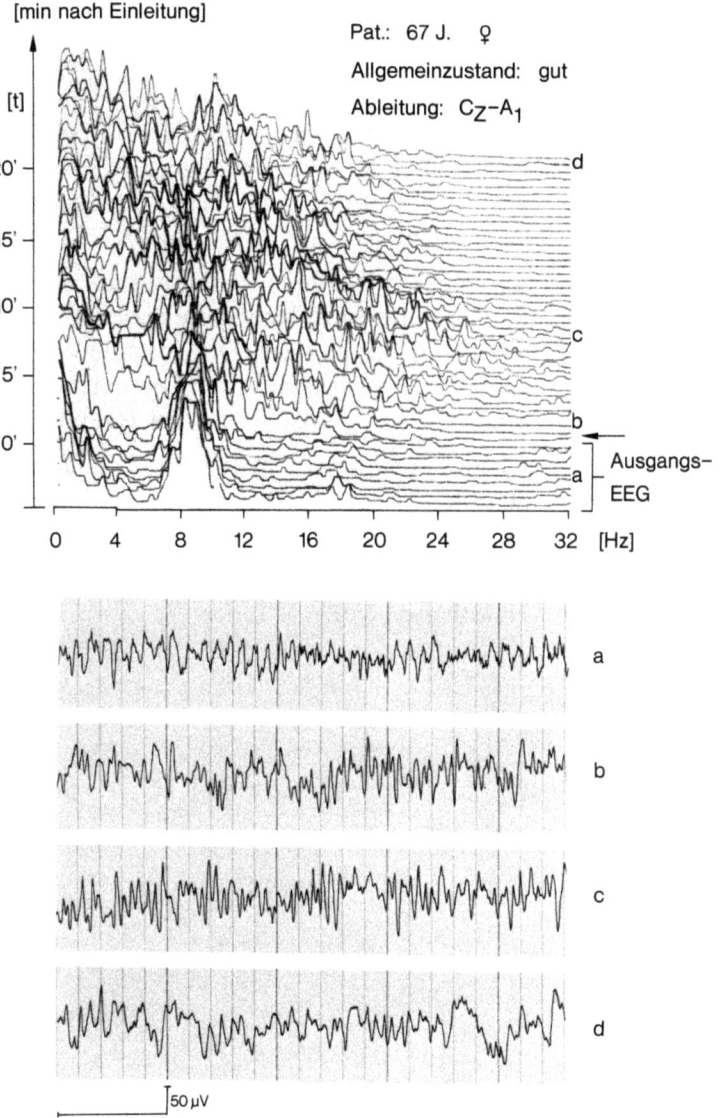

**Abbildung 88**

| | |
|---|---|
| Ausgangs-EEG | Beta-EEG |
| Nach Einleitung | Abrupter Wechsel zu einem unregelmäßigen EEG von 0,5–20 Hz. Nach etwa 7 min Übergang in ein hochgespanntes unregelmäßiges EEG von 10–26 Hz, das bis zum Ende der Überwachungsperiode konstant bleibt |
| Beurteilung | Bei der vorliegenden barbituratinduzierten Halothanenarkose entsprechen die ersten 7 min der typischen Barbituratphase. Die anschließende Aktivierung der Beta-Frequenz ist Äquivalent eines klinischen Exzitationsstadiums unter Halothane |
| Ableitung | $C_3$-$P_3$; Eichung: 50 µV = 7 mm; Reg. Geschw.: 30 mm/s; Filter: 70 Hz; ZK: 0,3 s; Spektralanalyse in 30-s-Epochen |
| Medikation | Trapanal 5 mg/kg KG Halothane 1 Vol% |

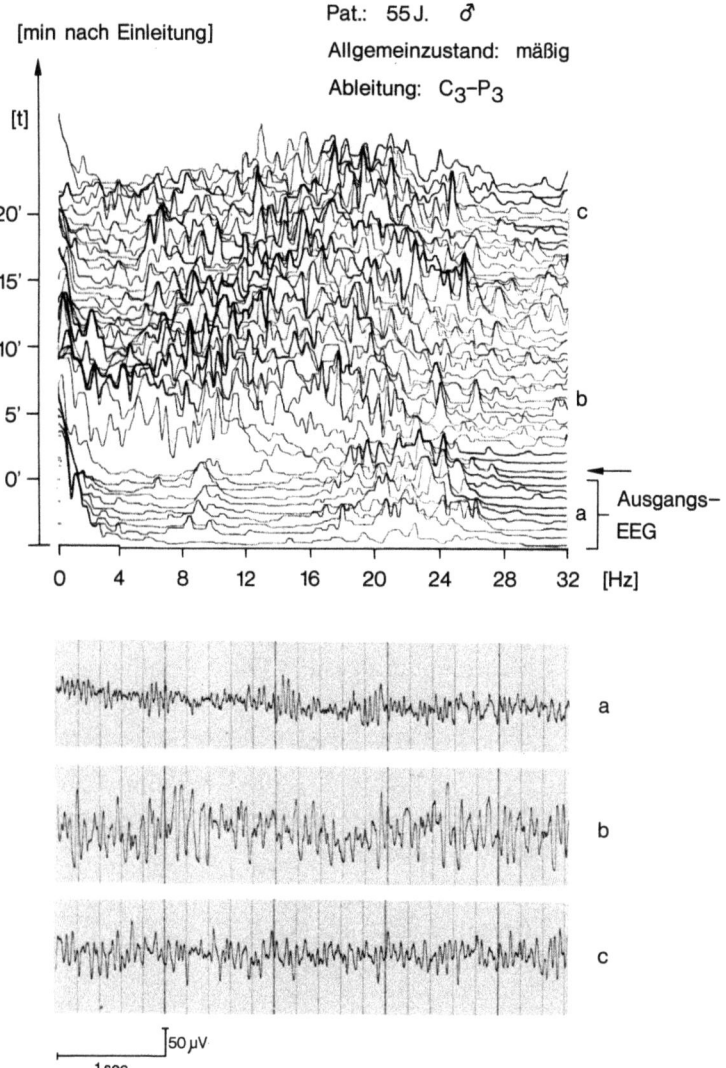

Pat.: 55 J. ♂

Allgemeinzustand: mäßig

Ableitung: $C_3-P_3$

γ) Barbituratinduzierte Neuroleptanalgesie

Bei einer barbituratinduzierten Neuroleptanalgesie wird gewöhnlich nach Injektion des Fentanyl das encephalographische „Barbituratbild" abrupt zur „analgetischen Phase" der Neuroleptanalgesie verändert.

**Abbildung 89**

| | |
|---|---|
| Ausgangs-EEG | Alpha-EEG |
| Nach Einleitung | Aufbau eines unregelmäßigen EEG 0,5–24 Hz mit deutlichem Überwiegen der langsamen Frequenzanteile (Delta-/Theta-Bereich). Nach etwa 4 min Übergang zu einem Alpha-EEG, begleitet von gut ausgeprägten Delta-Anteilen, wobei der Theta-Bereich eine Leistungsminderung zeigt |
| Beurteilung | Unmittelbar nach Einleitung barbiturattypisches Verhalten der elektrischen Hirnaktivität. Unter Aussparung der „narkotischen Phase" nach ca. 4 min Übergang in die „analgetische Phase" der Neuroleptanalgesie. Die Beteiligung langsamer Frequenzanteile am spektralanalytischen EEG-Bild zeigt eine zusätzliche starke Sedierung an |
| Ableitung | $C_3$-$P_3$; Eichung: 50 µV = 7 mm; Reg. Geschw.: 30 mm/s; Filter: 70 Hz; ZK: 0,3 s; Spektralanalyse in 30-s-Epochen |
| Medikation | Brevimytal 1 mg/kg KG<br>Fentanyl 0,005 mg/kg KG<br>DHB 0,15 mg/kg KG |

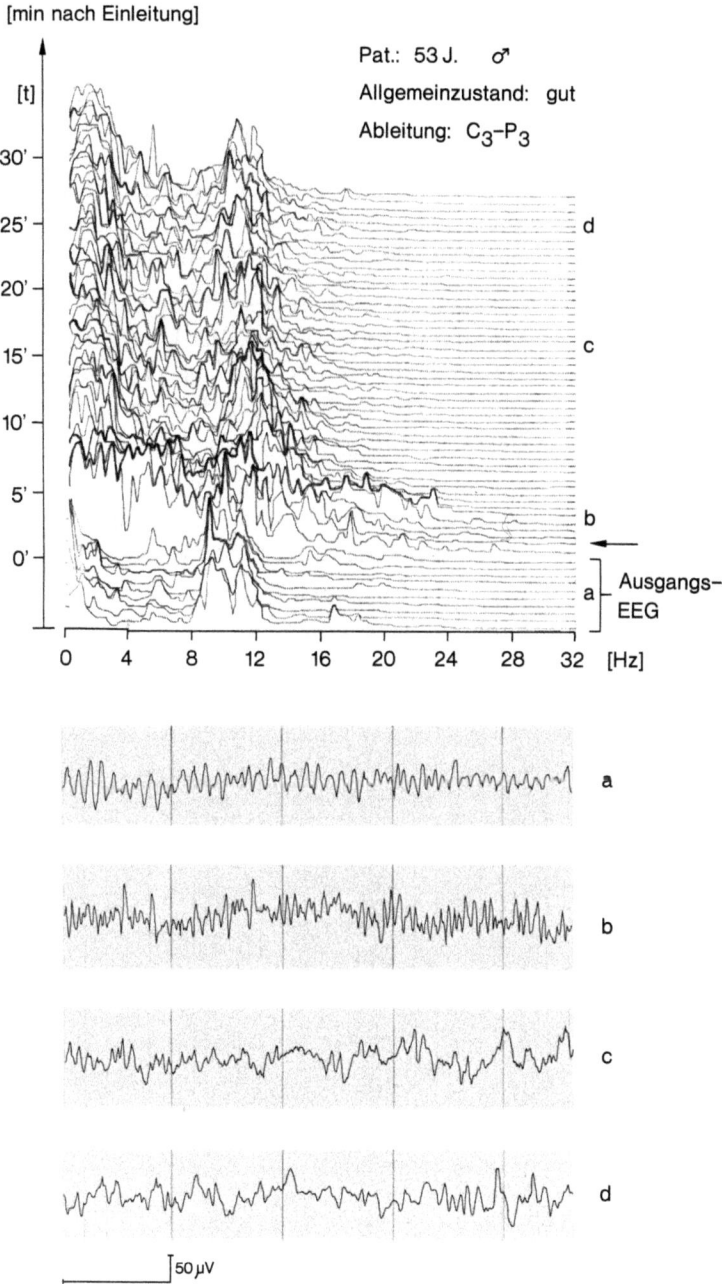

**Abbildung 90**

| | |
|---|---|
| Ausgangs-EEG | Niederspannungs-EEG |
| Nach Einleitung | Ausbildung eines unregelmäßigen EEG (0,5 –24 Hz) mit Überwiegen von Delta-Theta-Aktivitäten. Nach etwa 5 min Übergang in ein Alpha- EEG (DF 12–12,5 Hz) bei Weiterbestehen von Delta-Theta-Frequenzen (0,5–4,5 Hz). Danach allmähliche Abflachung der Alpha-Aktivität |
| Beurteilung | Bei flachem Ausgangs-EEG typische Barbituratreaktion mit anschließendem Übergang in das Bild der analgetischen NLA-Phase. Die Abflachung der Alpha-Aktivität zeigt den Übergang in ein tieferes Narkosestadium an |
| Ableitung | $C_3$-$P_3$; Eichung: 50 $\mu$V = 7 mm; Reg. Geschw.: 30 mm/s; Filter: 70 Hz; ZK: 0,3 s; Spektralanalyse in 30-s-Epochen |
| Medikation | Brevimytal 1 mg/kg KG<br>Fentanyl 0,005 mg/kg KG<br>DHB 0,15 mg/kg KG |

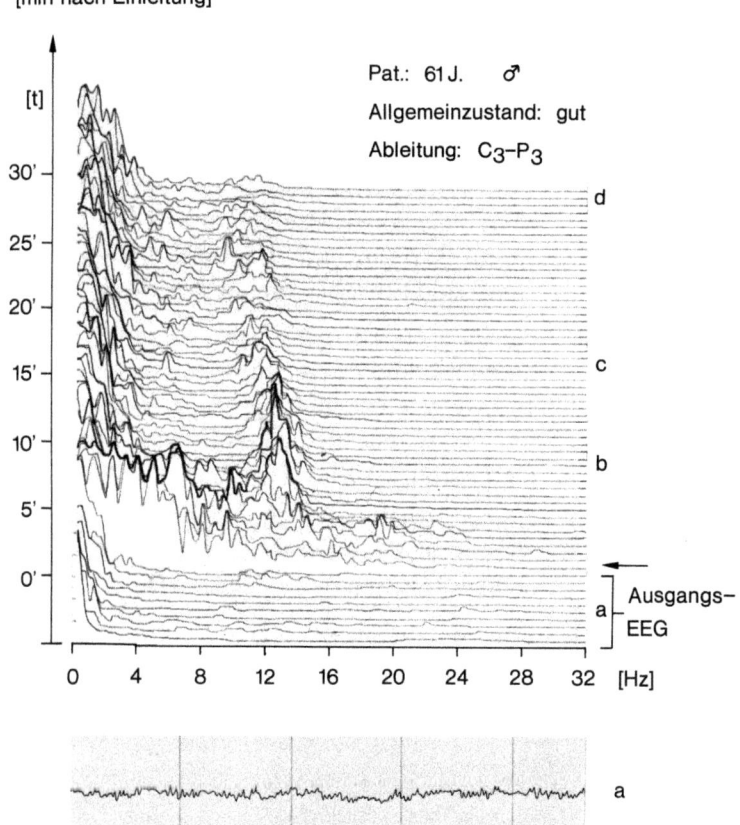

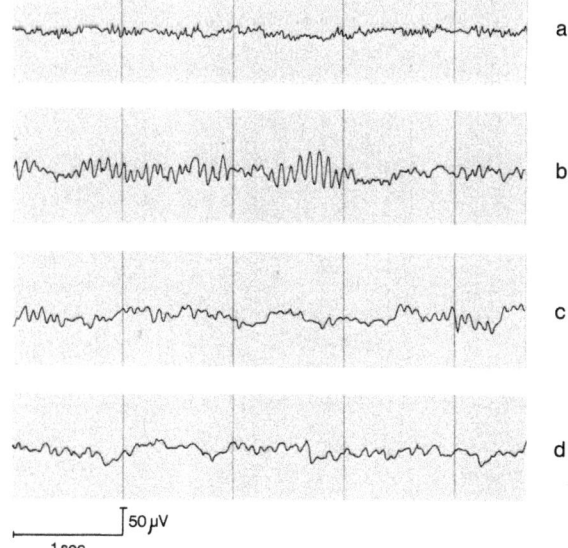

## Abbildung 91

| | |
|---|---|
| Ausgangs-EEG | Niedergespanntes unregelmäßiges EEG |
| Nach Einleitung | Unregelmäßiges EEG 0,5–24 Hz mit verhältnismäßig hohem Leistungsanteil schneller Frequenzen. Nach 7 min Übergang zu vorwiegender Delta-Aktivität. 15 min nach Einleitung zusätzliches Auftreten eines konstanten Peaks von 6–8 Hz (grenzwertiger Alpha-Peak). Keine weiteren Veränderungen bis zum Ende der Überwachungsperiode |
| Beurteilung | Nach zunächst typischem Verlauf (barbituratbedingte Veränderungen des Hirnstrombildes) kommt es hier zur Ausbildung einer angedeuteten, etwa 5–7 min dauernden narkotischen Phase der NLA. Dann folgt das Bild einer analgetischen NLA-Phase |
| Ableitung | $C_Z$-$A_1$; Eichung: 50 µV = 7 mm; Reg. Geschw.: 30 mm/s; Filter: 70 Hz; ZK: 0,3 s; Spektralanalyse in 30-s-Epochen |
| Medikation | Brevimytal 1 mg/kg KG<br>Fentanyl 0,005 mg/kg KG<br>DHB 0,15 mg/kg KG |

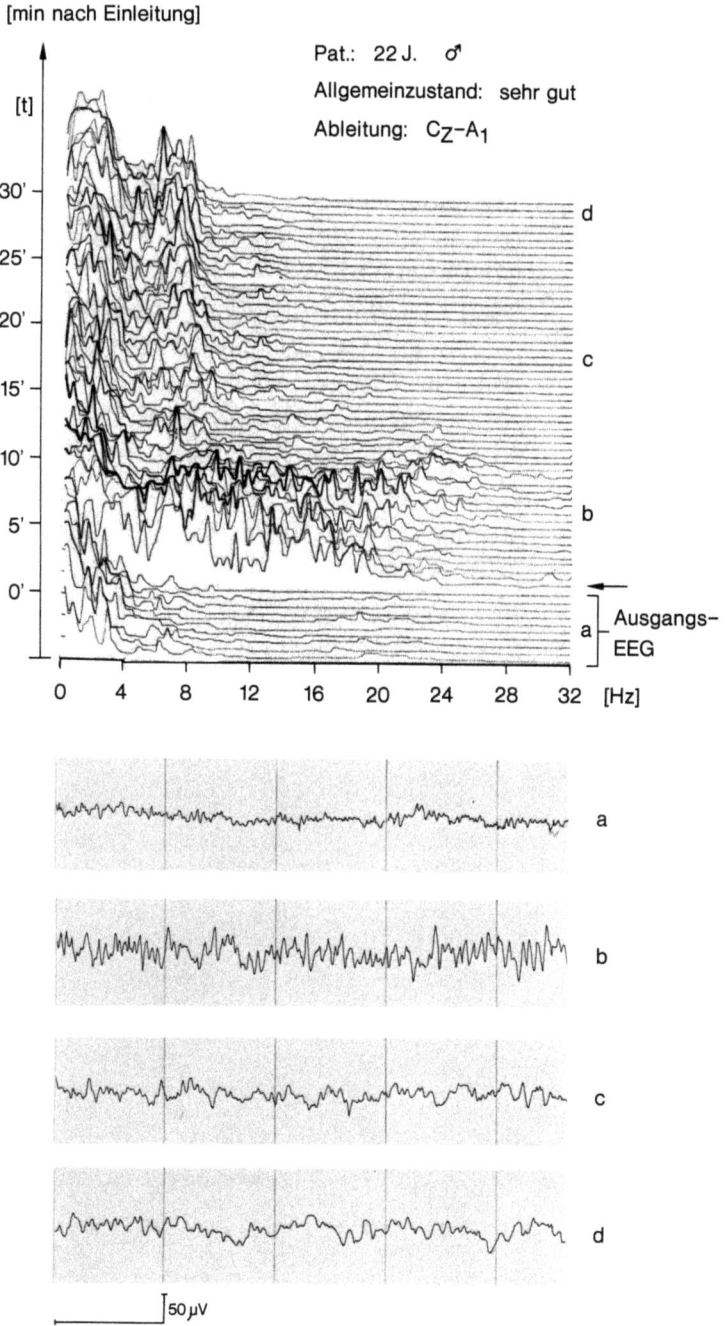

[min nach Einleitung]

Pat.: 22 J. ♂

Allgemeinzustand: sehr gut

Ableitung: $C_Z$–$A_1$

Ausgangs-EEG

50 µV

1 sec

**Abbildung 92**

| | |
|---|---|
| Ausgangs-EEG | Alpha-EEG (auffällig niedrige elektrische Leistung) |
| Nach Einleitung | Unregelmäßiges EEG (0,5–24 Hz) mit deutlichem Überwiegen der Delta-Theta-Frequenzbereiche. Nach 5–6 min Übergang zu einem Delta-Theta-EEG (0,5–6 Hz), dessen obere Grenzfrequenz 20 min nach Einleitung bis in den Alpha-Bereich beschleunigt ist |
| Beurteilung | Nach barbiturattypischem Verlauf Übergang in die „narkotische Phase" der NLA. Die folgende allmähliche Frequenzbeschleunigung deutet auf den zu erwartenden Übergang in die „analgetische NLA-Phase" hin |
| Ableitung | $C_Z$-$A_1$; Eichung: 50 µV = 7 mm; Reg. Geschw.: 30 mm/s; Filter: 70 Hz; ZK: 0,3 s; Spektralanalyse in 30-s-Epochen |
| Medikation | Brevimytal 1 mg/kg KG<br>Fentanyl 0,005 mg/kg KG<br>DHB 0,15 mg/kg KG |

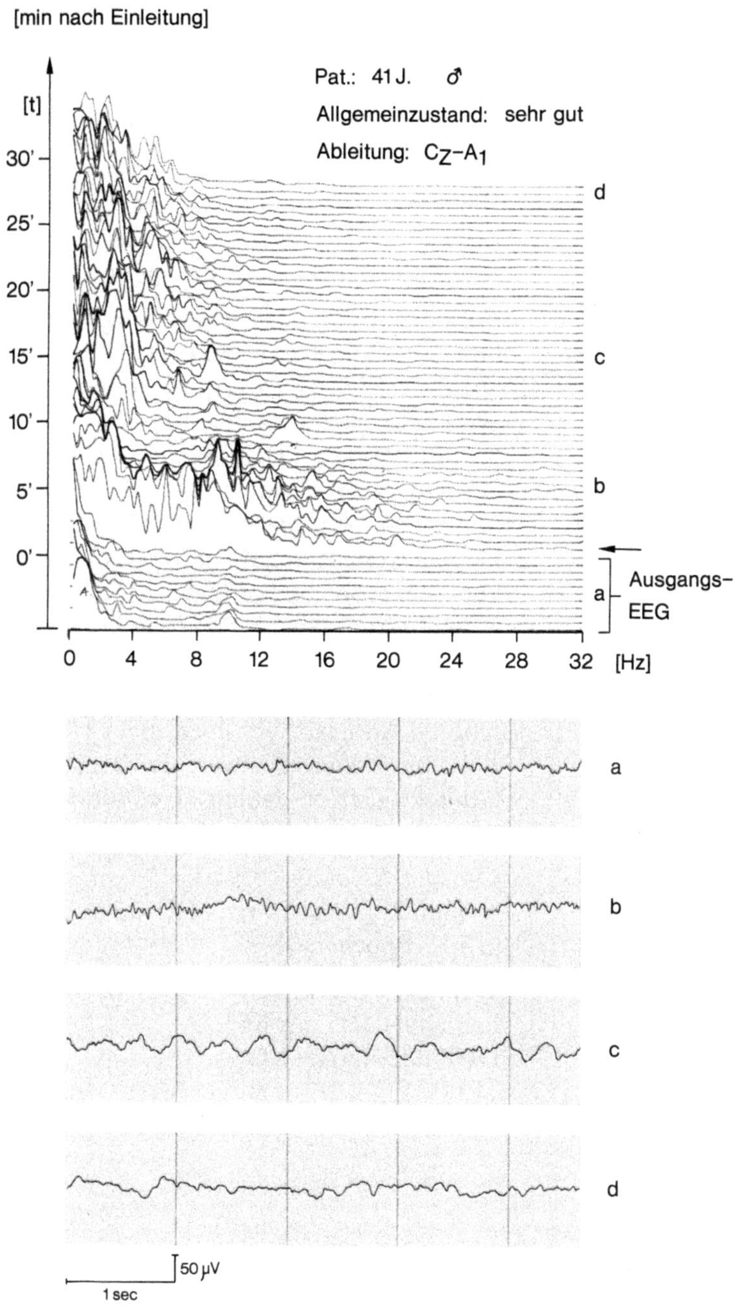

[min nach Einleitung]

Pat.: 41 J.   ♂

Allgemeinzustand:  sehr gut

Ableitung: $C_Z$–$A_1$

[t]

30'

25'

20'

15' — c

10'

5' — b

0'

→ Ausgangs-

a — EEG

d

0    4    8    12    16    20    24    28    32   [Hz]

a

b

c

d

50 µV

1 sec

**Abbildung 93**

| | |
|---|---|
| Ausgangs-EEG | Unregelmäßiges EEG |
| Nach Einleitung | Ausprägung eines unregelmäßigen EEG (0,5 –28 Hz) für die Dauer von ca. 5 min, wobei der dominante Bereich von 12–20 Hz auffällt. Danach Übergang zu einem konstanten doppelgipfligen EEG 4–8 Hz und 20–28 Hz, das unmoduliert bis zum Ende der Beobachtungsperiode anhält |
| Beurteilung | Ausgangs-EEG: Das relativ langsame, unregelmäßige Ausgangs-EEG kann im Alter von 14 Jahren noch als EEG-Normvariante ohne pathologischen Wert angesehen werden.<br>Barbituratphase: Hier fällt die geringe Betonung der langsamen (Delta-/Theta-)Frequenzen mit Dominanz im langsamen Beta-( = Sigma-)Bereich auf. Dies entspricht einer relativ geringen Narkosewirkung bei individueller Unterdosierung (gewichtsbezogene Narkotikagabe bei hoher jugendlicher Stoffwechselrate).<br>NLA-Phase: Atypische, d.h. zweigipflige „analgetische NLA-Phase" bei noch nicht voll ausgereiftem ZNS. Möglicherweise wäre der Beta-Anteil als Exzitationszeichen zu deuten. (Exzitatorische Phänomene unter Opiaten sind in Einzelfällen beschrieben.) |
| Ableitung | $C_Z$-$A_1$; Eichung: 50 µV = 7 mm; Reg. Geschw.: 30 mm/s; Filter: 70 Hz; ZK: 0,3 s; Spektralanalyse in 30-s-Epochen |
| Medikation | Trapanal 5 mg/kg KG<br>Fentanyl 0,005 mg/kg KG<br>DHB 0,15 mg/kg KG |

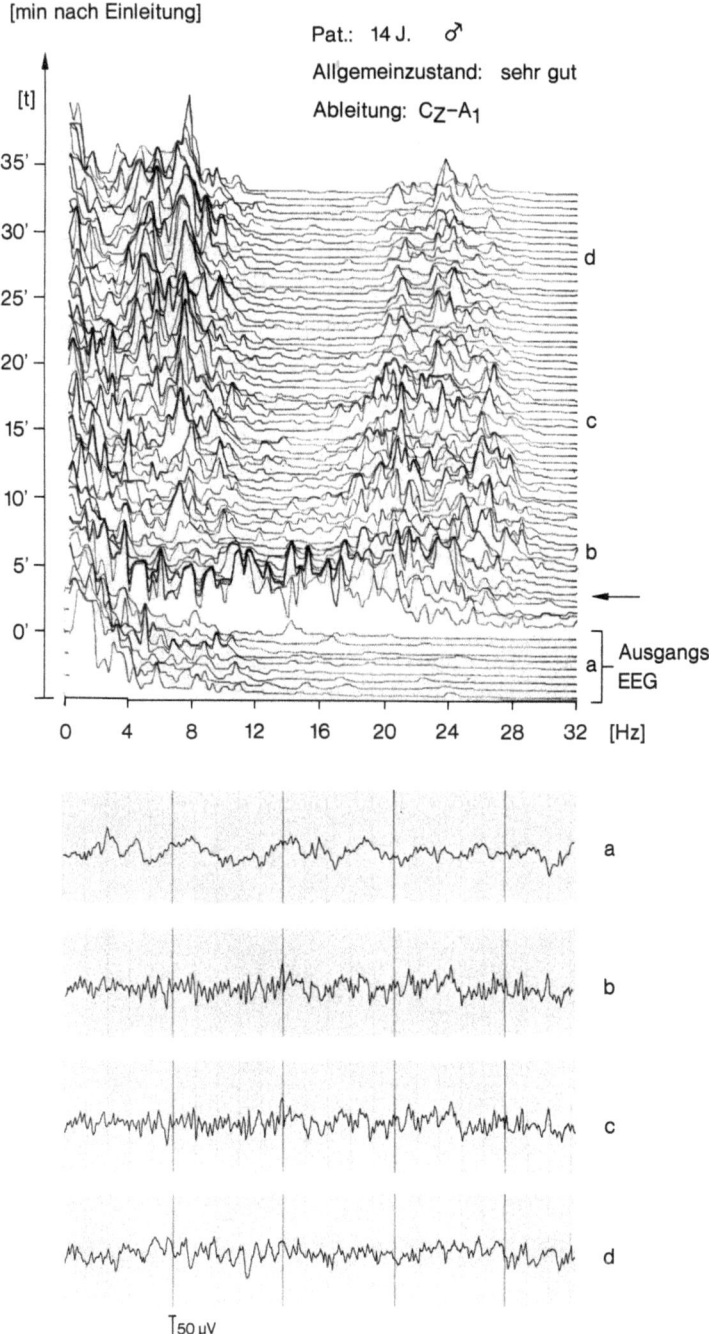

[min nach Einleitung]

Pat.: 14 J. ♂

Allgemeinzustand: sehr gut

Ableitung: $C_Z$–$A_1$

**Abbildung 94**

| | |
|---|---|
| Ausgangs-EEG | Alpha-EEG |
| Nach Einleitung | Übergang in ein unregelmäßiges EEG (0,5–12 Hz), im weiteren Verlauf zusätzliches Auftreten von Beta-Frequenzen. Die Gabe der NLA-Substanzen führt zum sofortigen Erlöschen der etomidattypischen Aktivitäten; es resultiert ein EEG mit Frequenzen aus dem Delta- und Alpha-Bereich |
| Beurteilung | Typisches Verhalten einer etomidatinduzierten Neuroleptanalgesie. Die Fentanylgabe zur 12. min nach Einleitung führt zu einer abrupten Unterdrückung der etomidatspezifischen Veränderungen mit Übergang in die analgetische Phase der Neuroleptanalgesie |
| Ableitung | $C_Z$-$A_1$; Eichung: 50 µV = 7 mm; Reg. Geschw.: 30 mm/s; Filter: 70 Hz; ZK: 0,3 s; Spektralanalyse in 30-s-Epochen |
| Medikation | Etomidat 0,6 mg/kg KG<br>Fentanyl 0,005 mg/kg KG<br>DHB 0,15 mg/kg KG |

[min nach Einleitung]

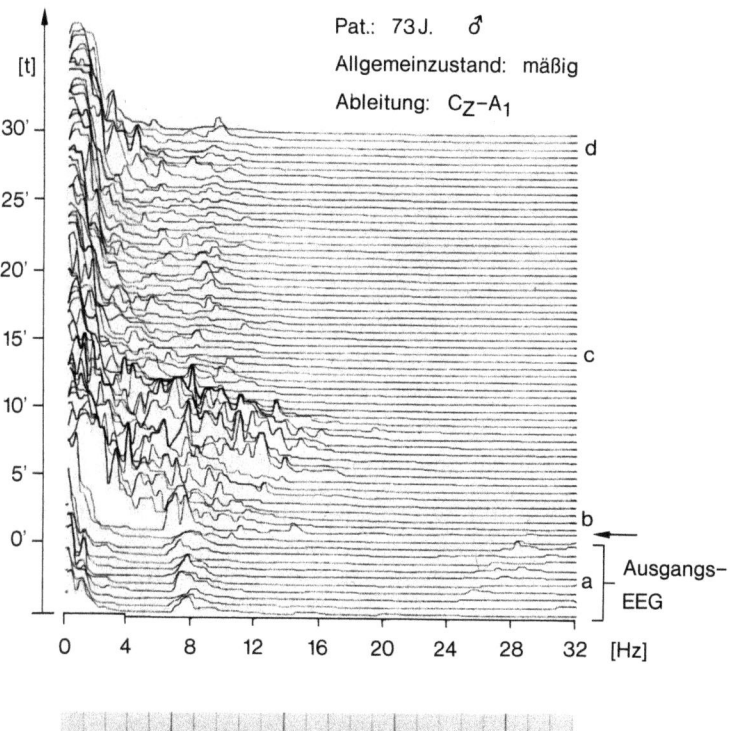

Pat.: 73 J.  ♂

Allgemeinzustand: mäßig

Ableitung:  $C_Z-A_1$

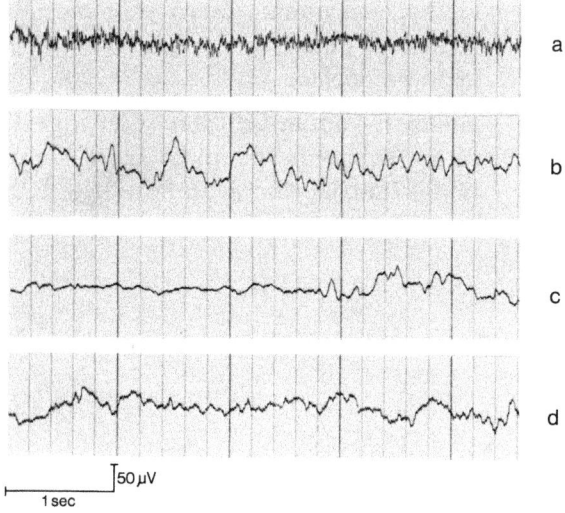

δ) Ketamin-Diazepam-Narkose
Die Kombination Ketamin-Diazepam zur Narkoseeinleitung läßt schnell tiefe Narkosestadien mit niedrigen Frequenzen im EEG ereichen. Dabei werden substanzspezifische EEG-Veränderungen nur kurz sichtbar oder bleiben aus.

**Abbildung 95**

| | |
|---|---|
| Ausgangs-EEG | Alpha-EEG |
| Nach Einleitung | Zunächst Spannungsreduktion im Bereich der Alpha-Aktivität, dann erhebliche Leistungssteigerung im Beta-Bereich, zunächst 16–24 Hz, dann 20 –32 Hz. Gleichzeitig bildet sich ein deutlicher Theta-Peak bei 6 Hz. Keine weiteren Änderungen des Hirnstrombildes über den Beobachtungszeitraum |
| Beurteilung | Ketamintypische (Theta-Peak) und diazepamspezifische EEG-Veränderungen treten nebeneinander auf. Die ausgeprägte Beta-Aktivierung kann dem Exzitationsstadium zugerechnet werden. Im überwachten Zeitraum wird keine adäquate Narkosetiefe erreicht |
| Ableitung | $C_Z$-$A_1$; Eichung: 50 µV = 7 mm; Reg. Geschw.: 30 mm/s; Filter: 70 Hz; ZK: 0,3 s; Spektralanalyse in 30-s-Epochen |
| Medikation | Ketanest-Valium-Infusion (250 mg Ketanest + 50 mg Valium in 500 ml Lävulose 5%ig) initial 2 ml/kg KG, dann 1 Tr./kg KG/min |

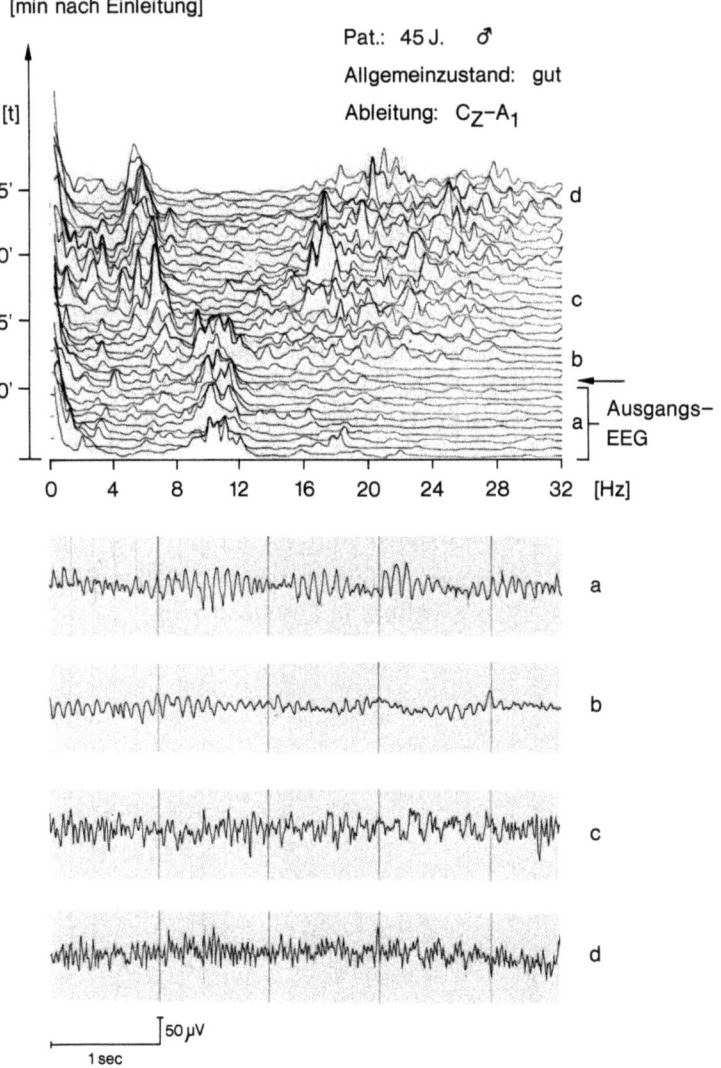

**Abbildung 96**

| | |
|---|---|
| Ausgangs-EEG | Alpha-EEG |
| Nach Einleitung | Bei allgemeiner Spannungsverringerung nimmt die Aktivität im Beta-Bereich (16–32 Hz) zu. Gleichzeitig steigt die Aktivität des Delta-Theta-Bereichs. Im Verlauf verschiebt sich die Beta-Aktivität zu schnelleren Frequenzen (24–32 Hz) bei weiterer Spannungsabnahme |
| Beurteilung | Die ketanestspezifische Wirkung wird unterdrückt (Fehlen eines Theta-Peak) zugunsten der Diazepameffekte. Im Beobachtungszeitraum wird eine nur unzureichende Narkosetiefe erreicht |
| Ableitung | $C_Z$-$A_1$; Eichung: 50 µV = 7 mm; Reg. Geschw.: 30 mm/s; Filter: 70 Hz; ZK: 0,3 s; Spektralanalyse in 30-s-Epochen |
| Medikation | Ketanest-Valium-Infusion (250 mg Ketanest + 50 mg Valium in Lävulose 5%ig) initial 2 ml/kg KG, dann 1 Tr./kg KG/min |

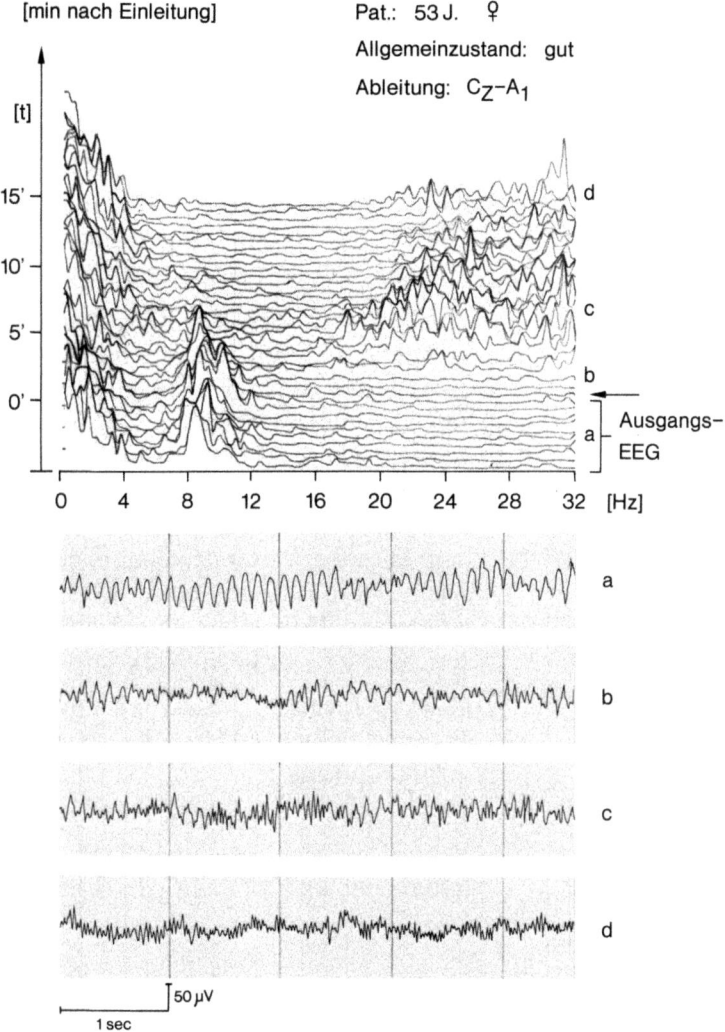

[min nach Einleitung]

Pat.: 53 J. ♀

Allgemeinzustand: gut

Ableitung: $C_Z$–$A_1$

[t]

15'

10'

5'

0'

d

c

b

a ⟶ Ausgangs-EEG

0   4   8   12   16   20   24   28   32   [Hz]

a

b

c

d

50 µV

1 sec

**Abbildung 97**

| | |
|---|---|
| Ausgangs-EEG | Alpha-EEG |
| Nach Einleitung | Innerhalb von 5 min Depression der Alpha-Aktivität und Aktivierung von Beta$_2$-Frequenzen (22–32 Hz), die 10 min bestehen bleiben. Gleichzeitiges Auftreten von Delta-Theta-Aktivität (0,5 –5 Hz), die bis zum Ende der Überwachungsperiode unverändert bestehen bleibt |
| Beurteilung | Zunächst entspricht das Bild einer klassischen Narkoseeinleitung mit Inhalationsanästhetika. Die Beta-Aktivität ist äquivalent einer Exzitationsphase. Sie ist – um als diazepamspezifisch angesehen zu werden – zu hochfrequent. (Diazepame aktivieren das Sigmaband.) Im weiteren Verlauf ist eine additive Wirkung von Ketamin und Diazepam vorhanden. Die zu erwartende ketaminspezifische bilateral synchrone 6 Hz-Aktivierung wird völlig zugunsten langsamer Aktivitäten unterdrückt. Das Bild entspricht einer sehr tiefen Narkose |
| Ableitung | C$_3$-P$_3$; Eichung: 50 µV = 7 mm; Reg. Geschw.: 30 mm/s; Filter: 70 Hz; ZK: 0,3 s; Spektralanalyse in 30-s-Epochen |
| Medikation | Ketanest-Valium-Infusion (250 mg Ketanest, 50 mg Valium in 500 ml Lävulose 5%ig) initial 2 ml/kg KG, dann 1 Tr./kg KG/min |

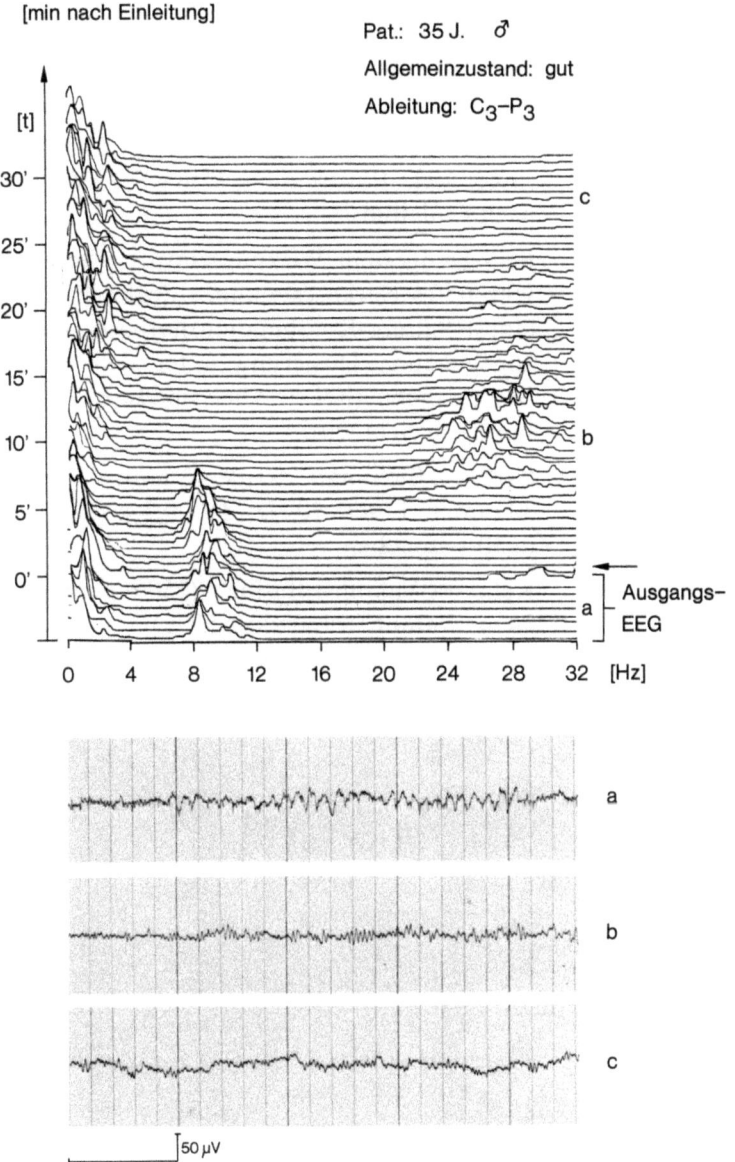

[min nach Einleitung]

Pat.: 35 J.  ♂
Allgemeinzustand: gut
Ableitung: $C_3-P_3$

**Abbildung 98**

| | |
|---|---|
| Ausgangs-EEG | Alpha-EEG |
| Nach Einleitung | Verzögerte Auflösung der Alpha-Aktivität und allgemeine Spannungsreduktion bei kurzzeitiger geringer Beta-Einstreuung. Delta-EEG ab der 6. min nach Einleitung |
| Beurteilung | Bei verzögertem Wirkungseintritt Übergang in ein sehr tiefes Narkosestadium. Ideales Bild einer Ketanest-Valium-Kombinationsnarkose, das bei der angegebenen Dosierung unter den individuellen Bedingungen (hohes Alter, mäßiger Allgemeinzustand) erreicht wird |
| Ableitung | $C_3$-$P_3$; Eichung: $50\,\mu V = 7$ mm; Reg. Geschw.: 30 mm/s; Filter: 70 Hz; ZK: 0,3 s; Spektralanalyse in 30-s-Epochen |
| Medikation | Ketanest-Valium-Infusion (250 mg Ketanest + 50 mg Valium in Lävulose 5%ig) initial 2 ml/kg KG, dann 1 Tr./kg KG/min |

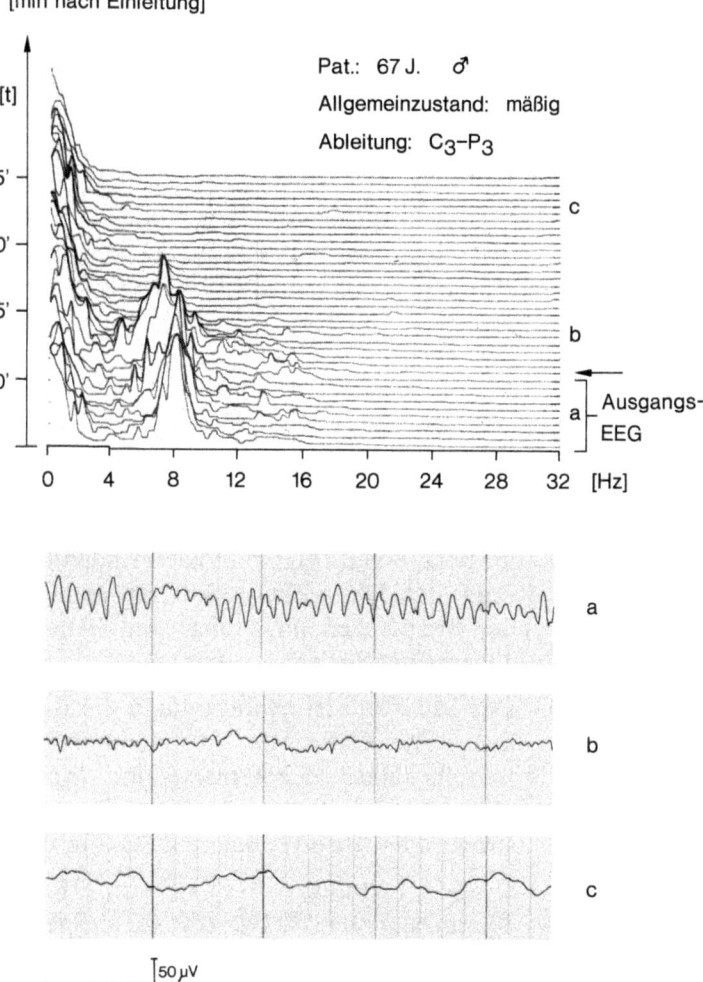

# V. Muskelrelaxanzien

Muskelrelaxanzien haben keine zentrale Wirkung. Ihre Anwendung führt nicht zu Veränderungen des Elektroenzephalogramms. Sie unterdrücken jedoch bewegungsartefaktbedingte Störungen des EEG-Bildes.

**Abbildung 99**

| | |
|---|---|
| Ausgangs-EEG | Niederspannungs-EEG |
| Nach Einleitung | Es bildet sich ein unregelmäßiges EEG mit hochamplitudigen Wellen im Delta-Theta-Bereich und im $Beta_1$-Band (b). 6 min nach Einleitung Reduzierung der Delta-Theta-Aktivität und Überwiegen der Frequenzen im Alpha- und Beta-Bereich bei allgemeiner Spannungsabnahme |
| Beurteilung | Das EEG-Bild ist geprägt durch die Barbituratwirkung. Die Gabe von Suxamethoniumchlorid als Beispiel eines depolarisierenden Muskelrelaxans führt zu keiner zusätzlichen Veränderung des Hirnstrombildes (b und c, untere EEG-Kurve) |
| Ableitung | $C_3$-$P_3$; Eichung: 50 µV = 7 mm; Reg. Geschw.: 30 mm/s; Filter: 70 Hz; ZK: 0,3 s; Spektralanalyse in 30-s-Epochen |
| Medikation | Trapanal 5 mg/kg KG<br>Pantolax 1 mg/kg KG 2malig |

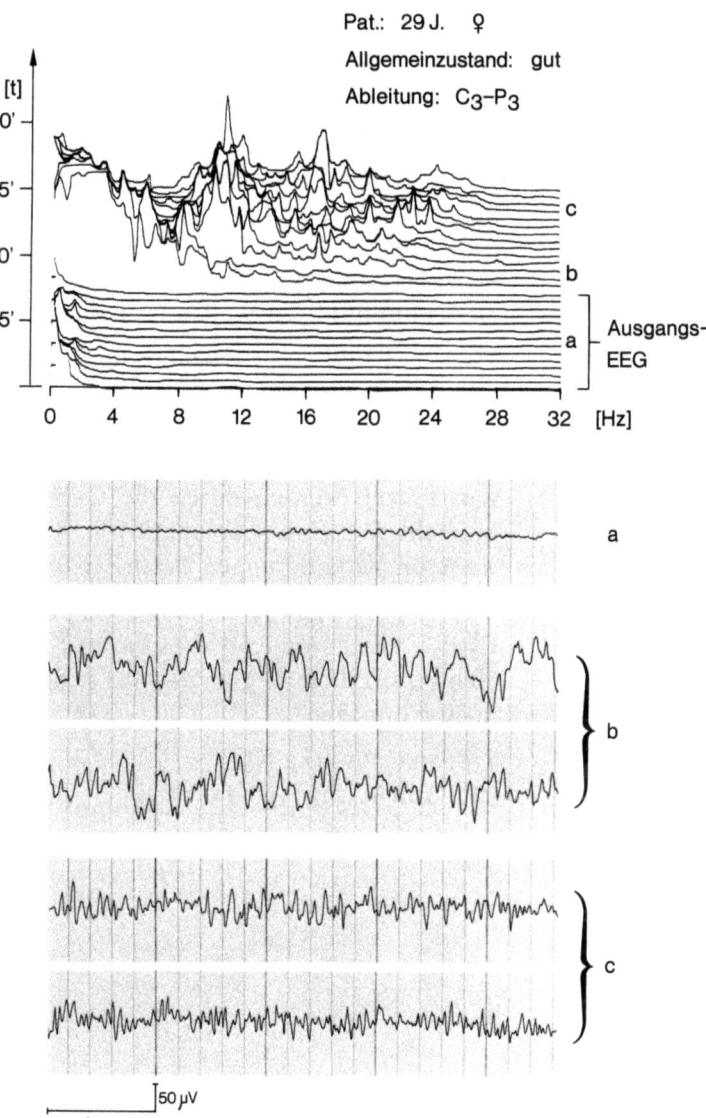

**Abbildung 100**

| | |
|---|---|
| Ausgangs-EEG | Alpha-EEG |
| Nach Einleitung | Ausbildung eines unregelmäßigen EEG mit starker Spannungszunahme im Delta-Theta-Bereich. Zugleich treten niederamplitudige Wellen mit Frequenzen von 8–16 Hz auf. 5 min nach Einleitung Rückgang der langsamen Frequenzen und Dominanz des Alpha-Bandes. Zusätzliches Auftreten von niederamplitudigen Wellen im $Beta_1$-Bereich |
| Beurteilung | Typisches Bild einer Barbiturateinleitung. Die Medikamentenwirkung hält jedoch nur vergleichsweise kurz an, so daß eine kontinuierliche rasche Abflachung der Narkosetiefe zu beobachten ist. In diesem Prozeß werden durch die Gabe von Alcuroniumchlorid, einem kompetitiven Relaxans, *keine* weiteren Veränderungen des EEG-Bildes ausgelöst (*b* und *c,* untere EEG-Kurve) |
| Ableitung | $C_3$-$P_3$; Eichung: 50 µV = 7 mm; Reg. Geschw.: 30 mm/s; Filter: 70 Hz; ZK: 0,3 s; Spektralanalyse in 30-s-Epochen |
| Medikation | Trapanal 5 mg/kg KG<br>Alloferin 0,1 mg/kg KG 2malig |

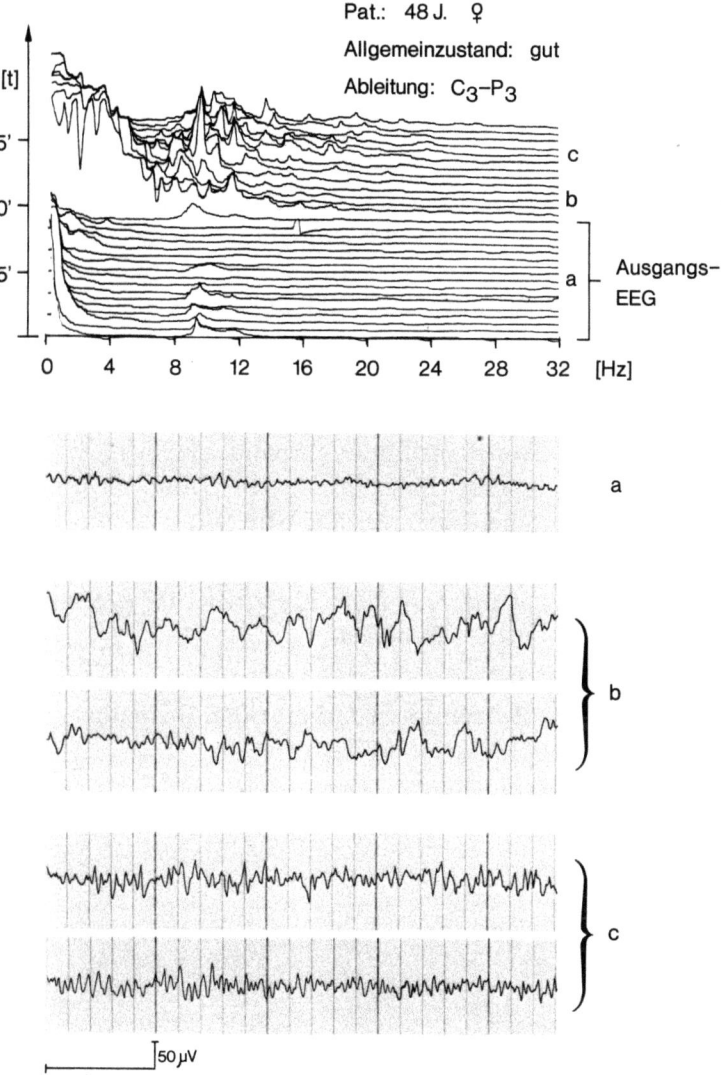

**Abbildung 101**

| | |
|---|---|
| Ausgangs-EEG | Alpha-EEG |
| Nach Einleitung | Rascher Verlust der Alpha-Aktivität, erhebliche Zu- nahme der elektrischen Leistung im Delta-Theta- Bereich, gefolgt von einer zusätzlichen Aktivitäts- steigerung im Beta-Band. 5 min nach Einleitung bildet sich die langsame Aktivität zurück und wird durch eine langsame Alpha-Aktivität und niederge- spanntere Aktivität im Beta-Bereich abgelöst |
| Beurteilung: | Die Barbituratgabe ruft ein typisches unregelmäßi- ges EEG hervor. Sowohl unter tiefer Narkose (*b*) als auch in der Aufwachphase (*c*) verändert die Gabe von Pancuroniumbromid, einem nicht depolarisie- renden Relaxans, das EEG-Bild *nicht* eindeutig (*b* und *c*, unterer EEG-Streifen) |
| Ableitung | $C_3$-$P_3$;   Eichung:   50 µV = 7 mm;   Reg. Geschw.: 30 mm/s; Filter: 70 Hz; ZK: 0,3 s; Spektralanalyse in 30-s-Epochen |
| Medikation | Trapanal 5 mg/kg KG Pancuronium 0,05 mg/kg KG 2malig |

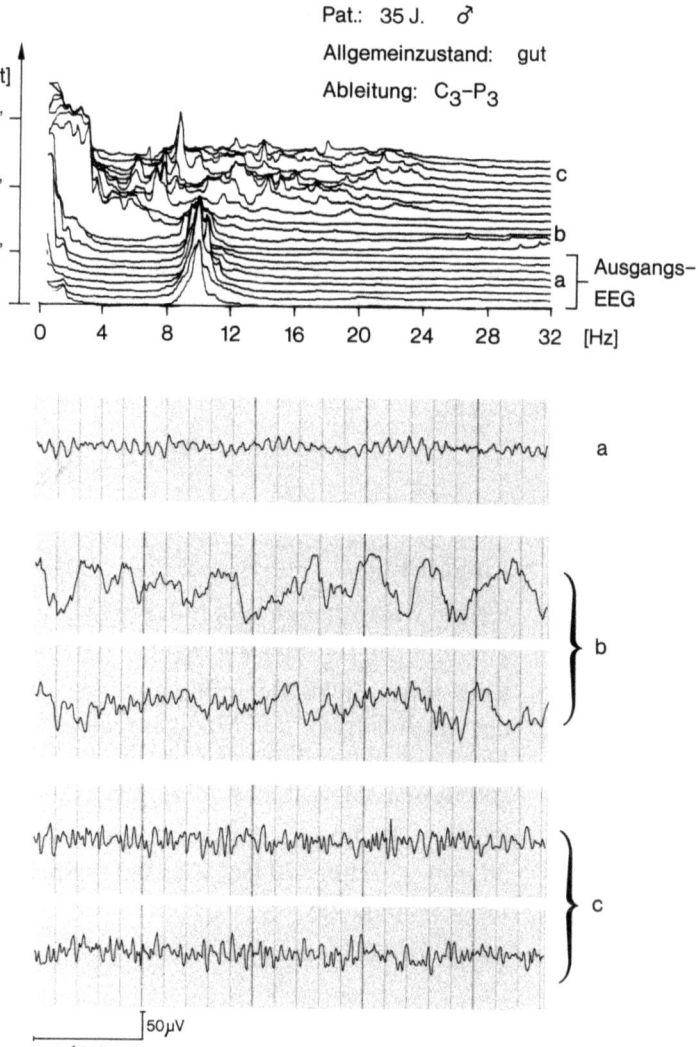

Pat.: 35 J. ♂

Allgemeinzustand: gut

Ableitung: C₃–P₃

# VI. Analgetika in der postoperativen Phase

Neben ihrer analgetischen Wirkung haben die heute einsetzbaren Schmerz-
mittel vor allem sedierende, gelegentlich auch euphorisierende oder dys-
phorisierende Eigenschaften, die sich im EEG nachweisen lassen. Vorhandensein und Ausmaß der Analgesie ist aus dem EEG nicht ersichtlich. Die
EEG-Korrelate intravenöser Gaben von Morphin, Pethidin, Piritramid und
Pentazocin werden vorgestellt.

**Abbildung 102**

| | |
|---|---|
| Ausgangs-EEG | Alpha-EEG |
| Nach Medikation | Keine wesentlichen Veränderungen, gelegentliche Spannungsreduktion der Alpha-Aktivität |
| Beurteilung | Eine wesentliche Beeinflussung des Hirnstrombil-des als Ausdruck der Medikamentenwirkung fehlt. Die Leistungsänderungen der Alpha-Aktivität sind spontanen Vigilanzschwankungen zuzuordnen |
| Ableitung | $C_3$-$P_3$; Eichung: 50 µV = 7 mm; Reg. Geschw.: 30 mm/s; Filter: 70 Hz; ZK: 0,3 s; Spektralanalyse in 30-s-Epochen |
| Medikation | Morphin-HCl 5 mg i.v. |

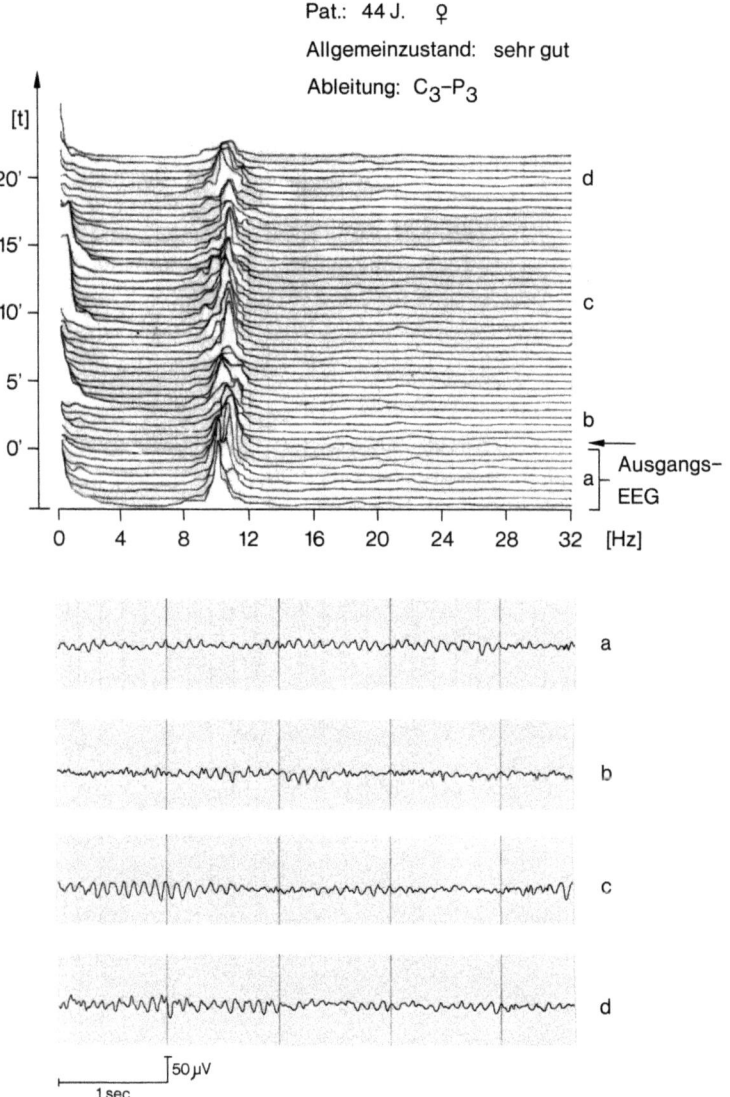

**Abbildung 103**

| | |
|---|---|
| Ausgangs-EEG | Partielles Beta-EEG (Alpha 9 Hz, Beta 13–22 Hz) |
| Nach Medikation | Leistungssteigerung der Alpha-Aktivität; Zunahme der elektrischen Leistung und der Frequenzbreite im Beta-Bereich |
| Beurteilung | Bei der vorliegenden speziellen Form des Ausgangs-EEG ist die Leistungssteigerung in beiden Frequenzbändern ein Ausdruck von Wohlgefühl und Euphorisierung, obgleich sonst Aktivitätssteigerungen des Beta-Bandes bei Alpha-Ausgangs-EEG Ausdruck einer exzitatorischen Medikamentenwirkung sind |
| Ableitung | $C_3$-$P_3$; Eichung: 50 µV = 7 mm; Reg. Geschw.: 30 mm/s; Filter: 70 Hz; ZK: 0,3 s; Spektralanalyse in 30-s-Epochen |
| Medikation | Morphin-HCl 5 mg i. v. |

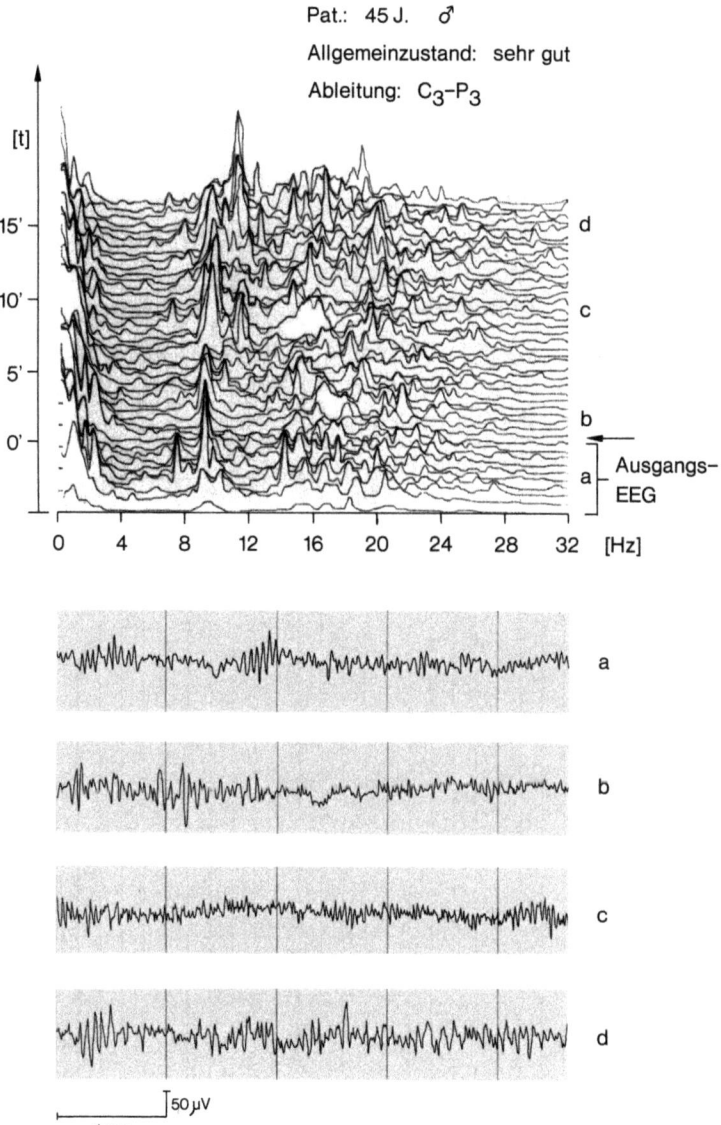

Pat.: 45 J.  ♂

Allgemeinzustand:  sehr gut

Ableitung:  C₃–P₃

**Abbildung 104**

| | |
|---|---|
| Ausgangs-EEG | Alpha-EEG |
| Nach Medikation | Leistungssteigerung der Alpha-Aktivität. Leistungssteigerung im Delta- und Theta-Bereich (0,5–6 Hz) |
| Beurteilung | Die intravenöse Morphininjektion führt hier zu deutlichen sedativ-hypnotischen Nebenwirkungen (Delta-Theta-Steigerung). Die Zunahme der Alpha-Aktivität entspricht der positiv-euphorisierten Stimmungslage |
| Ableitung | $C_Z$-$A_1$; Eichung: 50 µV = 7 mm; Reg. Geschw.: 30 mm/s; Filter: 70 Hz; ZK: 0,3 s; Spektralanalyse in 30-s-Epochen |
| Medikation | Morphin-HCl 10 mg i.v. |

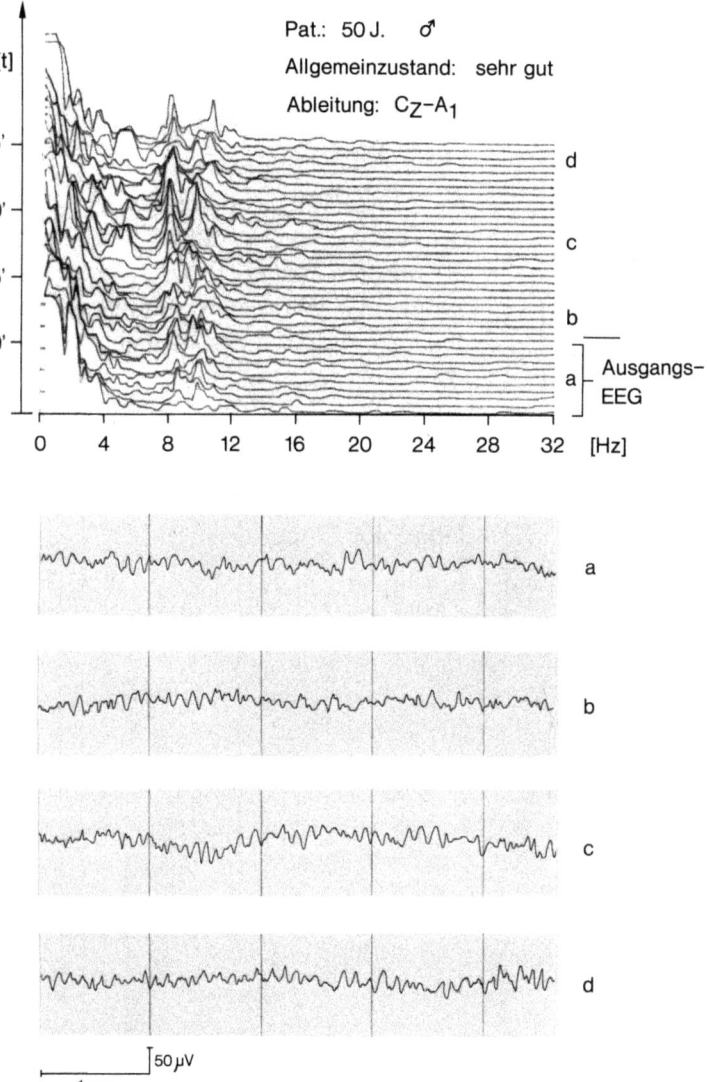

**Abbildung 105**

| | |
|---|---|
| Ausgangs-EEG | Alpha-EEG |
| Nach Medikation | Stark modulierte Alpha-Aktivität. Zum Zeitpunkt der Alpha-Abflachung Aktivitätssteigerung des Delta-Bereichs |
| Beurteilung | Keine wesentliche Beeinflussung des Hirnstrombildes; die leichten Veränderungen der Alpha-Aktivität weisen auf psychische Entspannung hin, die spontane Vigilanzschwankungen – im EEG gekennzeichnet durch Alpha-Abflachung und Delta-Steigerung – begünstigt |
| Ableitung | $C_Z$-$A_1$; Eichung: $50 \mu V = 7$ mm; Reg. Geschw.: 30 mm/s; Filter: 70 Hz; ZK: 0,3 s; Spektralanalyse in 30-s-Epochen |
| Medikation | Dipidolor 22 mg i.v. |

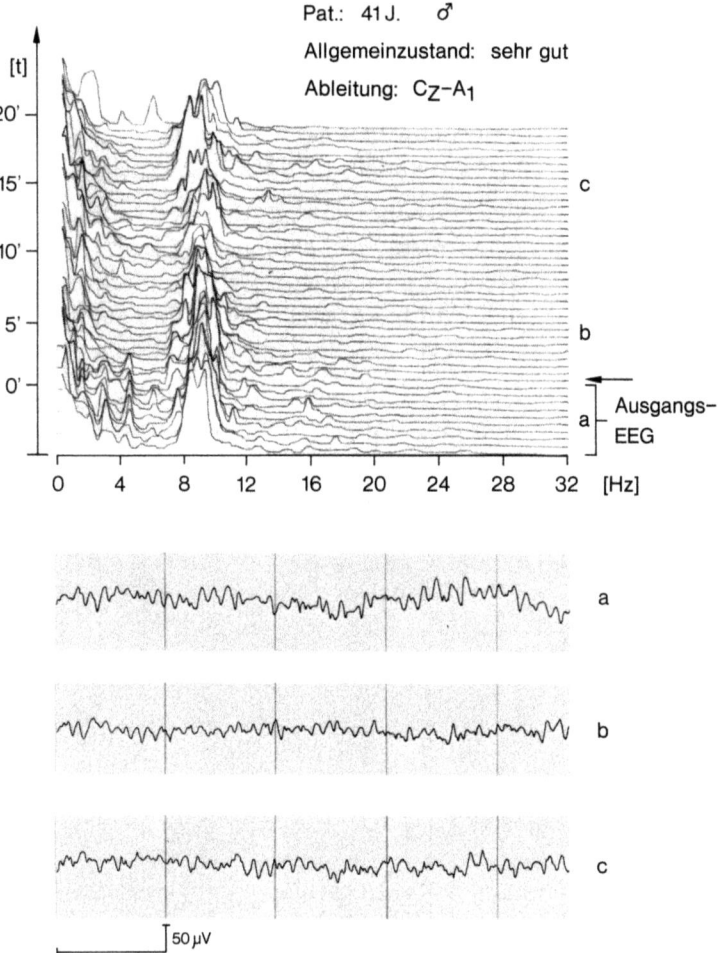

Pat.:  41 J.   ♂

Allgemeinzustand:  sehr gut

Ableitung:  $C_Z$–$A_1$

**Abbildung 106**

| | |
|---|---|
| Ausgangs-EEG | Niedergespanntes partielles Beta-EEG |
| Nach Medikation | Deutliche Steigerung der Alpha-Aktivität mit Spannungsschwankungen; intermittierende Delta-Theta-Aktivitäten |
| Beurteilung | Beispiel eines durch Angst/Spannung hervorgerufenen niedergespannten Ausgangs-EEG. Die durch Medikation bedingte Entspannung zeigt sich durch das Auftreten eines normalen Alpha-Ruhe-EEG mit spontanen Vigilanzschwankungen |
| Ableitung | $C_Z$-$A_1$; Eichung: 50 µV = 7 mm; Reg. Geschw.: 30 mm/s; Filter: 70 Hz; ZK: 0,3 s; Spektralanalyse in 30-s-Epochen |
| Medikation | Dipidolor 22 mg i. v. |

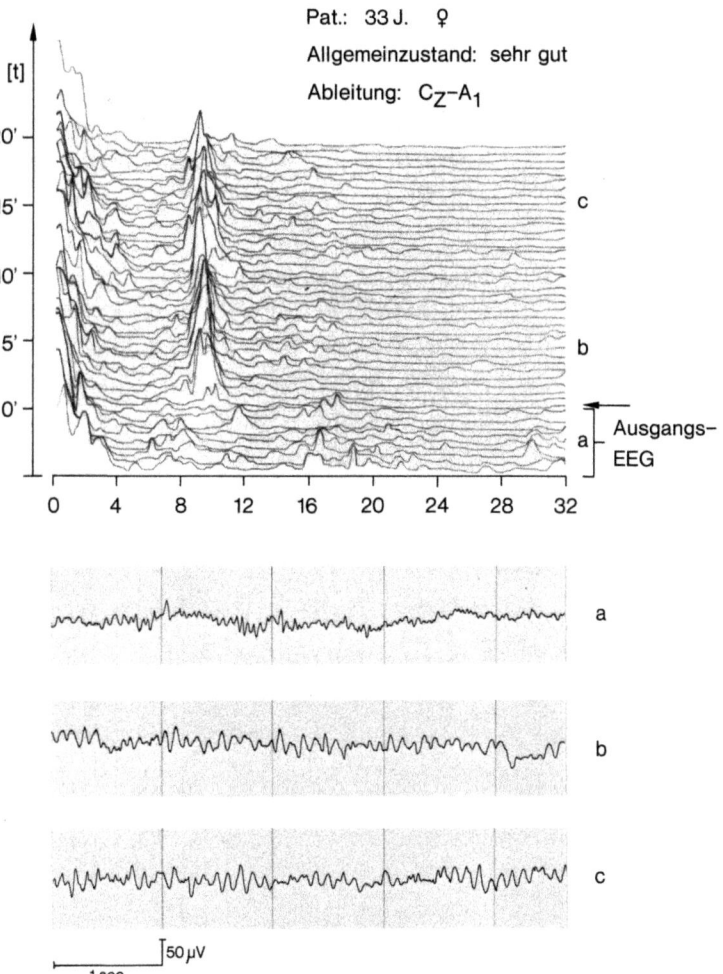

Pat.: 33 J.   ♀

Allgemeinzustand: sehr gut

Ableitung: $C_Z$–$A_1$

**Abbildung 107**

| | |
|---|---|
| Ausgangs-EEG | Alpha-EEG |
| Nach Medikation | Übergang in ein unregelmäßiges EEG (0,5–10 Hz) mit deutlichem Leistungsübergewicht im Delta-/Theta-Bereich. Keine wesentliche Änderung bis zum Ende des Beobachtungszeitraums |
| Beurteilung | Beispiel einer gesteigerten cerebralen Medikamentenwirkung bei einem geriatrischen Patienten. Die Piritramidinjektion führt zum Bild einer oberflächlichen Narkose mit hohen Delta-Theta-Anteilen |
| Ableitung | $C_Z$-$A_1$; Eichung: 50 µV = 7 mm; Reg. Geschw.: 30 mm/s; Filter: 70 Hz; ZK: 0,3 s; Spektralanalyse in 30-s-Epochen |
| Medikation | Dipidolor 22 mg i. v. |

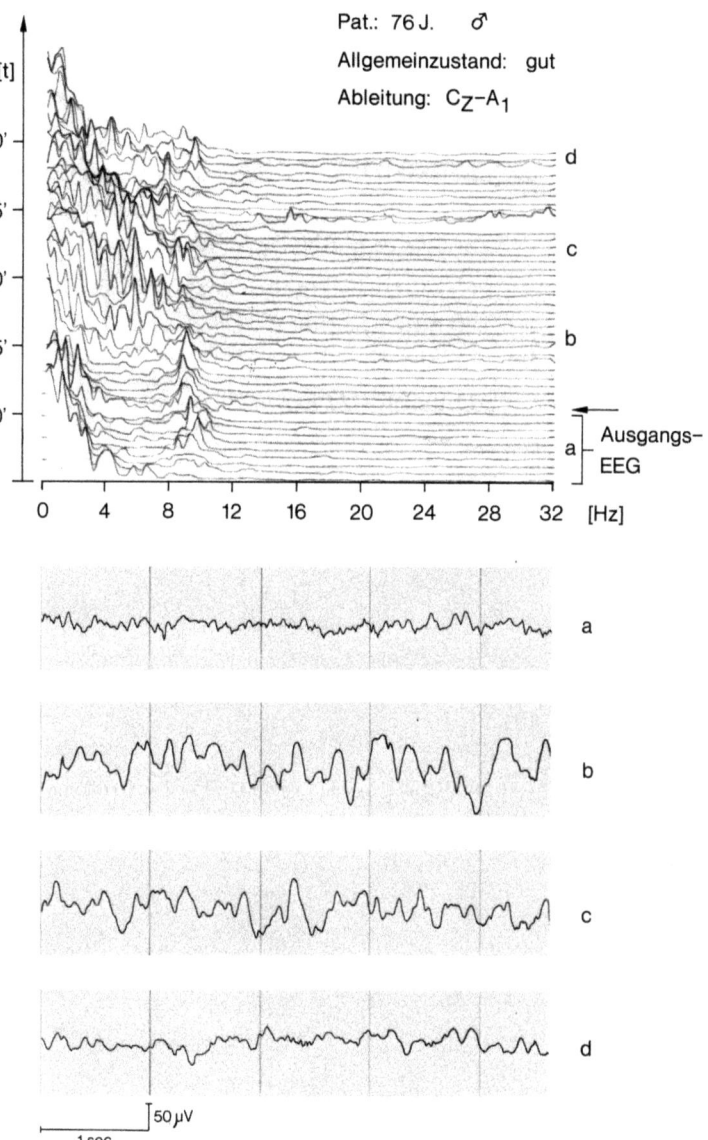

Pat.: 76 J.  ♂

Allgemeinzustand: gut

Ableitung: $C_Z$–$A_1$

**Abbildung 108**

| | |
|---|---|
| Ausgangs-EEG | Niedergespanntes unregelmäßiges EEG |
| Nach Medikation | Aktivierung hochgespannter Delta-Theta-Frequenzen (0,5–7,5 Hz) |
| Beurteilung | Beispiel für Überdosierungserscheinungen – aber auch für die gute Medikamentenwirkung bei angstbedingtem „flachem Ausgangs-EEG" |
| Ableitung | $C_Z$-$A_1$; Eichung: 50 µV = 7 mm; Reg. Geschw.: 30 mm/s; Filter: 70 Hz; ZK: 0,3 s; Spektralanalyse in 30-s-Epochen |
| Medikation | Dipidolor 22 mg i. v. |

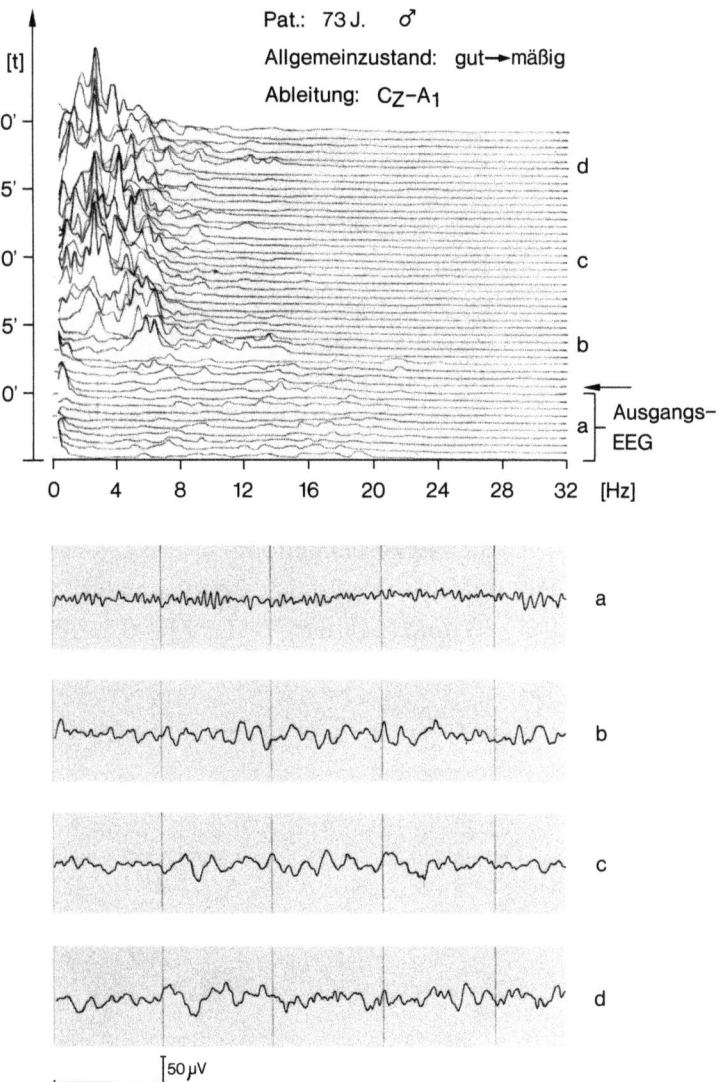

Pat.: 73 J. ♂

Allgemeinzustand: gut→mäßig

Ableitung: $C_Z-A_1$

**Abbildung 109**

| | |
|---|---|
| Ausgangs-EEG | Alpha-EEG |
| Nach Medikation | Steigerung der elektrischen Leistung und der Frequenzvariabilität der vorbestehenden Alpha-Aktivität. Zusätzlich mäßige Leistungssteigerungen im Delta-Theta-Band. Die Veränderungen bleiben bis 40 min nach Injektion bestehen – dann weitere Frequenzverlangsamung und Spannungsabnahme |
| Beurteilung | Das Frequenzbild spricht für psychische Entspannung (Steigerung der Alpha-Aktivität), zeigt bei dem geriatrischen Patienten aber auch narkotische Anteile. Hier dokumentiert sich die lange Wirksamkeit von Piritramid. Die Schlafvertiefung zum Ende der Beobachtungsperiode ist spontan bedingt; der Patient wurde nicht angesprochen und wartete auf die Narkoseeinleitung |
| Ableitung | $C_Z$-$A_1$; Eichung: 50 µV = 7 mm; Reg. Geschw.: 30 mm/s; Filter: 70 Hz; ZK: 0,3 s; Spektralanalyse in 30-s-Epochen |
| Medikation | Dipidolor 22 mg i.v. |

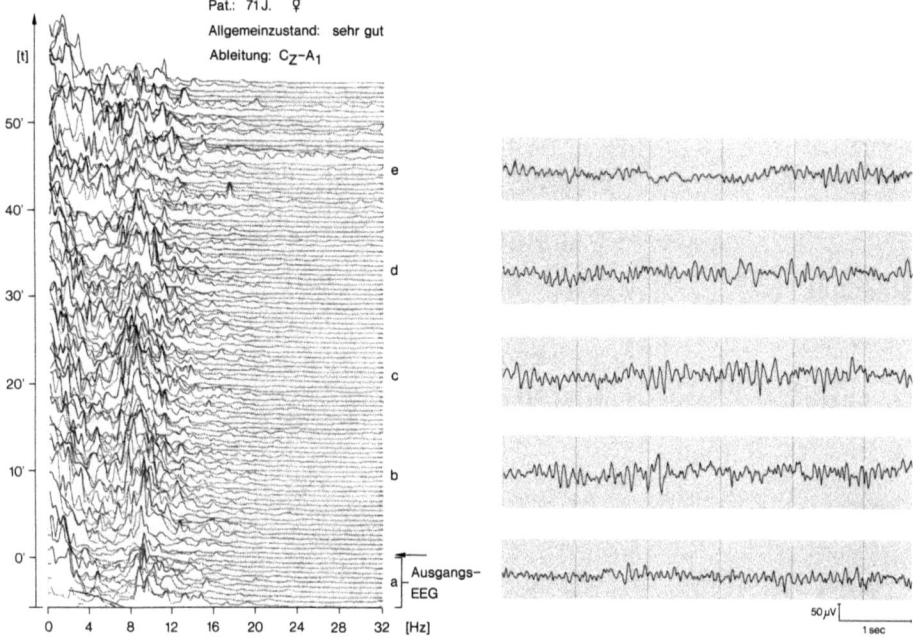

**Abbildung 110**

| | |
|---|---|
| Ausgangs-EEG | Alpha-EEG |
| Nach Medikation | Fortbestehen der Alpha-Aktivität mit wechselnden Spannungen, geringfügige Steigerungen von Theta-Aktivitäten |
| Beurteilung | Die psychisch entspannende Medikamentenwirkung löst spontane Vigilanzschwankungen aus, die sich im EEG zeigen |
| Ableitung | $C_Z$-$A_1$; Eichung: 50 µV = 7 mm; Reg. Geschw.: 30 mm/s; Filter: 70 Hz; ZK: 0,3 s; Spektralanalyse in 30-s-Epochen |
| Medikation | Fortral 30 mg i. v. |

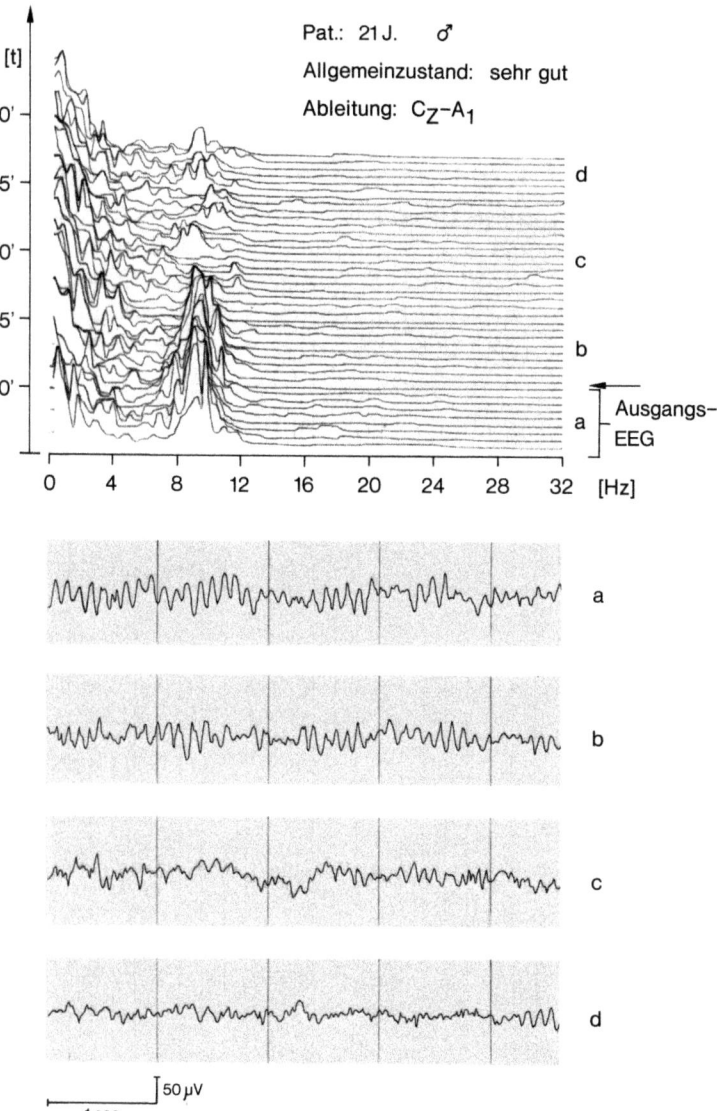

Pat.: 21 J.  ♂

Allgemeinzustand:  sehr gut

Ableitung:  $C_Z$–$A_1$

**Abbildung 111**

| | |
|---|---|
| Ausgangs-EEG | Alpha-EEG |
| Nach Medikation | Fortbestehen der Alpha-Aktivität mit intermittierender Spannungsreduktion |
| Beurteilung | Keine wesentliche cerebrale Sedierungswirkung von Pentazocin, lediglich spontane Vigilanzschwankungen. Beachtenswert ist, daß im Gegensatz zum Piritramid bei dem geriatrischen Patienten das gleiche EEG-Bild resultiert wie beim jungen Patienten (vgl. Abb. 110) |
| Ableitung | C$_3$-P$_3$; Eichung: 50 µV = 7 mm; Reg. Geschw.: 30 mm/s; Filter: 70 Hz; ZK: 0,3 s; Spektralanalyse in 30-s-Epochen |
| Medikation | Fortral 30 mg i. v. |

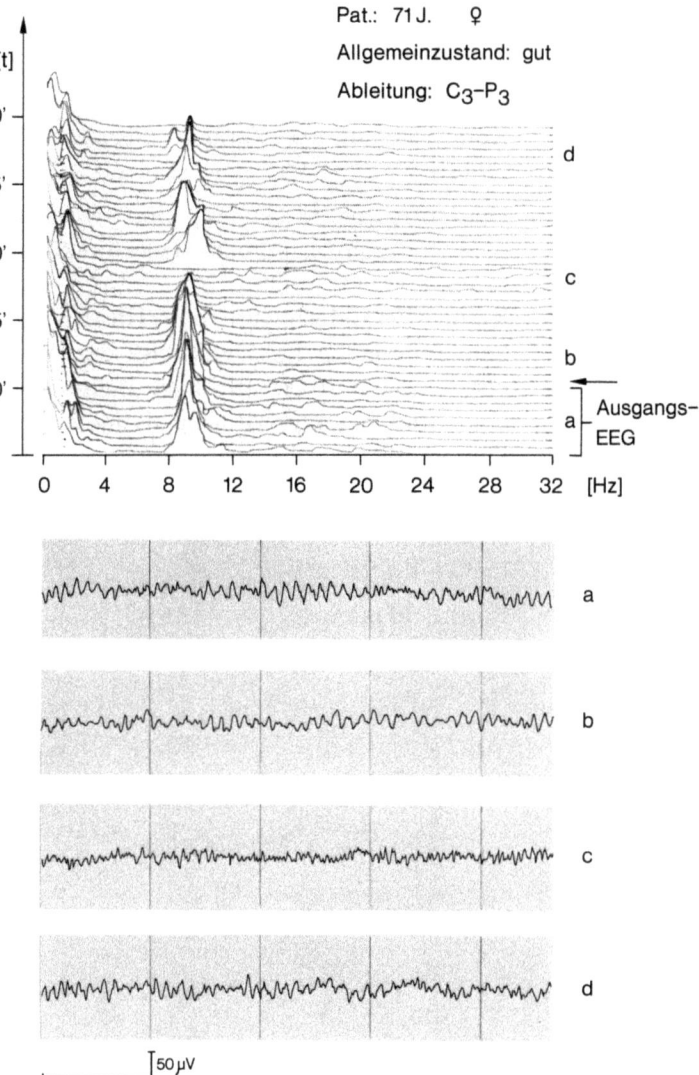

Pat.: 71 J.    ♀

Allgemeinzustand: gut

Ableitung: C₃–P₃

**Abbildung 112**

| | |
|---|---|
| Ausgangs-EEG | Verlangsamtes Alpha-EEG (6–9 Hz) mit hohem Delta-Anteil |
| Nach Medikation | Keine wesentliche Veränderung des Ausgangsbefundes |
| Beurteilung | Das Ausgangs-EEG stellt eine Normvariante dar oder ist durch verminderte Leberfunktion hervorgerufen. |
| | Keine Veränderungen des Hirnstrombildes. Im konventionellen EEG erscheint der Anteil der Alpha-Aktivität 10–15 min nach Pentazocin regelmäßiger und betonter zu sein als im Ausgangs-EEG. Dies würde einer Entspannung entsprechen |
| Ableitung | $C_Z$-$A_1$; Eichung: 50 µV = 7 mm; Reg. Geschw.: 30 mm/s; Filter: 70 Hz; ZK: 0,3 s; Spektralanalyse in 30-s-Epochen |
| Medikation | Fortral 30 mg i. v. |

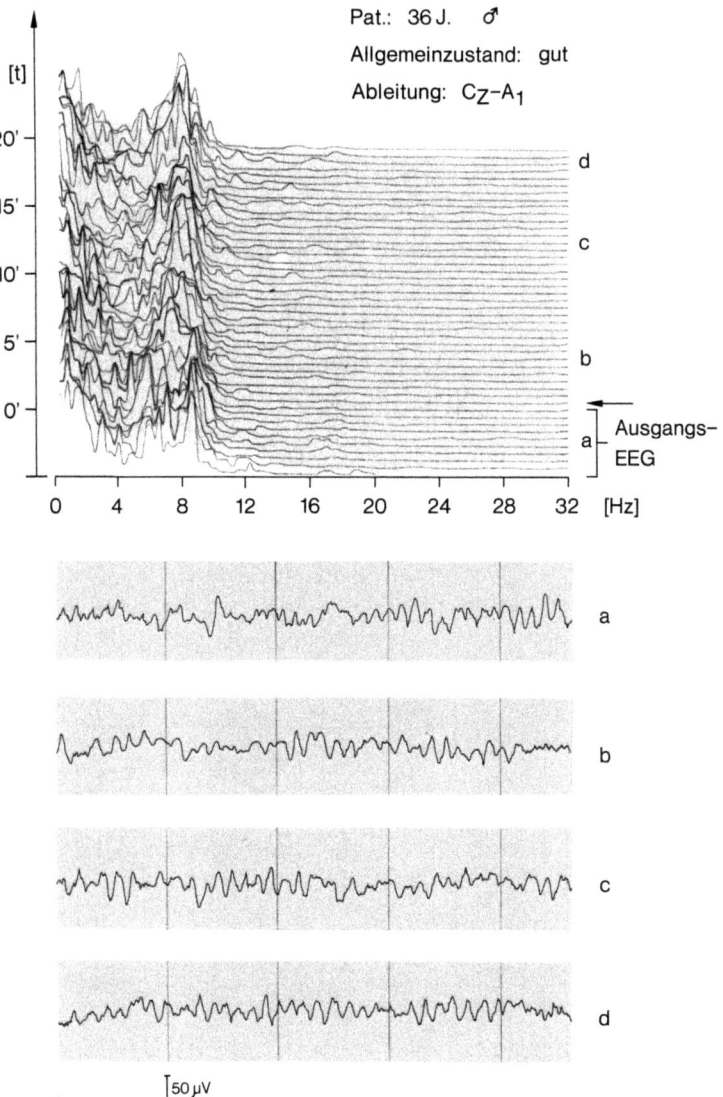

Pat.: 36 J. ♂

Allgemeinzustand: gut

Ableitung: $C_Z-A_1$

**Abbildung 113**

| | |
|---|---|
| Ausgangs-EEG | Alpha-EEG |
| Nach Medikation | Erhebliche Aktivitätssteigerung im Delta-Theta-Band (0,5–6 Hz) |
| Beurteilung | Es zeigt sich hier bei einem geriatrischen Patienten eine individuelle Überdosierung in Form von „narkotischen" EEG-Aktivitäten |
| Ableitung | $C_3$-$P_3$; Eichung: 50 µV = 7 mm; Reg. Geschw.: 30 mm/s; Filter: 70 Hz; ZK: 0,3 s; Spektralanalyse in 30-s-Epochen |
| Medikation | Fortral 30 mg i. v. |

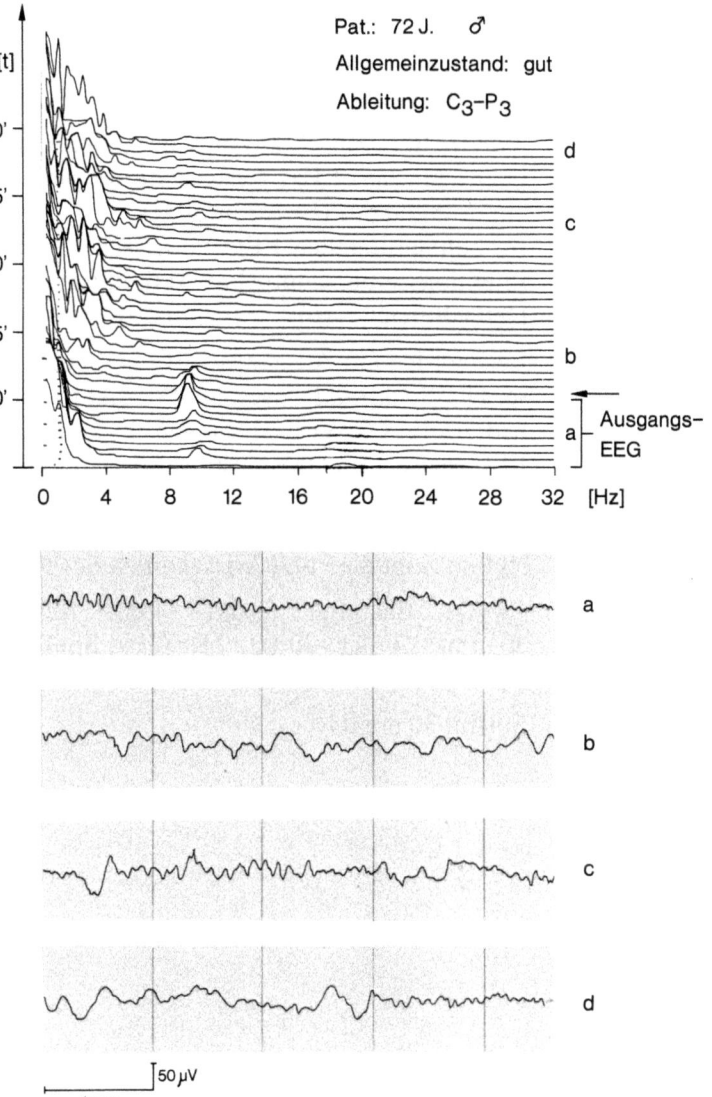

**Abbildung 114**

| | |
|---|---|
| Ausgangs-EEG | Unregelmäßiges verlangsamtes Ausgangs-EEG (0,5 –8 Hz) |
| Nach Medikation | Kurzfristige Einschränkung der oberen Grenzfrequenz um 0,5–1 Hz; sonst keine wesentlichen Veränderungen des Hirnstrombildes. Im konventionellen EEG findet sich 2–3 min nach Injektion eine deutliche Aktivitätszunahme des Delta-Bereiches (*b*) |
| Beurteilung | Beispiel für ein Ausgangs-EEG bei Cerebralsklerose. Die Spektralanalyse nach Medikation zeigt eine Sedierung. Die Veränderungen im konventionellen EEG weisen auf eine narkotische Wirkung der Pentazocininjektion hin. Die deutliche Rückbildungstendenz der EEG-Veränderungen 20 min nach Injektion zeigt die kurze Wirksamkeit des Pentazocin |
| Ableitung | $C_Z$-$A_1$; Eichung: 50 µV = 7 mm; Reg. Geschw.: 30 mm/s; Filter: 70 Hz; ZK: 0,3 s; Spektralanalyse in 30-s-Epochen |
| Medikation | Fortral 30 mg i. v. |

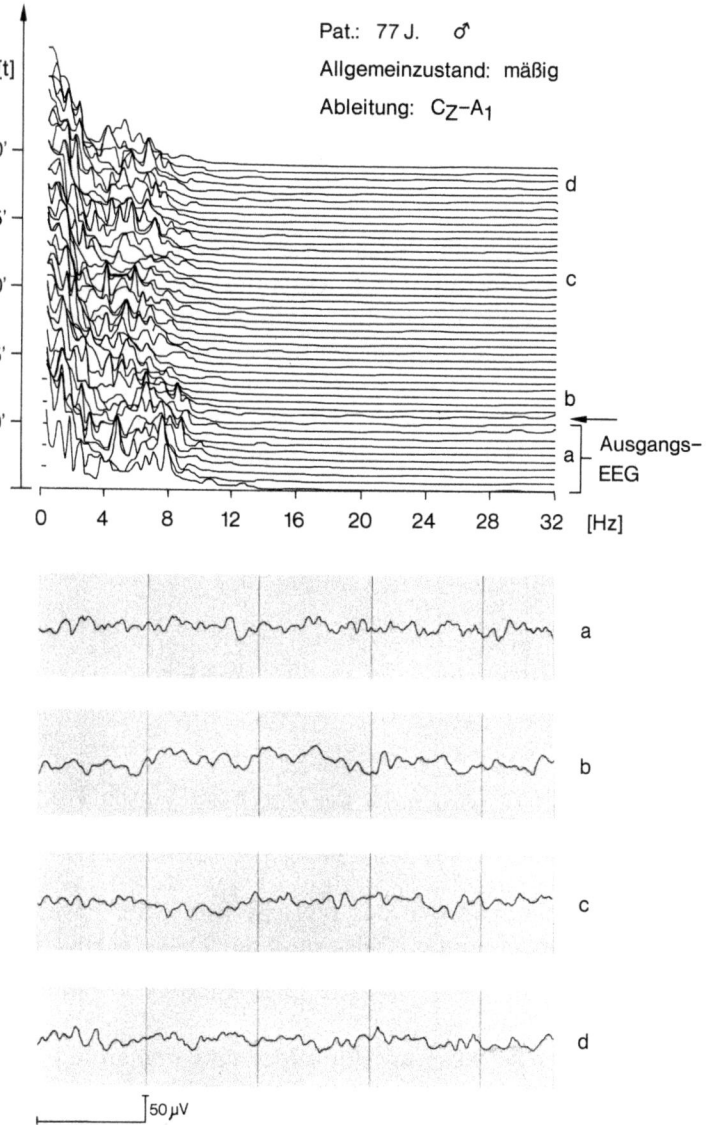

Pat.: 77 J.  ♂

Allgemeinzustand: mäßig

Ableitung: $C_Z$–$A_1$

# VII. Cerebrale Auswirkungen verschiedener anästhesiologischer und operativer Maßnahmen während einer Narkose

In Narkose können sowohl durch Phasen außergewöhnlicher Schmerzbelastung während der Operation (z. B. Operationsbeginn, Zug am Peritoneum) als auch durch anästhesiologische Routinemaßnahmen (Intubation, Einlegen einer Magensonde, Anlage zentralvenöser oder arterieller Zugänge) Frequenzzunahmen im EEG ausgelöst werden. Diese sprechen für eine reizbedingte Abflachung der Narkose. Plötzliche Frequenzabfälle im Steady state einer Narkose werden gelegentlich nach Gaben großer Mengen kalter Infusions- oder Transfusionslösungen beobachtet. (Keine Beispiele angeführt.) Sie sind als cerebrale Minderversorgung im Sinne einer Hypoxie zu deuten.

## Abbildung 115

**a** EEG-Bild einer Narkoseeinleitung mit Thiopental, Veränderungen durch *Intubation*.
Vor der Intubation zeigt sich das typische Bild einer Barbiturateinleitung. Bei Intubation beweisen die Abflachung der Delta-Theta-Aktivität und zusätzliches Auftreten schneller Frequenzen im Beta-Bereich eine Aufwachreaktion

**b** EEG-Bild einer Narkose mit Etomidat und Fentanyl, Legen einer *Magensonde*.
Frequenzen aus dem Delta-Theta-Bereich und der hohe Alpha-Anteil charakterisieren diese Narkoseform. Das Legen einer Magensonde (Manipulationen in Mund und Rachen) löst hier keine Änderungen der Hirnstromkurve aus

**c** EEG-Bild einer Narkose mit Etomidat und Fentanyl, Veränderung durch Einbringen eines *Vena-jugularis-interna-Katheters*.
Die vorherrschenden Frequenzen sind im Delta-Theta-Bereich und im Alpha-Band lokalisiert. Durch die Punktion der Vena jugularis interna wird eine Aufwachreaktion ausgelöst, die aus einer Abflachung und Frequenzzunahme besteht. Reduktion der Delta-Theta-Aktivität. Im weiteren Verlauf wieder Vertiefung der Narkose

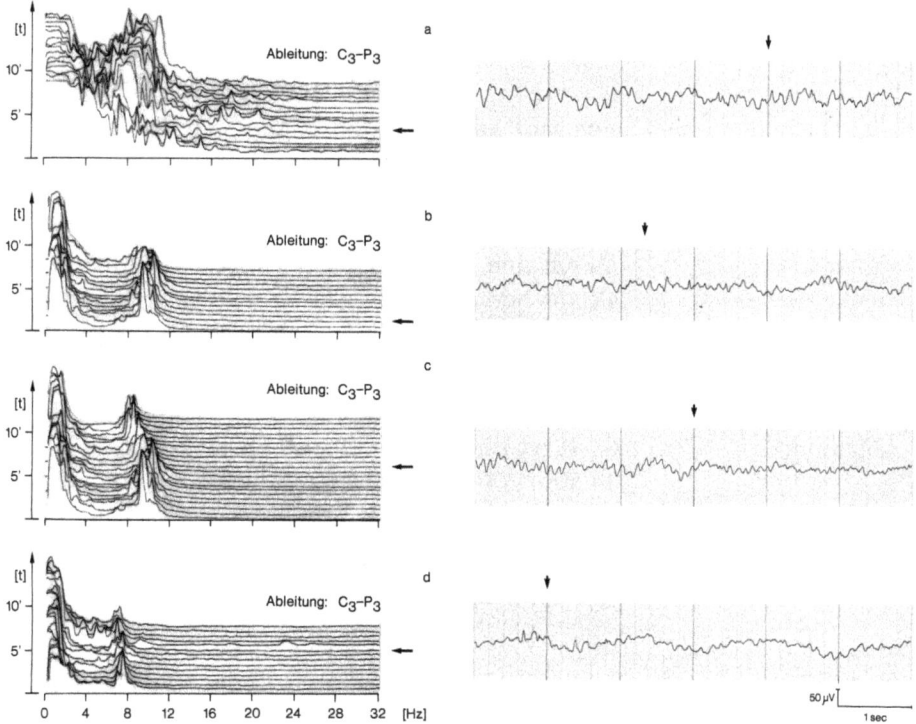

**d** EEG-Bild einer Etomidat-Fentanyl-Narkose, *Operationsbeginn.*
Das vorbestehende EEG-Bild, das durch hochamplitudige Delta- und nie-
deramplitudige Alpha-Wellen geprägt wird, wird durch den Beginn der
Operation (Hautschnitt) nicht verändert.

| Ableitung | $C_3$-$P_3$; Eichung: 50 μV = 7 mm; Reg. Geschw.: 30 mm/s; Filter: 70 Hz; ZK: 0,3 s; Spektralanalyse in 30-s-Epochen |
|---|---|

**Abbildung 116**

| | |
|---|---|
| Ausgangs-EEG | Niederspannungs-EEG |
| Beurteilung | Nach einer Narkoseeinleitung mit Etomidat zeigt sich kurz vor Operationsbeginn eine Spannungsabnahme bei Überwiegen von Frequenzen aus dem Delta-Theta-Bereich und niederamplitudiger Alpha-Aktivität.<br>Durch den *Hautschnitt* (⊙) wird eine Aufwachreaktion hervorgerufen, die an einem Spannungszuwachs im Alpha-Band und einer Frequenzbeschleunigung (zusätzliches Auftreten von Beta-Aktivität) zu erkennen ist |
| Ableitung | C₃-P₃; Eichung: 50 µV = 7 mm; Reg. Geschw.: 30 mm/s; Filter: 70 Hz; ZK: 0,3 s; Spektralanalyse in 30-s-Epochen |
| Medikation | Fentanyl 0,005 mg/kg KG<br>Hypnomidat 0,3 mg/kg KG |

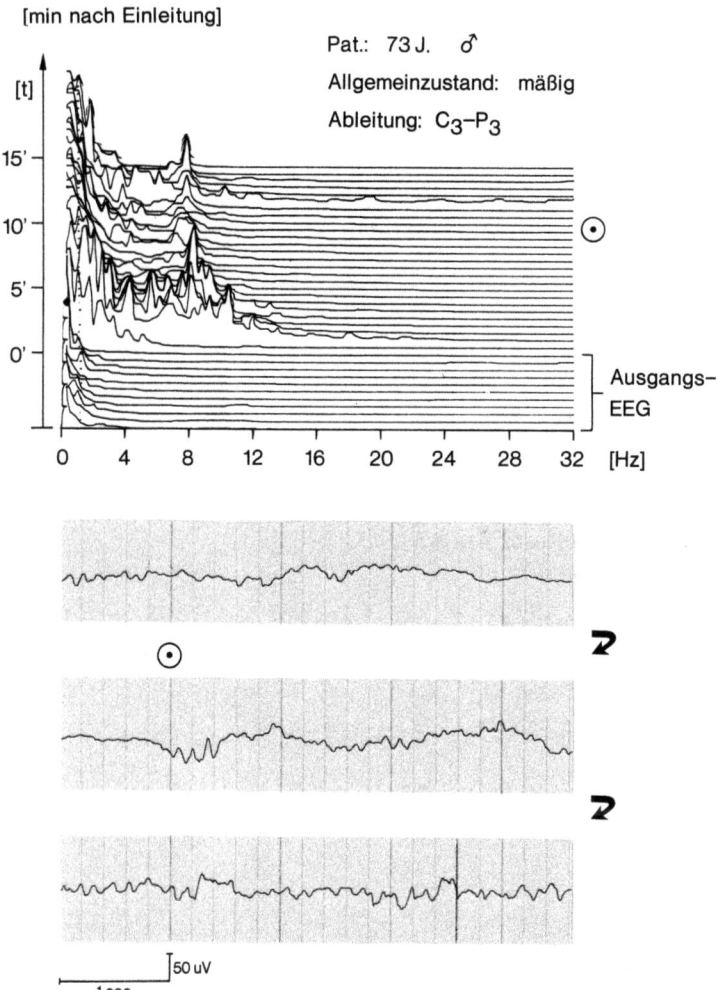

**Abbildung 117**

| | |
|---|---|
| Ausgangs-EEG | Alpha-EEG |
| EEG-Verlauf | Unter einer Ethranenarkose dominieren Delta-Theta-Frequenzen, zusätzlich treten 9-Hz-Wellen vermehrt auf. Bei *Zug am Peritoneum* (←) kommt es zu einem raschen Abbau der langsamen Frequenzen mit Alpha- und Beta-Ausprägung |
| Beurteilung | Intraoperativ Aufwachreaktion durch Zug am Peritoneum unter einer Ethranenarkose mittlerer Tiefe. Durch Trapanalgabe wird die auch klinisch auffällige Aufwachreaktion beendet |
| Ableitung | $C_3$-$P_3$; Eichung: $50 \mu V = 7$ mm; Reg. Geschw.: 30 mm/s; Filter: 70 Hz; ZK: 0,3 s; Spektralanalyse in 30-s-Epochen |
| Medikation | Trapanal 1 mg/kg KG |

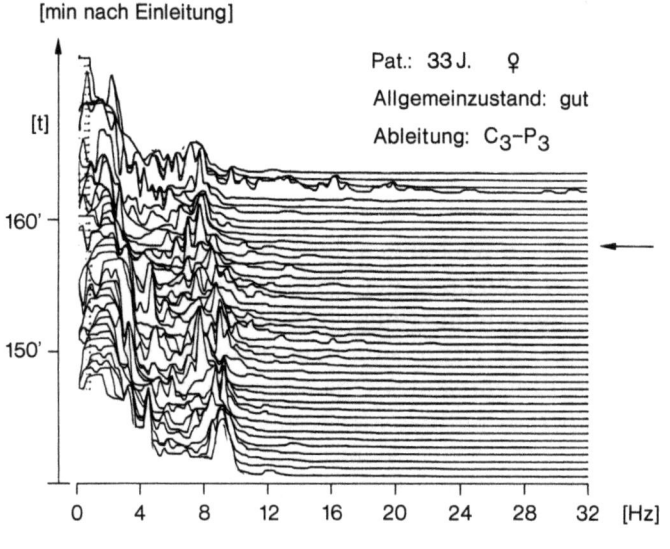

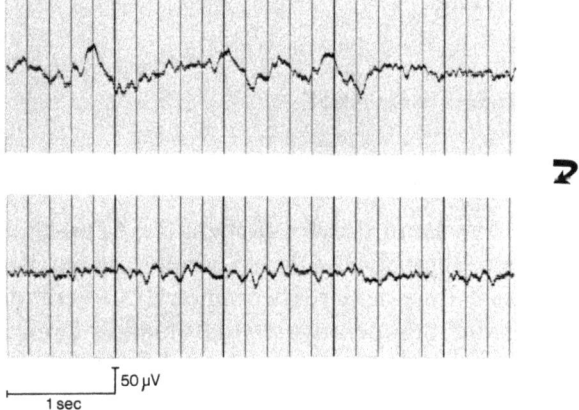

# VIII. Perioperative Einflüsse mit cerebraler Auswirkung

Streßsituationen führen zu Abweichungen der Grundaktivität im EEG. Sie manifestieren sich in einer Zunahme der Frequenzen im Beta-Band oder auch als allgemeine Spannungsminderung.

Phasen primärer cerebraler Depression oder sekundärer Mangelversorgung während kritischer Ereignisse des Operations- oder Narkoseverlaufs wie auch während postoperativ auftretender Komplikationen werden durch Intoxikationen, durch Störungen der Atemfunktion, duch Herz-Kreislauf-Krisen oder durch direkten Sauerstoffmangel hervorgerufen. Geringe Normabweichungen der jeweils entsprechenden Laborparamter führen im EEG zu Desynchronisation. Starke Normabweichungen bedingen Zeichen einer Synchronisation. Dabei entspricht die Zunahme der Frequenzreduktion dem Ausmaß der Störung.

## 1. Auswirkungen von präoperativem Streß

**Abbildung 118**

**a** Ein EEG vom Alpha-Typ kann durch präoperative Angst und Anspannung zu einem „partiellen Beta-EEG" durch Vermehrung der Beta-Aktivität verändert werden (Erste Stufe der streßbedingten EEG-Veränderung).

**b** Ein stärkerer Einfluß der präoperativen Streßsituation kann sogar zur völligen Unterdrückung der primären Grundaktivität führen und durch starke Spannungsverminderung und Beta-Aktivierung ein Niederspannungs-EEG vortäuschen (Zweite Stufe der streßbedingten EEG-Veränderung)

a

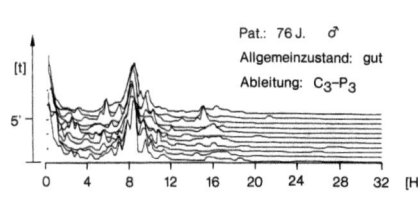

Pat.: 76 J.   ♂
Allgemeinzustand:  gut
Ableitung:  $C_3$–$P_3$

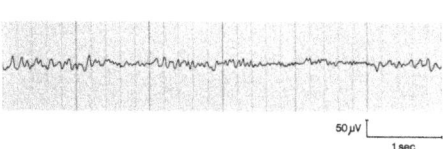

50 µV

1 sec

b

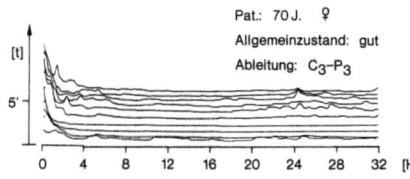

Pat.: 70 J.   ♀
Allgemeinzustand:  gut
Ableitung:  $C_3$–$P_3$

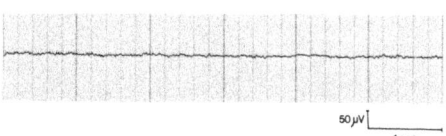

50 µV

1 sec

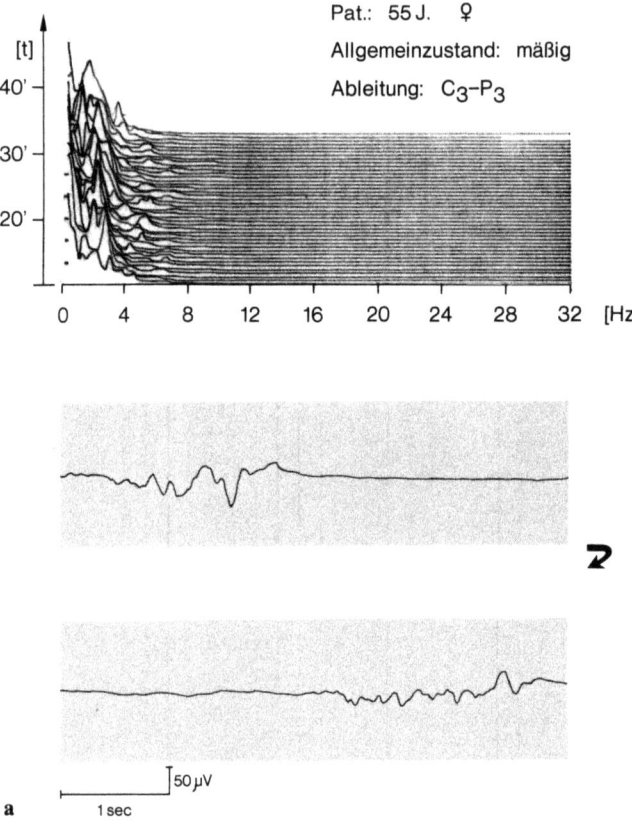

a

## 2. Accidentelle Intoxikationen durch Narkotika

**Abbildung 119 a, b**

| | |
|---|---|
| Klinik- und EEG-Befunde | **a** Narkose durch kontinuierliche Zufuhr von Etomidat im Perfusor. 10 min nach Narkoseeinleitung herrscht eine hohe Delta-Aktivität mit B-S-Phasen vor.<br>**b** Die Delta-Aktivität wird im weiteren Verlauf immer mehr supprimiert, es resultiert ein Nullinien-EEG bei voll erhaltenen vegetativen Funktionen |
| Beurteilung | Etomidat-Intoxikation bei accidenteller Überdosierung. Auftreten eines Nullinien-EEG bei unauffälliger klinischer Symptomatik |
| Ableitung | $C_3$-$P_3$; Eichung: 50 $\mu$V = 7 mm; Reg. Geschw.: 30 mm/s; Filter: 70 Hz; ZK: 0,3 s; Spektralanalyse in 30-s-Epochen |

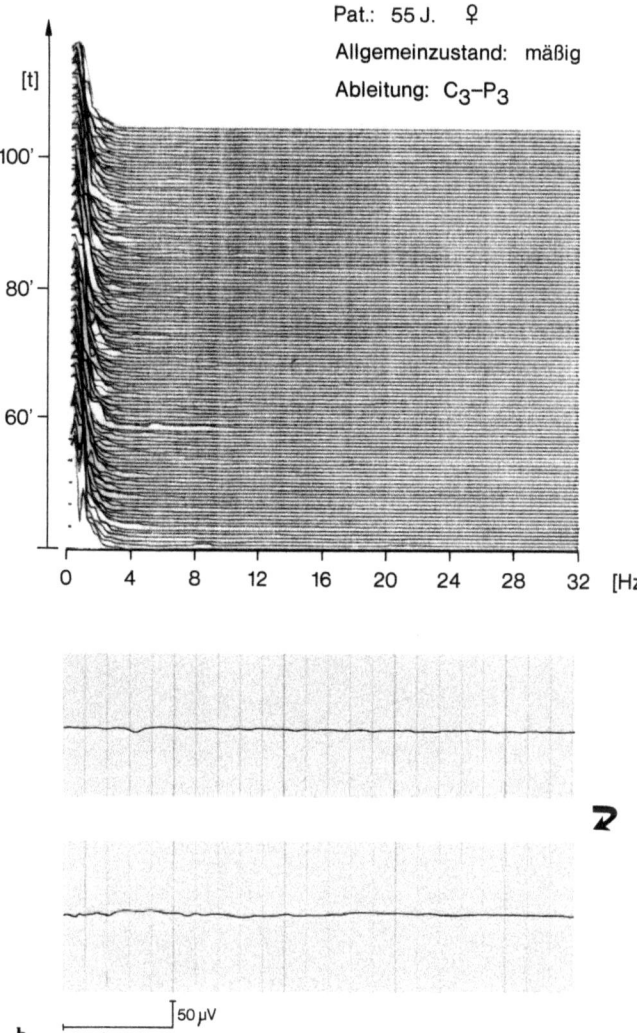

**Abbildung 120**

| | |
|---|---|
| Klinik- und EEG-Befunde | Unter der Narkoseeinleitung mit Thiopental in körpergewichtsbezogener Dosierung wird sehr schnell ein tiefes Narkosestadium erreicht (*a*) und im weiteren Verlauf bis zum Auftreten eines Nullinien-EEG durchschritten (*b*). Ohne weitere Narkosemittelzufuhr ist dieser Zustand schnell reversibel (*c*). Es resultiert ein unregelmäßiges EEG, das dem präoperativen Ausgangsbefund entspricht (*d*) |
| Beurteilung | Individuelle Barbituratüberdosierung bei hohem Alter und mäßigem Allgemeinzustand |
| Ableitung | $C_3$-$P_3$; Eichung: 50 µV = 7 mm; Reg. Geschw.: 30 mm/s; Filter: 70 Hz; ZK: 0,3 s; Spektralanalyse in 30-s-Epochen |
| Medikation | Trapanal 3 mg/kg KG |

Pat.: 85 J. ♂

Allgemeinzustand: mäßig

Ableitung: $C_3-P_3$

a
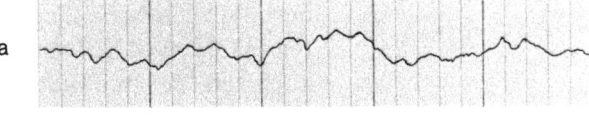

b
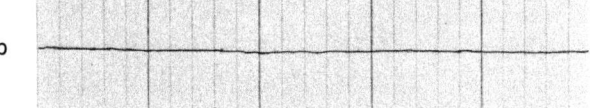

c
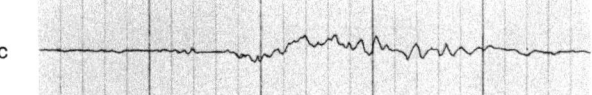

d
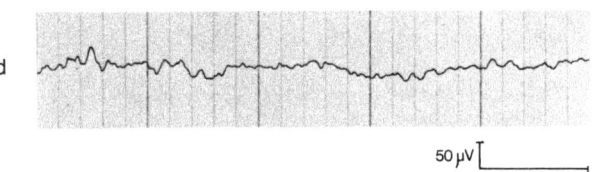

50 µV

1 sec

**Abbildung 121**

| | |
|---|---|
| Klinik- und EEG-Befund | Bei inadäquater Narkosetiefe, erkenntlich an der Aktivierung im Alpha- und Beta-Bereich (*a*), wird Thiopental zur Vertiefung verabfolgt. Rasch resultiert eine cerebrale Depression mit späten B-S-Phasen (*b*). Nach Abklingen der akuten Thiopentalwirkung zeigt sich ein unregelmäßiges EEG (*c*) |
| Beurteilung | Bei – auch nach klinischen Kriterien – zu flacher Narkose führt eine Bolusinjektion von Thiopental zu kurzfristigen Überdosierungserscheinungen |
| Ableitung | $C_3$-$P_3$; Eichung: 50 µV = 7 mm; Reg. Geschw.: 30 mm/s; Filter: 70 Hz; ZK: 0,3 s; Spektralanalyse in 30-s-Epochen |
| Medikation | Trapanal 100 mg als Bolus-Injektion |

Pat.: 73 J.    ♀

Allgemeinzustand:  gut

Ableitung:  C$_3$–P$_3$

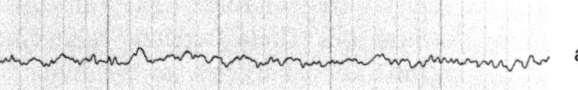

a

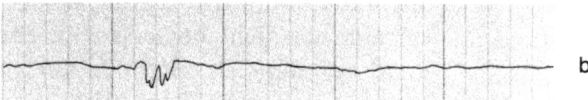

b

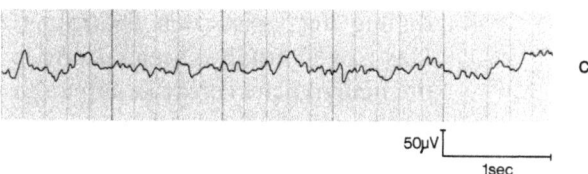

c

50µV

1sec

## 3. Respiratorisch bedingte cerebrale Mangelzustände

### Abbildung 122

| | |
|---|---|
| Ausgangslage | Das unregelmäßige EEG von 0,5–8 Hz mit Dominanz des Theta-Bereichs zeigt eine oberflächliche Inhalationsnarkose im beginnenden Aufwachstadium |
| Verlauf und Beurteilung | Beim Übergang der kontrollierten Beatmung zur Spontanatmung tritt für die Dauer von ca. 10 min ein klinisch nicht bemerkter cerebraler Mangelzustand auf, der sich durch die abrupte Frequenzverlangsamung im EEG deutlich zeigt. Der respiratorisch bedingte cerebrale Sauerstoffmangel ist vermutlich auf die Relaxansgabe ca. 15 min vor Beendigung der assistierten Beatmung zurückzuführen. Das EEG-Verhalten signalisierte in diesem Beispiel die bedenkliche cerebrale Situation vor anderen klinisch bemerkbaren Alarmzeichen |
| Ableitung | $C_Z$-$A_1$; Eichung: 50 μV = 7 mm; Reg. Geschw.: 30 mm/s; Filter: 70 Hz; ZK: 0,3 s; Spektralanalyse in 30-s-Epochen |
| Medikation | Barbituratinduzierte Ethranenarkose (0,8 Vol%) mit $N_2O/O_2$ (3 : 1) und Relaxation |

Pat.: 35 J. ♂

Allgemeinzustand: gut

Ableitung: $C_Z-A_1$

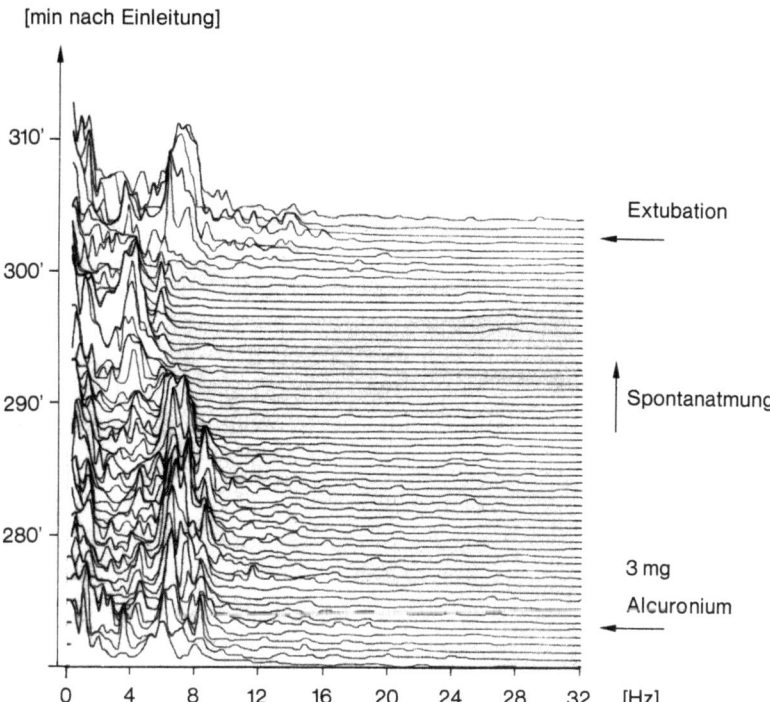

**Abbildung 123 A–C**

| | |
|---|---|
| Ausgangslage | Nach Antagonisierung eines Fentanylüberhangs durch Naloxon (*a*) resultiert unter kontrollierter Beatmung ein unregelmäßiges EEG von 0,5–12 Hz mit leichter Beta-Beteiligung. Die dominante Frequenz liegt im Theta-Band |
| Verlauf und Beurteilung | Beim Übergang zur Spontanatmung (*b*) sinken als Zeichen des respiratorisch bedingten cerebralen Sauerstoffmangels die Amplituden der vorhandenen Frequenzbänder ab. |
| | Unter Ventilation mit reinem Sauerstoff (*c*) steigt die Gesamtspannung sofort wieder an. Das noch vorhandene tiefe Narkosestadium ist aus dem Überwiegen der Delta- und Theta-Anteile ersichtlich. |
| | Auch in diesem Beispiel ist der Frequenz- und Spannungsverlauf der cerebralen Aktivität ein ausgezeichnetes Beurteilungskriterium zur Einschätzung der aktuellen klinischen Situation und geht klinischen Parametern voraus |
| Ableitung | $C_3$-$P_3$; $C_Z$-$A_1$; Eichung: 50 µV = 7 mm; Reg. Geschw. 30 mm/s; Filter: 70 Hz; ZK: 0,3 s; Spektralanalyse in 2-s-Epochen |
| Medikation | Naloxon 0,4 mg |

## Auswirkung von Hypoventilation auf die cerebrale Funktion

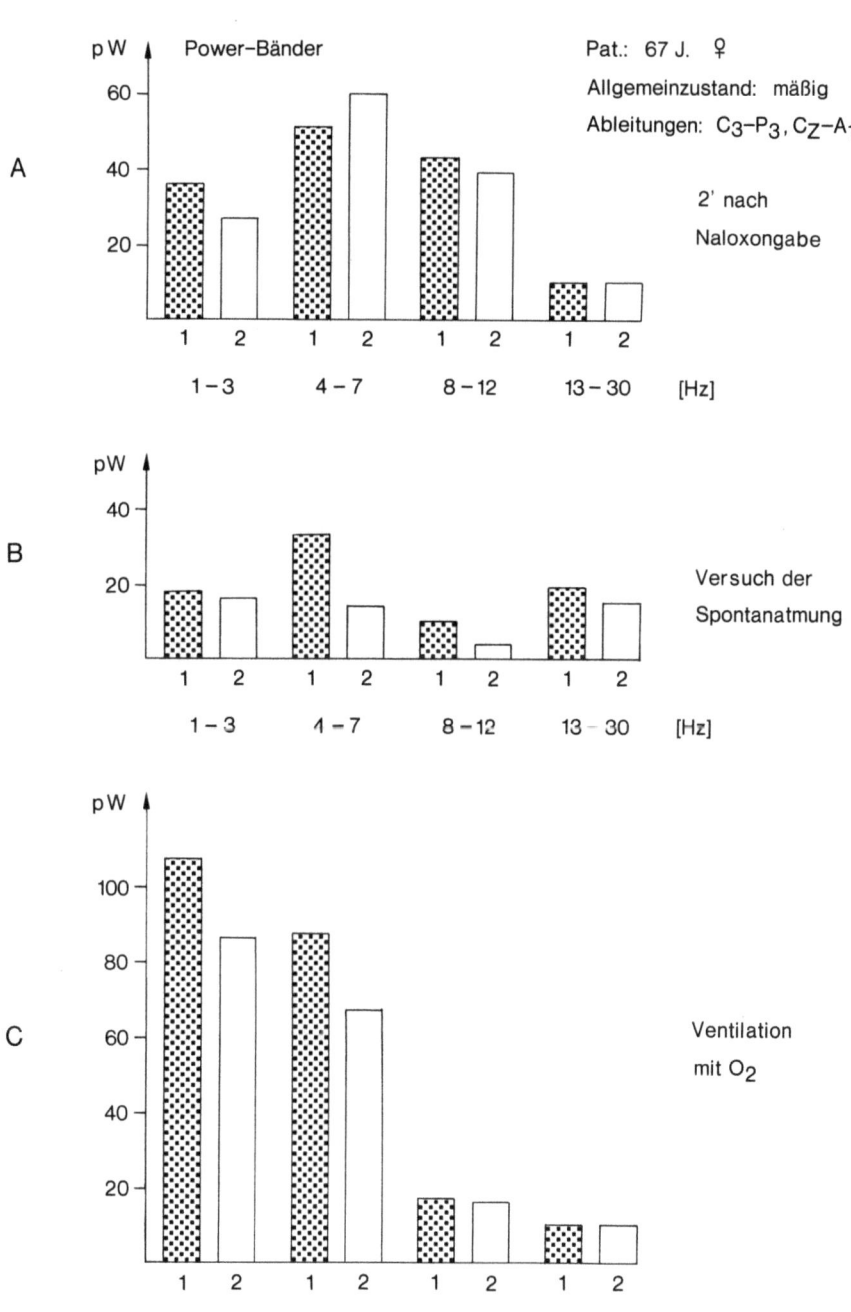

## 4. Zirkulatorisch bedingte cerebrale Mangelzustände

### Abbildung 124 a, b

| | |
|---|---|
| Ausgangslage | **a** Das unregelmäßige EEG (0,5–16 Hz) mit Betonung des Delta-Theta-Bereichs ist Äquivalent einer oberflächlichen Inhalationsnarkose (Guedel-Stadium $III_1$).<br>**b** Hier liegt ebenfalls während einer Inhalationsnarkose ein unregelmäßiges EEG vor. Die Frequenzverteilung reicht jedoch nur bis zu 10 Hz mit dominanten Frequenzen von 2–6 Hz. Dies spricht für ein tieferes Narkosestadium (Guedel-Stadium $III_2$) |
| Verlauf und Beurteilung | Durch unvorhergesehenen intraoperativen Blutverlust jeweils Abfall des arteriellen Mitteldrucks auf 70 mm Hg bei ähnlichen patientenbezogenen Ausgangsbedingungen in der mit ] gekennzeichneten Zeitspanne. Während unter oberflächlicher Narkose (*a*) eine starke Frequenzverlangsamung die cerebrale Mangelsituation signalisiert, bleiben unter tieferer Narkose (*b*) Zeichen einer cerebralen Notsituation aus. Dies dürfte einerseits auf das tiefere Narkosestadium zurückzuführen sein, dem infolge der gleichzeitigen cerebralen Stoffwechselsenkung eine gewisse hirnprotektive Wirkung zuerkannt werden kann, als auch auf individuelle cerebrale Empfindlichkeiten gegenüber Mangelzuständen, die primär nicht vorauszusehen sind, sondern sich nur durch eine kontinuierliche EEG-Überwachung verifizieren lassen |
| Ableitung | **a** $C_Z$-$A_1$; **b** $C_Z$-$A_1$; Eichung: 50 µV = 7 mm; Reg. Geschw.: 30 mm/s; Filter: 70 Hz; ZK: 0,3 s; Spektralanalyse in 30-s-Epochen |
| Medikation | Barbituratinduzierte Ethranenarkose (**a** 0,4–0,6 Vol%, **b** 1,0–1,5 Vol%) mit $N_2O/O_2$ (3:1) und Relaxation |

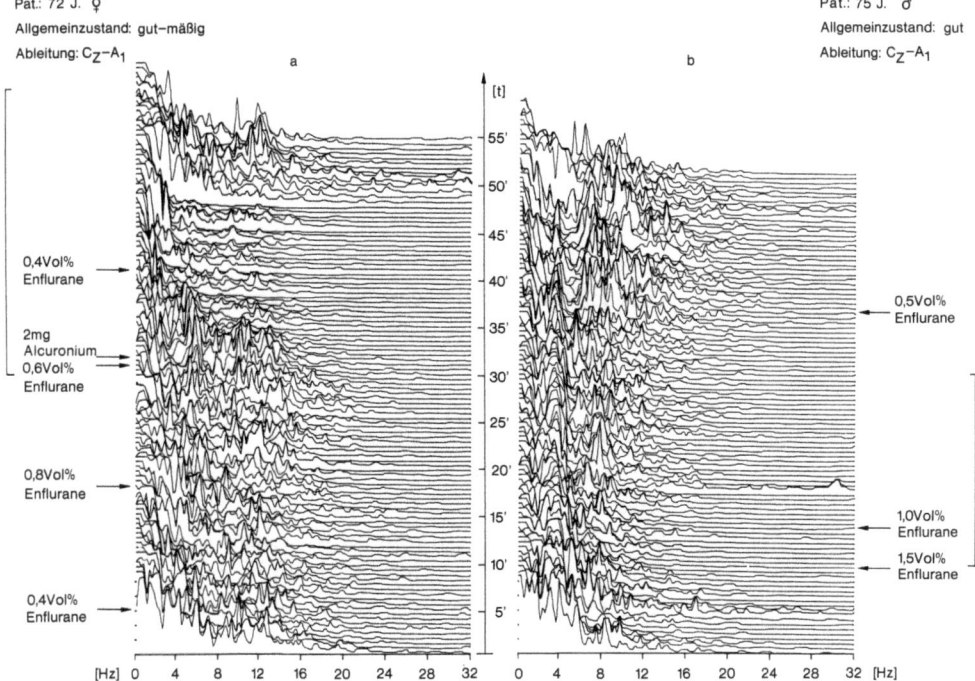

Pat.: 72 J. ♀
Allgemeinzustand: gut–mäßig
Ableitung: $C_Z$–$A_1$

a

[t]

Pat.: 75 J. ♂
Allgemeinzustand: gut
Ableitung: $C_Z$–$A_1$

b

0,4Vol%
Enflurane

55'

50'

45'

40'

2mg
Alcuronium
0,6Vol%
Enflurane

35'

30'

0,5Vol%
Enflurane

0,8Vol%
Enflurane

25'

20'

15'

1,0Vol%
Enflurane

0,4Vol%
Enflurane

10'

5'

1,5Vol%
Enflurane

[Hz] 0  4  8  12  16  20  24  28  32          0  4  8  12  16  20  24  28  32  [Hz]

**Abbildung 125**

| | |
|---|---|
| Ausgangs-EEG | Alpha-EEG mit Beta-Beteiligung (altersentsprechender Befund) |
| Verlauf und Beurteilung | Intraoperativ zeigt das unregelmäßige EEG mit hoher Theta-Tätigkeit das Stadium einer mittleren Narkosetiefe (III$_2$) an. Nach unerwartetem starkem intraoperativem Blutverlust fällt der systolische Blutdruck unter 70 mm Hg. Das EEG zeigt die cerebrale Hypoxie durch späte B-S-Phasen in der konventionellen Ableitung und extreme Abflachung und Frequenzverlangsamung in der Spektralanalyse an. Die Pupillen der Patientin sind weit und lichtstarr. Neben Volumenzufuhr zur Regulierung der Kreislaufverhältnisse erfolgt eine Vertiefung der Narkose durch Thiopental mit dem Ziel der cerebralen Stoffwechselsenkung sowie eine Cortisontherapie zur Membranstabilisierung und Ödemprophylaxe. Unter Volumensubstitution und hirnprotektiver Therapie erfolgt eine gewisse cerebrale Erholung. Am Ende der Operation zeigt das EEG bei verbesserter Kreislaufsituation niederamplitudige, sehr unregelmäßige Theta-Aktivität. Die Pupillen sind mittelweit und reagieren auf Licht. Nachbehandlung auf Intensivstation |
| Ableitung | C$_3$-P$_3$; Eichung: 50 µV = 7 mm; Reg. Geschw.: 30 mm/s; Filter: 70 Hz; ZK: 0,3 s; Spektralanalyse in 30-s-Epochen |
| Medikation | Etomidatbasisnarkose mit N$_2$O/O$_2$ (3:1) und Relaxation |

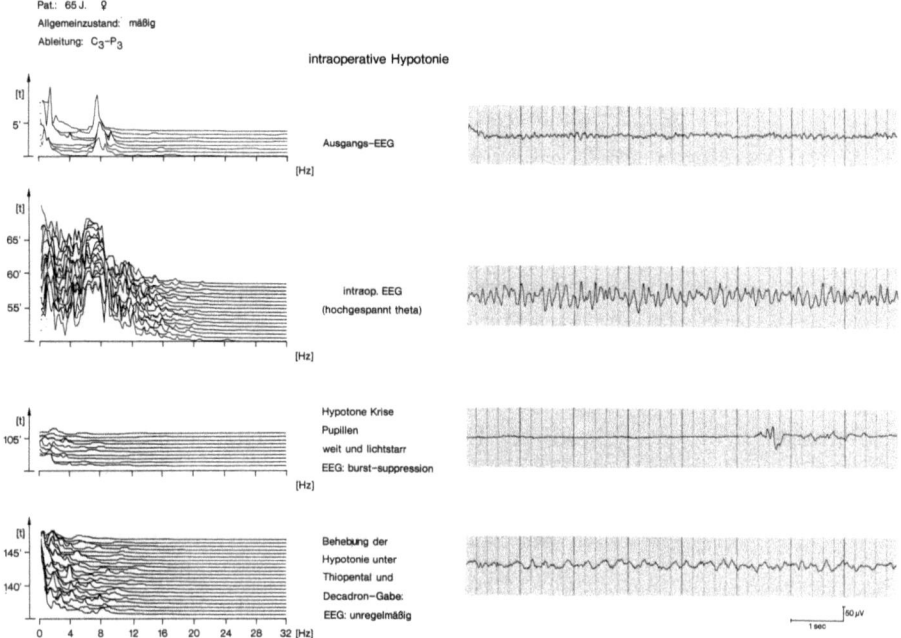

Pat.: 65 J.  ♀
Allgemeinzustand:  mäßig
Ableitung:  $C_3$-$P_3$

intraoperative Hypotonie

Ausgangs-EEG

intraop. EEG
(hochgespannt theta)

Hypotone Krise
Pupillen
weit und lichtstarr
EEG: burst-suppression

Behebung der
Hypotonie unter
Thiopental und
Decadron–Gabe:
EEG: unregelmäßig

50 μV
1 sec

**Abbildung 126**

| | |
|---|---|
| Ausgangs-EEG | Alpha-EEG |
| Klinische Situation | Während einer Inhalationsnarkose mittlerer Tiefe treten ausgedehnte operative Blutverluste auf, die nicht adäquat substituiert werden können. Der Blutdruckabfall (70 mm Hg systolisch) bewirkt eine Depression der cerebralen Funktion. Die Pupillen sind mittelweit und lichtstarr. Nach ausreichendem Volumenersatz und Kreislaufstabilisierung werden die Pupillen wieder eng. Postoperative Nachbeatmung auf der Intensivstation |
| EEG-Befund und Beurteilung | Unter einer Inhalationsnarkose zeigt sich ein unregelmäßiges EEG mit hohem Theta-Anteil (*a*). Die hypotone Krise führt zum Auftreten von B-S-Phasen mit langen isoelektrischen Abschnitten (*b*). Nach Behebung der Hypotonie ist das EEG wieder unregelmäßig, diesmal mit einem hohen Alpha-Anteil. Die gute Erholung der cerebralen Funktion ist daraus ersichtlich |

Pat.: 49 J.   ♂

Allgemeinzustand: mäßig

Ableitung:  $C_3$–$P_3$

Hypotone Krisen intraop.

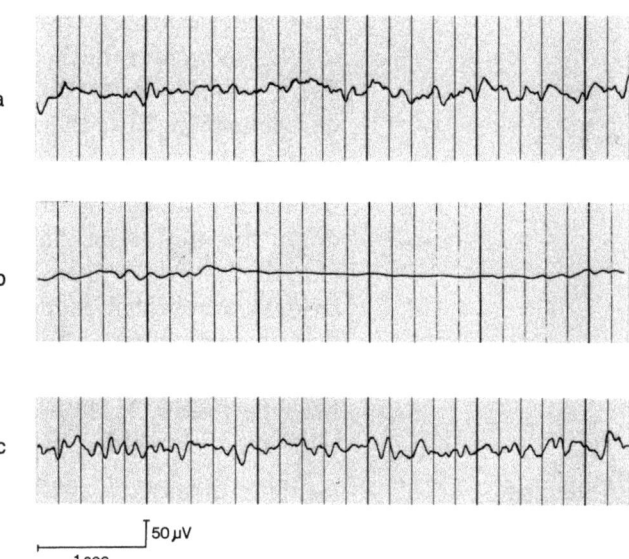

a

b

c

⌐ 50 μV

├─────────┤
  1 sec

**Abbildung 127**

| | |
|---|---|
| Klinik und<br>EEG-Befund | Während einer Kombinationsnarkose mit Ethrane, Fentanyl und Etomidat treten durch intraoperative Reize gehäufte, hämodynamisch wirksame ventrikuläre Extrasystolen auf.<br>Die überwiegende Theta- und Alpha-Aktivität (*a*) wird unterdrückt, es treten frühe B-S-Phasen auf (*b*). Diese werden nach erfolgreicher Therapie der Extrasystolie wieder durch das vorhergegangene unregelmäßige EEG ersetzt (*c*) |
| Beurteilung | Eine anamnestisch bekannte Extrasystolie wird intraoperativ in einem oberflächlichen Narkosestadium manifest. Die hämodynamisch wirksamen Herzrhythmusstörungen führen hier zu einer kurzfristigen cerebralen Mangelversorgung, die sich in B-S-Phasen äußert. Antiarrhythmische Therapie normalisiert die Herzfunktion und damit die cerebrale Perfusion. Auch hier wird die cerebrale Notsituation nur durch den EEG-Befund dokumentiert |
| Ableitung | $C_3$-$P_3$; Eichung: 50 µV = 7 mm; Reg. Geschw.: 30 mm/s; Filter: 70 Hz; ZK: 0,3 s; Spektralanalyse in 30-s-Epochen |

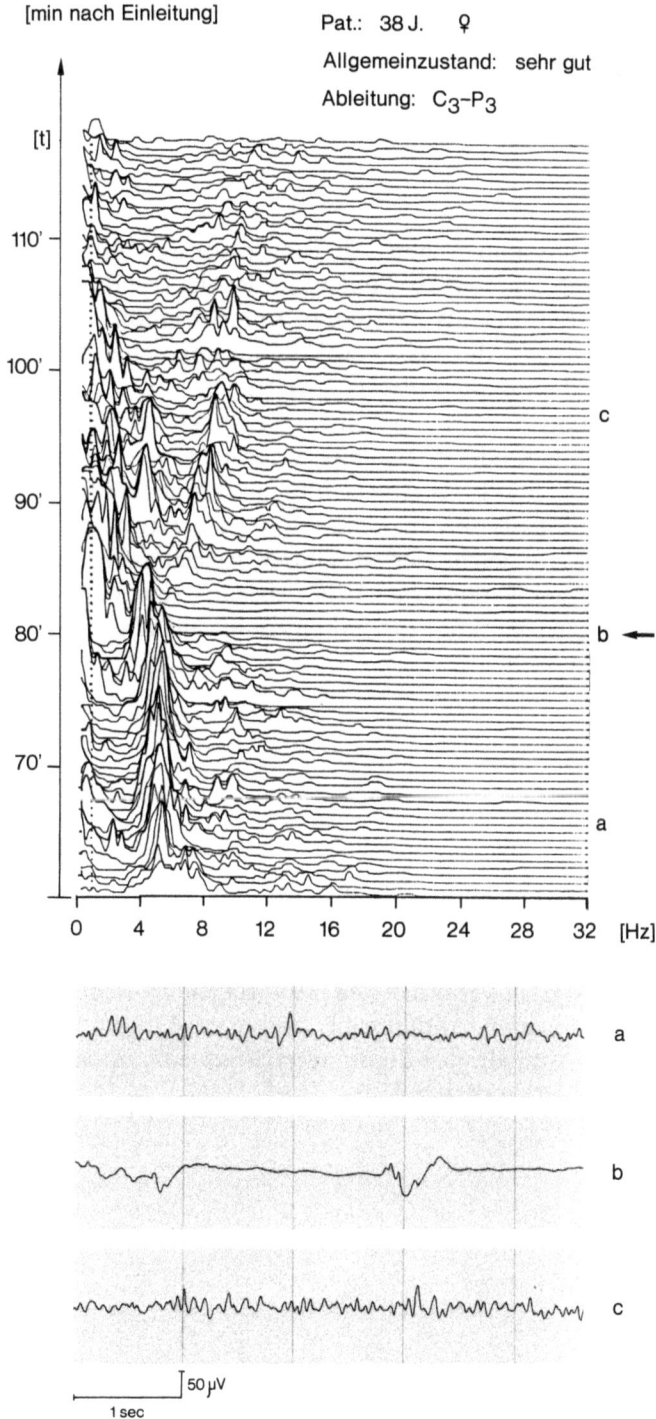

# IX. Spezielle Gesichtspunkte für die Beurteilung der cerebralen Funktion bei geriatrischen Patienten

Während der physiologischen Alterungsprozesse ändert sich die EEG-Grundaktivität. Nach dem 50. Lebensjahr ist ein Trend zu schnelleren Aktivitäten vorhanden, der als cerebraler Kompensationsmechanismus gegen ein erstes Nachlassen der geistigen Vitalität angesehen wird. Es folgt eine Abnahme der dominanten Ausgangsfrequenz um 1–2 Hz. Intellektueller Leistungsabfall bis zu geistigen Fehlleistungen korrelieren im höheren Alter mit unregelmäßigen oder sogar langsamen EEG-Frequenzen. Als Ursache der altersabhängigen EEG-Abweichungen gelten cerebrale Stoffwechsel- und Durchblutungsstörungen. Somit weisen geriatrische Patienten neben Normbefunden mit leicht verlangsamter Ausgangsfrequenz um ca. 8 Hz vielfach einen stark veränderten EEG-Ausgangsstatus auf, der Abweichungen des cerebralen Funktionsverhaltens unter anästhesiologischen Behandlungen nach sich zieht.

## 1. EEG-Ausgangsstatus

### Abbildung 128

Wie in Kapitel A.IV. bereits beschrieben, zeigt das präoperative Ausgangs-EEG im eigenen geriatrischen Krankengut (n = 250 > 70 Jahre) in ca. 47% EEG-Normabweichungen von unterschiedlichem Ausmaß. Hiervon sind ca. 28% pathologisch verändert, ca. 19% zeigen Zwischenstufen cerebraler Funktionsstörungen an. Andererseits sind in ca. 49% ein ungestörtes Alpha-EEG mit leicht erniedrigter dominanter Frequenz, in ca. 4% (nicht aufgeführt) Normvarianten vorhanden

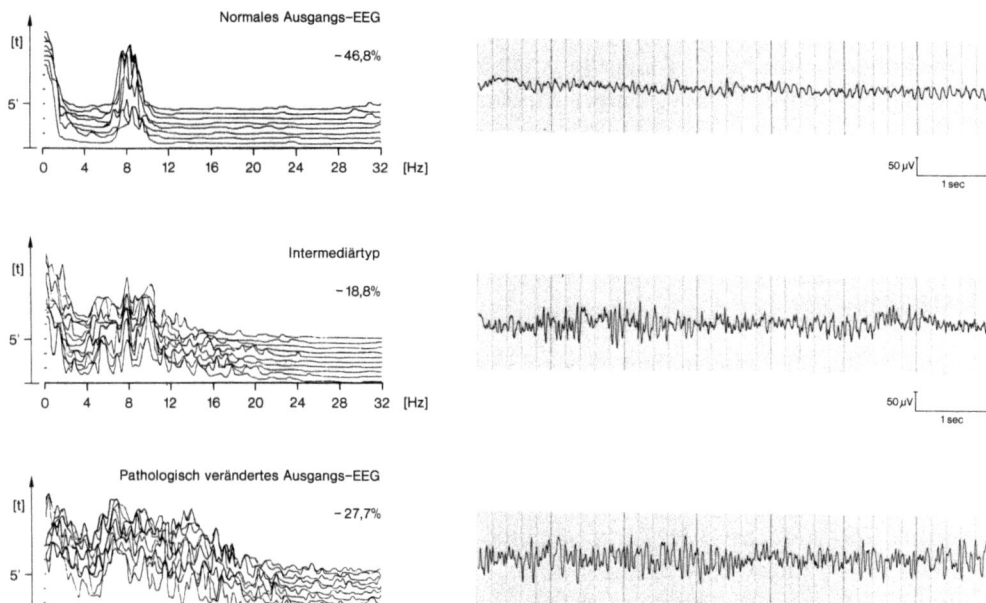

## 2. Cerebrales Reaktionsverhalten

Im höheren Alter sind generelle Abweichungen des cerebralen Reaktions-
verhaltens auf die Gabe zentral wirksamer Pharmaka regelmäßig vorhanden. Sie sind durch eine Aktivierungsschwäche in schnellen Frequenzbereichen gekennzeichnet. Arzneimittelwirkungen sind bei gewichtsbezogener
Dosierung stärker und länger anhaltend.

## Abbildung 129

Jenseits des 70. Lebensjahres weisen 97% der Patienten mit Normausgangs-
EEG (n = 100) das cerebrale Verhaltensmerkmal verminderter Beta-Aktivierung in unterschiedlicher Ausprägung auf. In der anästhesiologischen
Praxis wird unter EEG-Monitorkontrolle die Verminderung bzw. der Verlust der Beta-Aktivierung besonders deutlich bei der Wahl solcher Narkose-
mittel, die zunächst oder hauptsächlich zu einer Frequenzvermehrung im
Beta-Band führen (z. B. Barbiturate).
Bei pathologischem Ausgangs-EEG zeigen sich gewöhnlich insgesamt ver-
minderte und/oder veränderte Reaktionen von Frequenz und Amplitude
auf Einflüsse von Anästhetika und Anästhesieadjuvantien bis hin zur
gleichförmigen stereotypen Reaktion des altersveränderten Gehirns auf unterschiedlich cerebral wirksame Narkotika. Die Reaktion der Synchronisation als Zeichen cerebraler Mangelsituationen bleibt gewöhnlich erhalten

# Altersveränderungen der cerebralen Reaktion

↓ der Aktivierungsmöglichkeit in schnellen Frequenzbereichen
(Beta–Abnahme)

↓ der Gesamtleistung
(auf Kosten der Leistung in höheren Frequenzbereichen)

↓ der mittleren Frequenz

**Abbildung 130 A–C**

Prämedikationswirkung einer i. v.-Gabe von Pethidin:

**A** Wirkungsweise und Wirkungsdauer bei Patienten zwischen 20–50 Jahren:

| | |
|---|---|
| Ausgangs-EEG | Alpha-EEG |
| Nach intravenöser Applikation | Die Alpha-Ausgangsfrequenz wird zunächst für die Zeitdauer von ca. 15 min völlig unterdrückt. Es folgt eine Reaktivierung zu einem hochamplitudigen zweigipfligen Peak zwischen 10 und 14 Hz mit gleichzeitiger Aktivierung langsamer Frequenzen. Diese in der 32. min voll ausgebildete Frequenzverteilung hält im Überwachungszeitraum (bis zur 60. min) an |
| Beurteilung | Charakteristische Reaktion auf die i. v.-Gabe von Pethidin. Die Alpha-Reduktion entspricht einem Stadium der Analgesie, wie es auch zu Beginn einer Inhalationsnarkose auftritt. Über ein Zwischenstadium hat sich bis zur 35. Minute ein EEG entwickelt, das einem Zustand von Euphorie (10- bis 14-Hz-Peak) mit gleichzeitiger starker Sedierung (0,5- bis 4-Hz-Aktivierung) entspricht |

**B** Wirkungsweise und Wirkungsdauer bei geriatrischen Patienten mit normalem Ausgangs-EEG:

| | |
|---|---|
| Ausgangs-EEG | Alpha-EEG |
| Nach intravenöser Applikation | Reduktion der Alpha-Aktivität, Zunahme an Aktivität im Delta-Bereich |
| Beurteilung | Die starke, bis zur 240. min im EEG unverändert anhaltende Pethidin-Wirkung entspricht einem mittleren Narkosestadium. Sie demonstriert die starke und langdauernde Medikamentwirkung im hohen Alter |

**C** Wirkungsweise bei geriatrischen Patienten mit pathologischem Ausgangs-EEG

| | |
|---|---|
| Ausgangs-EEG | Unregelmäßiges EEG |
| Nach intravenöser Applikation | Leichte Einschränkung der oberen Grenzfrequenz. Spannungsreduktion im Beta-Bereich |

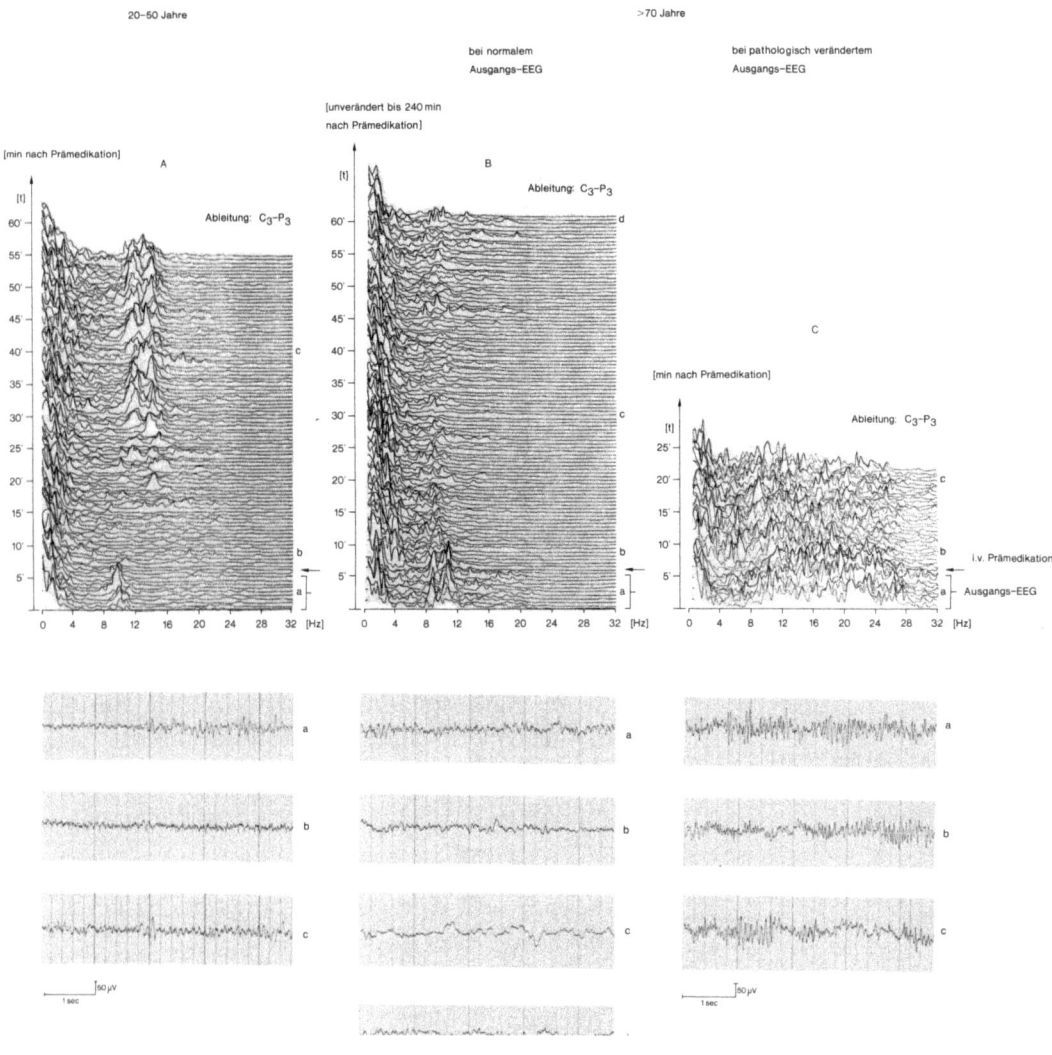

| Beurteilung | Stark eingeschränkte Reaktion der cerebralen elektrischen Aktivität auf Medikation |
|---|---|
| Ableitung | $C_3$-$P_3$; Eichung: 50 µV = 7 mm; Reg. Geschw.: 30 mm/s; Filter: 70 Hz; ZK: 0,3 s; Spektralanalyse in 30-s-Epochen |
| Medikation | Dolantin 100 mg |

**Abbildung 131 A, B**

Narkoseeinleitung mit Barbituraten bei geriatrischen Patienten. Vergleich der cerebralen Reaktion bei normalem (A) und pathologischem (B) Ausgangs-EEG.

| | |
|---|---|
| **A** Ausgangs-EEG | Alpha-EEG |
| Nach Einleitung | Reduktion der Alpha-, Zunahme der Delta-Aktivität für ca. 5 min mit folgender, erneut ca. 5 min unverändert anhaltender Frequenz- und Spannungszunahme im Delta- und Beta-Bereich. Danach leichte Frequenz- und Spannungsreduktion |
| **B** Ausgangs-EEG | Unregelmäßiges EEG |
| Nach Einleitung | Verlust der Beta-Aktivität, Einschränkung der oberen Grenzfrequenz mit bis zur 20. Überwachungsminute abnehmender Tendenz |
| Beurteilung | Die typische Barbituratwirkung mit primärer Delta- und sekundärer Beta-Aktivierung ist bei dem hier vorgestellten geriatrischen Patienten (A) mit normalem Ausgangs-EEG noch gut ausgeprägt. Man sieht deutlich die abrupte Einstellung eines sehr tiefen Narkosestadiums mit schneller Rückkehr zu einer oberflächlichen Barbituratnarkose. Der andere Patient (B) reagiert lediglich durch eine Einschränkung der oberen Grenzfrequenz des Beta-Bandes. Das Ausmaß der Einengung im schnelleren Frequenzbereich läßt eine Einschätzung, jedoch keine genaue Aussage über die Narkosetiefe zu |
| Ableitung | (A) $C_3$-$P_3$; (B) $C_Z$-$A_1$; Eichung: 50 µV = 7 mm; Reg. Geschw.: 30 mm/s; Filter: 70 Hz; ZK: 0,3 s; Spektralanalyse in 30-s-Epochen |
| Medikation | Trapanal 5 mg/kg KG |

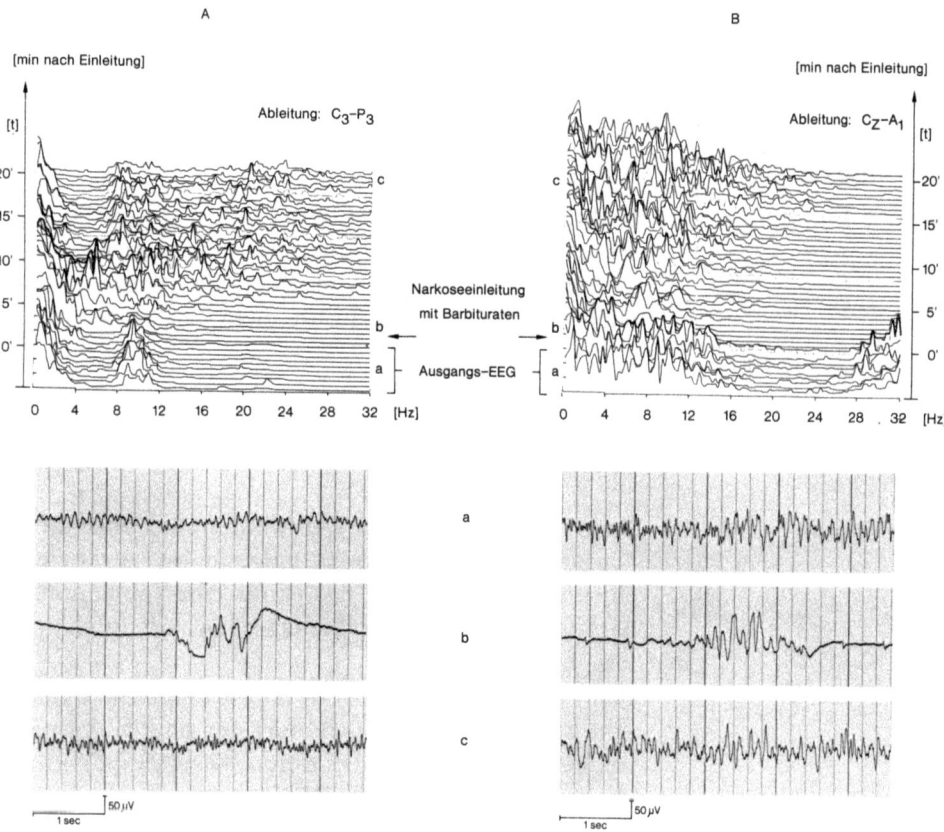

**Abbildung 132 A, B**

Narkoseeinleitung mit Inhalationsnarkotika bei geriatrischen Patienten. Vergleich der cerebralen Reaktion bei normalem (**A**) und pathologischem (**B**) Ausgangs-EEG.

| | |
|---|---|
| **A** Ausgangs-EEG | Alpha-EEG |
| Nach Einleitung | Reduktion der Alpha-Aktivität innerhalb der ersten 5 min bei Zunahme niedriger Frequenzen. 13. –17. min Aktivierung von $Beta_1$-Frequenzen, danach Dominanz des Delta-Bereichs. |
| **B** Ausgangs-EEG | Unregelmäßiges EEG |
| Nach Einleitung | Einengung der oberen Grenzfrequenz von 20 Hz auf 8 Hz. Danach unregelmäßiges EEG bis ca. 12 Hz |
| Beurteilung | Beim ersten Patienten (**A**) werden die einzelnen Narkosestadien von der Analgesie bis zur tiefen chirurgischen Narkose in der für eine Inhalationsnarkoseeinleitung charakteristischen Art durchlaufen. |
| | Beim anderen Patienten (**B**) ist die cerebrale Reaktion wieder auf eine Einengung der oberen Grenzfrequenz reduziert, wobei deren Ausmaß individuell einen Anhalt für die jeweils erreichte Narkosetiefe darstellt |
| Ableitung | (**A, B**) $C_Z$-$A_1$; Eichung: 50 µV = 7 mm; Reg.-Geschw.: 30 mm/s; Filter: 70 Hz; ZK: 0,3 s; Spektralanalyse in 30-s-Epochen |
| Medikation | Halothan 1 Vol% $N_2O/O_2$ 3:1 |

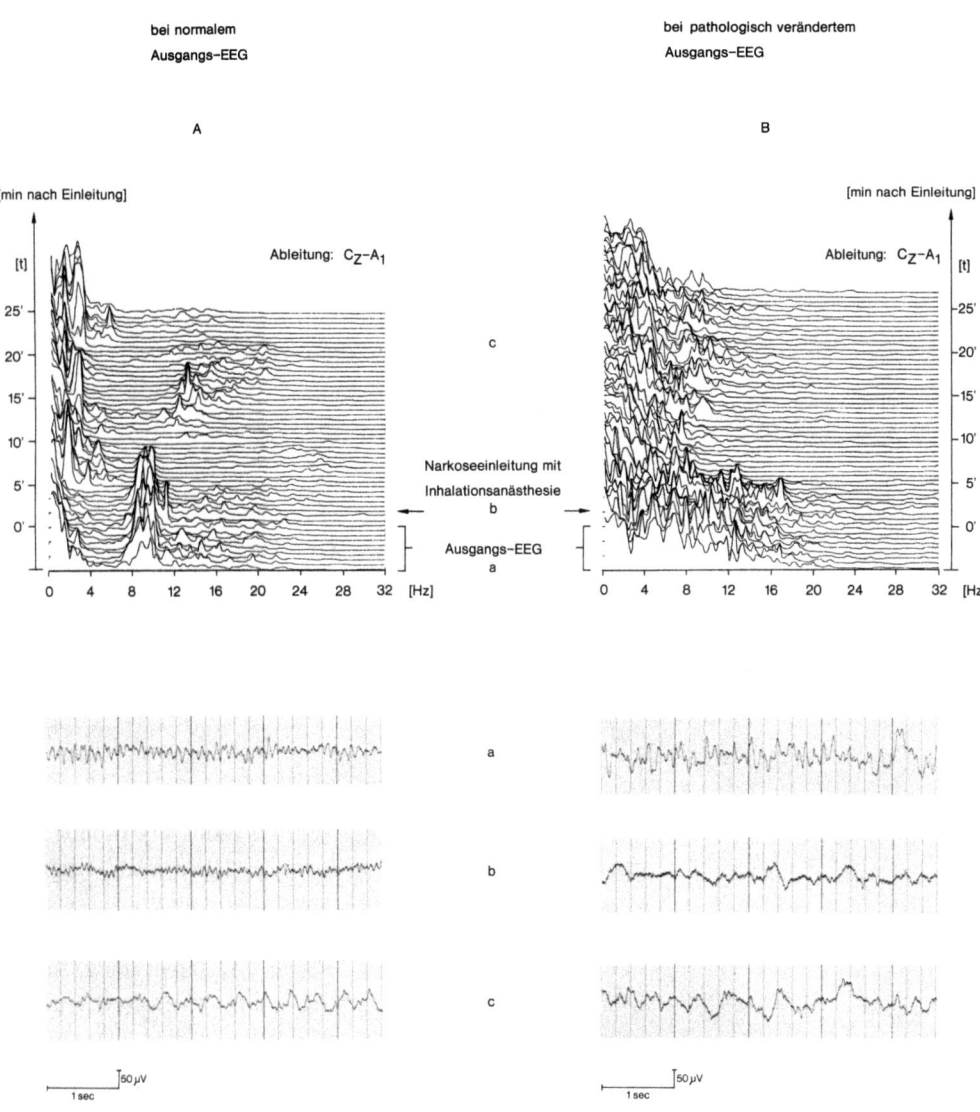

bei normalem
Ausgangs–EEG

A

bei pathologisch verändertem
Ausgangs–EEG

B

[min nach Einleitung]

[min nach Einleitung]

[t]

Ableitung: C$_Z$–A$_1$

[t]

Ableitung: C$_Z$–A$_1$

[t]

25'

25'

20'

c

20'

15'

15'

10'

10'

5'

Narkoseeinleitung mit

5'

0'

Inhalationsanästhesie
b

0'

Ausgangs–EEG
a

0   4   8   12   16   20   24   28   32   [Hz]

0   4   8   12   16   20   24   28   32   [Hz]

a

b

c

50 μV

1 sec

50 μV

1 sec

**Abbildung 133 A, B**

Einleitung einer klassischen Neuroleptanalgesie bei geriatrischen Patienten. Vergleich der cerebralen Reaktion bei normalem Ausgangs-EEG (**A**) und einem Ausgangs-EEG vom Intermediärtyp (**B**)

| | |
|---|---|
| **A** Ausgangs-EEG | Alpha-EEG |
| Nach Einleitung | Verlust der Alpha-Aktivität. Aufbau langsamer Frequenzen: Nach ca. 10 min Wiederaufbau des nun leicht zum niedrigeren Frequenzbereich verschobenen Alpha-Gipfels bei Weiterbestehen von Delta-Aktivität |
| **B** Ausgangs-EEG | Partielles Beta-EEG mit Übergang zum unregelmäßigen EEG |
| Nach Einleitung | Innerhalb von 10 min Einengung der oberen Grenzfrequenz bis 12 Hz mit Dominanz des Alpha-Bereichs |
| Beurteilung | Unter der Einleitung einer Neuroleptanalgesie werden beim ersten Patienten (**A**) die beiden charakteristischen Stadien dieser Narkoseart – zunächst die narkotische NLA-Phase, danach die analgetische NLA-Phase – durchlaufen. Der andere Patient (**B**) zeigt als Ausgangsbefund ein verändertes EEG, das jedoch nicht als pathologisch zu werten ist. Dennoch zeigt die EEG-Registrierung nicht den für eine Neuroleptanalgesie charakteristischen Verlauf, sondern ebenfalls lediglich eine Einengung der oberen Grenzfrequenz, die hier individuell das Erreichen einer mittleren Narkosetiefe anzeigt. Die im weiteren Verlauf sich manifestierende Alpha-Dominanz deutet eine cerebrale Reaktion im Sinne der analgetischen NLA-Phase an |
| Ableitung | (**A**) $C_3$-$P_3$; (**B**) $C_Z$-$A_1$; Eichung: 50 µV = 7 mm; Reg. Geschw.: 30 mm/s; Filter: 70 Hz; ZK: 0,3 s; Spektralanalyse in 30-s-Epochen |
| Medikation | Dehydrobenzperidol 0,25 mg/kg KG Fentanyl 0,01 mg/kg KG |

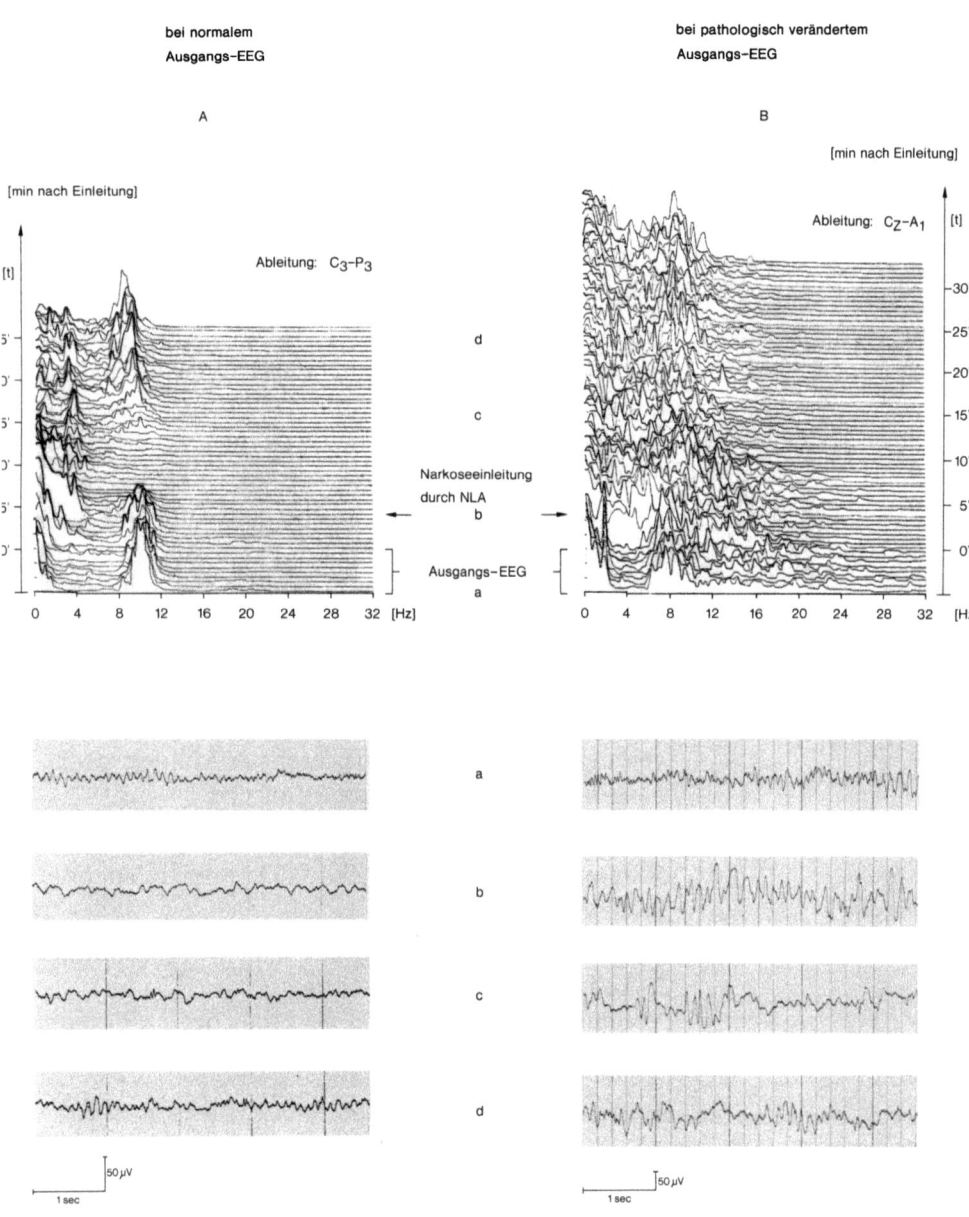

**Abbildung 134**

Reaktionsverhalten bei geriatrischen Patienten unter einer cerebralen Mangelsituation

| | |
|---|---|
| Ausgangs-EEG | Unregelmäßiges EEG |
| Klinische Situation | Blutdruckabfall auf 70 mm Hg Mitteldruck nach Blutverlust unter oberflächlicher Inhalationsnarkose |
| EEG-Verlauf | Unregelmäßiges, gegenüber dem Ausgangsfrequenzbereich nur gering in der oberen Grenzfrequenz eingeschränktes EEG. Frequenzeinschränkung auf den Delta-Bereich zwischen der 35. und 50. min des Beobachtungszeitraums |
| Beurteilung | Das oberflächliche Narkosestadium zeigt sich bei dem pathologisch veränderten Ausgangs-EEG an einer nur geringen Einschränkung des schnellen Frequenzbereichs. Unter der cerebralen Mangelsituation durch hämorrhagischen Schock tritt – wie auch bei jüngeren Patienten mit normalem Ausgangs-EEG zu beobachten – eine starke Frequenzverlangsamung auf, die die cerebrale Minderversorgung mit Funktionsminderung anzeigt |
| Ableitung | $C_Z$-$A_1$; Eichung: 50 $\mu$V = 7 mm; Reg. Geschw.: 30 mm/s; Filter: 70 Hz; ZK: 0,3 s; Spektralanalyse in 30-s-Epochen |
| Medikation | Inhalationsanästhesie mit 0,4–0,8 Vol% Enflurane $N_2O/O_2$ : 3 : 1 Muskelrelaxans Volumensubstitution 30.–60. min des Überwachungszeitraums |

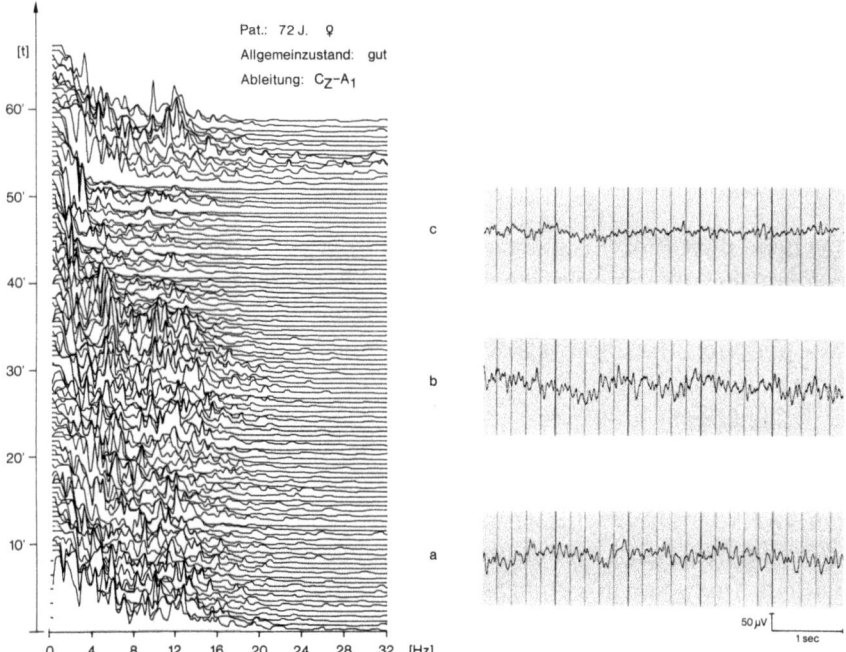

# X. Spezielle Gesichtspunkte bei Patienten mit Anfallsleiden

Entsprechend dem Prozentsatz manifester und latenter Anfallsleiden in der Durchschnittsbevölkerung weisen ca. 3% der Patienten eines anästhesiologisch-operativen Krankengutes eine Anfallsbereitschaft auf (manifeste und latente Epilepsien, Krämpfe als Residuen von Hirnverletzungen oder als Symptome raumfordernder Prozesse).

Die heute übliche großzüge Verordnung von Sedativa und Hypnotika in der Klinik ist geeignet, manifeste oder latente Symptome eines Anfallsleidens zu reduzieren. In der Praxis wird bei Patienten mit anamnestisch bekannten und klinisch gesicherten cerebralen Anfällen selten der Ausbruch des Leidens durch Einflüsse der Narkose provoziert, zumal bestehende antikonvulsive Therapiekonzepte gewöhnlich sorgfältig fortgeführt werden. Dennoch sind Kippstellen der Vigilanzstufen, die sowohl während einer Narkose als auch unter der sedierenden Therapie intensivpflegebedürftiger Patienten mehrfach überschritten werden, anfallsgefährdete Zeiträume. Im EEG erfaßbare Graphoelemente weisen auf eine Anfallsbereitschaft hin und sind von anderen Veränderungen der funktionellen cerebralen Situation abgrenzbar.

## 1. Anfallsspezifische Graphoelemente

### Abbildung 135

| | |
|---|---|
| Anamnese | Jahre zurückliegendes Schädel-Hirn-Trauma mit Hirndefekt links |
| Klinischer Befund | Somnolente Patientin mit Aphasie und Halbseitensymptomatik rechts |
| EEG-Befund | Unregelmäßiges EEG mit Übergang zur leichten Allgemeinveränderung. Temporal links Vermehrung von Theta- und Delta-Wellen; fokale Betonung einer kontinuierlichen Dysrhythmie; Auftreten gruppierter abnormer Rhythmisierungen. Auftreten von Spike-wave-Komplexen in Ruhe |
| Beurteilungen | Die Somnolenz der Patienten entspricht dem EEG-Befund einer leichten allgemeinen cerebralen Funktionsstörung. Es besteht danebeneine schwere |

Pat.: 63 J.   ♀

Allgemeinzustand:  mäßig

Patient ist somnolent,

Halbseitensymptomatik rechts,

Aphasie

Ableitungen:

T₃-A₁

T₄-A₂

T₅-A₁

T₆-A₂

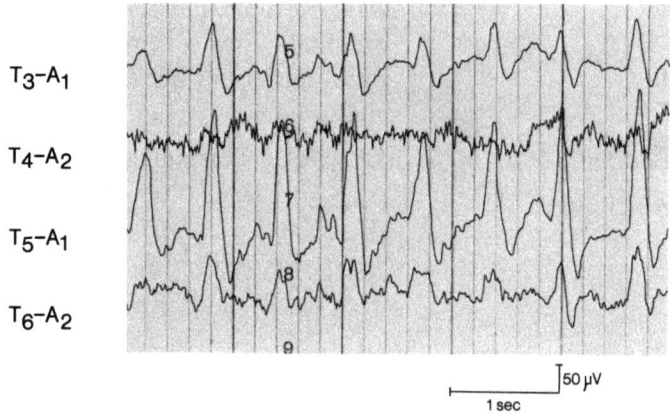

Das Auftreten von spike–wave–Komplexen im linken

Temporalbereich entspricht einem Krampfherd

Herdstörung temporal links, der klinisch die Aphasie und Halbseitensymptomatik rechts entsprechen

Ableitung     $T_3$-$A_1$;    $T_4$-$A_2$;    $T_5$-$A_1$;    $T_6$-$A_2$;    Eichung:
50 µV = 7 mm;   Reg. Geschw.:   30 mm/s;   Filter:
70 Hz; ZK: 0,3 s

## Abbildung 136

| | |
|---|---|
| Anamnese | Plötzliches Auftreten von regelmäßigen Zuckungen der Gesichtsmuskulatur links |
| Klinischer Befund | Notfallaufnahme bei Verwirrung und Desorientiertheit. Ansprechbarkeit erhalten |
| EEG-Befund | Kontinuierlich bilateral synchron auftretende Spike-wave-Komplexe (2,5–3,5/s; frontal, präzentral, occipital) sowie eine kontinuierliche abnorme Rhythmisierung bei nicht beurteilbarer Grundaktivität |
| Beurteilung | Klassisches Beispiel eines Petit-mal-Status |
| Ableitungen | $F_7$-$F_3$; $F_3$-$F_Z$; $F_Z$-$F_4$; $F_4$-$F_8$; Eichung: 50 µV = 7 mm; Reg. Geschw.: 30 mm/s; Filter: 70 Hz; ZK: 0,3 s |

Pat.: 45 J. ♂                    petit-mal-Status

Allgemeinzustand: gut

Patient ist ansprechbar

Ableitungen:

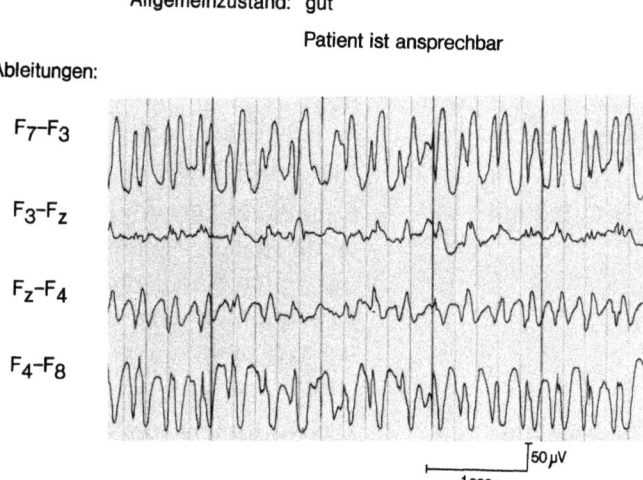

$F_7$-$F_3$

$F_3$-$F_z$

$F_z$-$F_4$

$F_4$-$F_8$

50 µV

1 sec

Die kontinuierlich auftretenden bilateral-synchronen
spike-wave-Komplexe beweisen einen petit-mal-Status

**Abbildung 137**

| | |
|---|---|
| Anamnese | Frühkindlicher Hirnschaden mit Grand-mal-Anfällen seit dem 3. Lebensjahr. Geringe Intelligenzdefekte |
| Klinischer Befund | Anfallsfreiheit unter antikonvulsiver Therapie mit Benzodiazepinen |
| EEG-Befund | Grundaktivität: Alpha-EEG. Bis auf selten auftretende steilere Abläufe ist das Ruhe-EEG unauffällig. Unter Anfallsprovokation: kein Auftreten von Krampfpotentialen unter Hyperventilation, Auftreten von Spike-wave-Komplexen unter Photostimulation |
| Beurteilung | Das Auftreten von Krampfpotentialen unter Photostimulation beweist das Vorliegen einer erhöhten Krampfbereitschaft |
| Ableitungen | $T_5$-$A_1$; $T_6$-$A_2$; $O_1$-$A_1$; $O_2$-$A_2$; Eichung: 50 µV = 7 mm; Reg. Geschw.: 30 mm/s; Filter: 70 Hz; ZK: 0,3 s |

Pat.: 17 J.   ♀                                    grand-mal-Status

Allgemeinzustand:  gut

Ableitungen:

T₅-A₁

T₆-A₂

O₁-A₁

O₂-A₂

Blitze

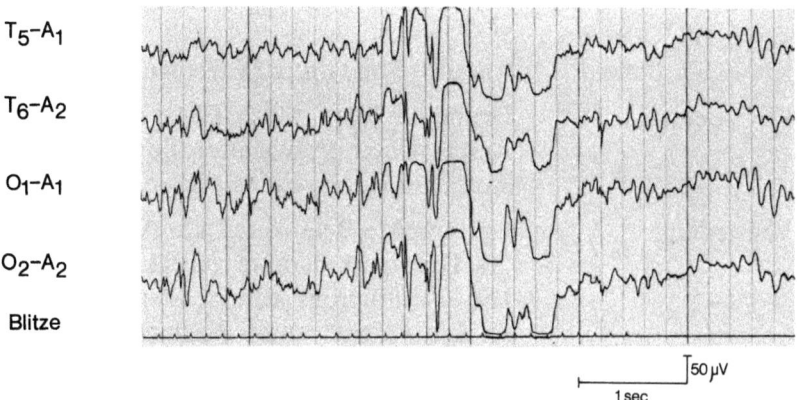

50 µV

1 sec

Kurz nach Beginn der Photostimulation mit 6 Hz Photoblitzen treten

spike–wave–Komplexe von 2,5–3,5 / sec auf.

In Ruhe unauffälliges EEG

## 2. Anfallsprophylaxe und -behandlung

### Abbildung 138

| | |
|---|---|
| Anamnese | Petit-mal-Leiden, letzter Petit-mal-Status vor 3 Wochen |
| Klinischer Befund | Anfallsfreiheit unter Diazepamtherapie |
| EEG-Befund | Grundaktivität: Alpha-EEG mit erhöhtem Beta-Anteil. Unter Provokation durch Hyperventilation Auftreten vereinzelter steilerer Abläufe |
| Beurteilung | Der erhöhte Beta-Anteil des Ausgangs-EEG ist auf die Diazepamtherapie zurückzuführen. Die unter Hyperventilation auftretenden steileren Abläufe reichen nicht zum Nachweis einer erhöhten Krampfbereitschaft aus. Gute medikamentöse Einstellung des vorliegenden Krampfleidens |
| Ableitungen | $F_7$-$F_3$; $F_3$-$F_Z$; $F_Z$-$F_4$; $F_4$-$F_8$; Eichung: 50 µV = 7 mm; Reg. Geschw.: 30 mm/s; Filter: 70 Hz, ZK: 0,3 s |

Pat.: 47 J.  ♂                                        petit-mal-Status

Allgemeinzustand: gut

Ableitungen:

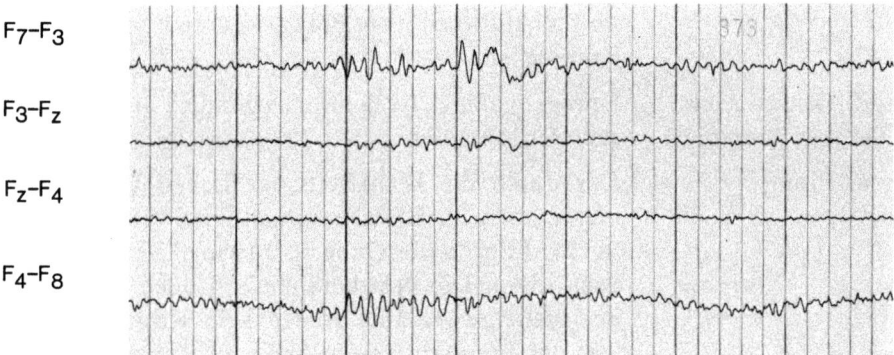

$F_7-F_3$

$F_3-F_z$

$F_z-F_4$

$F_4-F_8$

Unter Gabe von Diazepam kann eine Krampfbereitschaft erfolgreich unterdrückt werden.

Unter Hyperventilation lediglich Auftreten von steileren Abläufen.

**Abbildung 139**

| | |
|---|---|
| Anamnese | Petit-mal-Leiden |
| Klinischer Befund | Petit-mal-Status, Somnolenz |
| EEG-Ausgangsbefund | Grundaktivität: Unregelmäßiges EEG. Generalisiertes Auftreten von Polyspikes und Spike-wave-Komplexen |
| EEG-Befund nach Diazepamtherapie | Unregelmäßiges EEG mit gelegentlich auftretenden steileren Abläufen |
| Beurteilung | Der durch die krankheitsspezifischen Graphoelemente auch im EEG dokumentierte Petit-mal-Status wird durch die Gabe von 10 mg Diazepam unterbrochen. Die posttherapeutisch noch vorhandenen steileren Abläufe stellen kein Krampfäquivalent dar, sondern weisen nur noch auf die erhöhte Krampfbereitschaft hin. Der erhöhte Beta-Anteil stellt eine typische Diazepamwirkung dar |
| Ableitungen | $T_5$-$A_1$; $T_6$-$A_2$; $O_1$-$A_1$; $O_2$-$A_Z$; Eichung: 50 $\mu$V = 7 mm; Reg. Geschw.: 30 mm/s; Filter: 70 Hz; ZK: 0,3 s |

Pat.: 24 J.  ♂

Allgemeinzustand:  gut

Patient ist ansprechbar

Ableitungen:

$T_5-A_1$

$T_6-A_2$

$O_1-A_1$

$O_2-A_2$

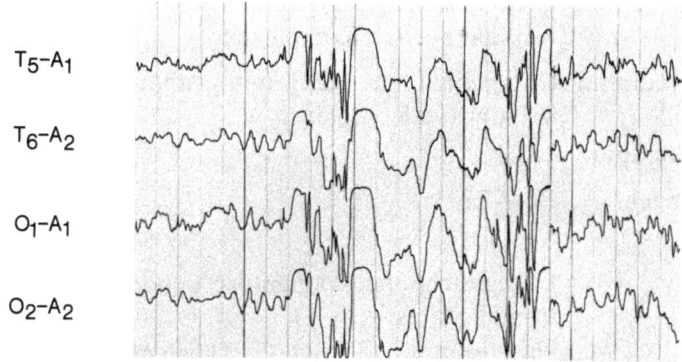

Ruhe–EEG

Auftreten von poly–spikes, spike–wave Komplexen

$T_5-A_1$

$T_6-A_2$

$O_1-A_1$

$O_2-A_2$

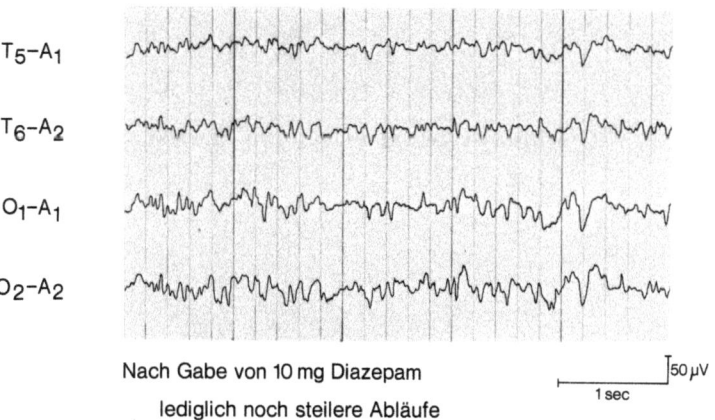

Nach Gabe von 10 mg Diazepam

lediglich noch steilere Abläufe

50 μV

1 sec

**Abbildung 140 a–c**

| | |
|---|---|
| Anamnese | Petit-mal-Leiden |
| Klinischer Befund | Petit-mal-Status, Koma |
| EEG-Ausgangsbefund | Generalisiertes, kontinuierliches Vorhandensein von Spike-wave-Komplexen |
| EEG-Befund während Diazepam- und Clonazepamtherapie | Unregelmäßiges EEG mit gruppiert auftretenden Spike-wave-Komplexen |
| EEG-Befund nach Medikation | Beta-EEG |
| Beurteilung | Erfolgreiche medikamentöse Behandlung eines Petit-mal-Status. Das resultierende Beta-EEG ist medikamentenbedingt |
| Ableitung | $C_3$-$P_3$;    $C_2$-$P_2$;    Eichung:    $50 \mu V = 7$ mm; Reg. Geschw.: 30 mm/s; Filter: 70 Hz; ZK: 0,3 s |

Pat.: 47 J. ♂

Allgemeinzustand: gut

Ableitung: $C_3$–$P_3$

$\qquad\qquad$ $C_2$–$P_2$

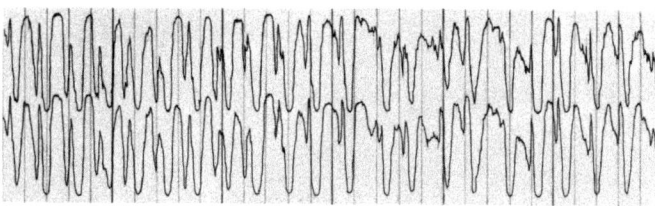

a

Ausgangs–EEG,

$\quad$ petit–mal–Status,

$\quad$ kontinuierliche spike–wave–Komplexe

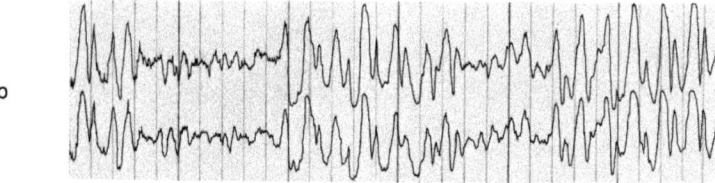

b

2' nach Gabe von 10 mg Diazepam und 20 mg Clonazepam

$\quad$ Abnahme der spike–wave–Komplexe

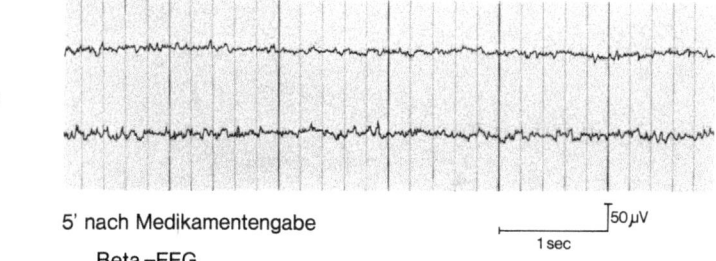

c

5' nach Medikamentengabe

$\quad$ Beta–EEG

50 µV

1 sec

# C. Das EEG als Methode anästhesiologischer Überwachung

# I. EEG-Überwachung der Narkose

Die elektroenzephalographische Funktionsüberwachung des Gehirns unmittelbar vor und im Ablauf einer Narkose ist unter den zur Zeit möglichen cerebralen Monitorsystemen für den Anästhesisten die aufschlußreichste Informationsquelle. Schon die EEG-Ausgangsfrequenz zeigt im aktuellen Funktionsstatus sowohl das Vorliegen physiologischer Verhältnisse bzw. pathologischer Veränderungen als auch Art und Stärke sedierender Prämedikationseinflüsse an.

Bei der Narkoseeinleitung werden zunächst allgemeine und medikamentenspezifische Wirkungen auf die Frequenzverteilung im EEG sichtbar. Darüber hinaus gibt der jeweils erreichte Frequenzbereich das bestehende Narkosestadium an. Dieses bewegt sich gerade bei Narkoseeinleitungen – abhängig von Narkosemitteldosierung, Applikationsart, Applikationsgeschwindigkeit und physischer Ausgangslage des Patienten – zwischen Exzitation mit extrem oberflächlicher Sedierung und sehr tiefer Narkose mit Zeichen der Überdosierung, und es verändert sich rasch.

Nach dem Erreichen eines Steady state der Narkosetiefe – gewöhnlich 20–30 min nach Narkoseeinleitung – zeigen die Frequenzverteilungsverläufe während der weiteren Narkoseführung ebenfalls zu jedem Zeitpunkt die aktuelle Narkosetiefe an und bieten damit die Möglichkeit, sowohl zu flache Narkosestadien mit möglichen schädlichen vegetativen Streßfaktoren, als auch Narkosemittelkumulation mit unnötig tiefen Narkosestadien auszugleichen und fortlaufend anhand dieser objektiven und direkten Kriterien zu steuern. Auch die Art der Narkoseführung (gleichmäßig/unruhig) wird im EEG-Funktionsbild sichtbar und stellt damit für den Anästhesisten eine wertvolle Möglichkeit der Selbstkontrolle dar.

Ein sehr wesentlicher Gesichtspunkt für den Einsatz einer EEG-Überwachung der Narkose ist die schnelle Anzeige des Auftretens cerebral schädigender Einflüsse durch akute Ereignisse im Operations- bzw. Narkoseverlauf. Im Steady state der Anästhesie äußern sich solche Störungen in abrupter Frequenzverlangsamung. Eine Amplitudenreduktion tritt hinzu, wenn die Störfaktoren besonders ausgeprägt sind. Auch kurzfristige hypoxische Einflüsse auf das Gehirn werden eher und deutlicher als durch klinische Parameter oder Herz-Kreislauf-Monitorsysteme angezeigt. Eine adäquate Narkosesteuerung strebt für das Ausleitungsstadium einer Anästhesie den Übergang der Narkose zu Sedierung mit Annäherung an die cerebrale Ausgangsfunktion sowie weitgehende Unwirksamkeit der verabreichten Muskelrelaxanzien an. Dieses Ziel, das in einer Narkoseführung langfristig an-

gesteuert wird, ist aus unterschiedlichen Gründen bei Beendigung der Anästhesie nicht stets erreicht. Das EEG zeigt hier wiederum an, welche Auf-
wachsituation am Operationsende vorliegt und ob die Umstellung der kon-
trollierten Beatmung zur Eigenatmung ohne Zeichen cerebraler Hypoxie
toleriert wird.

Der Grad der cerebralen Unwirksamkeit der verabreichten Medikation
bzw. Medikamentenüberhänge sowie auch eine allgemeingestörte cerebrale
Situation werden im EEG sichtbar. Damit ist die objektive Entscheidung
zur akuten oder verzögerten Ausleitung der Narkose möglich.

Symbole zur Beschreibung des Narkoseverlaufs (Abb. 141–181)

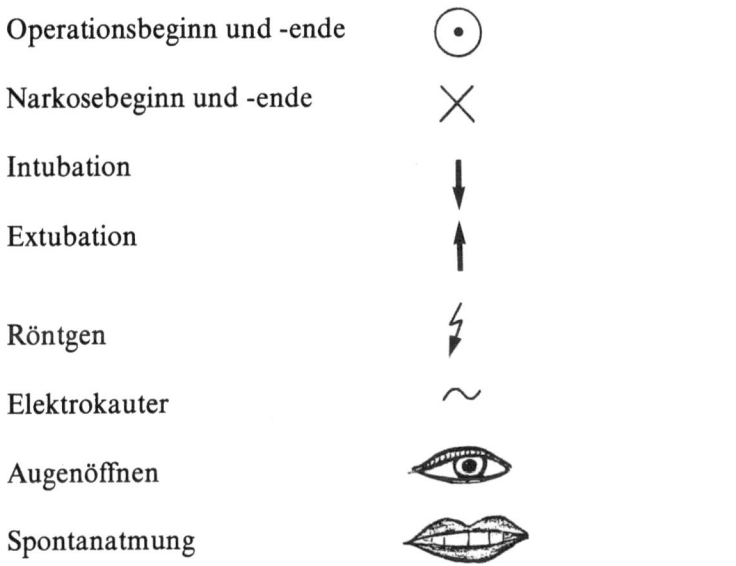

| Operationsbeginn und -ende | |
| Narkosebeginn und -ende | |
| Intubation | |
| Extubation | |
| Röntgen | |
| Elektrokauter | |
| Augenöffnen | |
| Spontanatmung | |

## 1. Kombinationsnarkosen

### a) Barbituratinduzierte Inhalationsnarkosen

**Abbildung 141**

| | |
|---|---|
| Narkoseart | Barbituratinduzierte Inhalationsnarkose (Halothan) |
| EEG-Überwachung | Narkoseverlauf |
| Klinische Situation | 74jährige Patientin in gutem Allgemeinzustand mit Sigmatumor |
| Nebenerkrankungen | Keine |
| Operation | Sigmaresektion |
| Verlauf | Sowohl vor wie direkt unter Narkoseeinleitung Hypertonie; weiterer Verlauf unauffällig |
| EEG-Befund | Zu Beginn der Aufzeichnung, direkt nach Barbiturateinleitung, ist das EEG unregelmäßig mit hohen Delta-Theta-Anteilen. Die langsamen Frequenzen werden im weiteren Verlauf dominierend. In der 67. min findet sich ein Kauterartefakt. Zur Narkoseausleitung Frequenzaktivierung bis 16 Hz bei gleichzeitigem Abbau von Delta und Theta. Bei Extubation unregelmäßiges EEG |
| Beurteilung | Anfangs sind noch Wirkungen der Trapanalinjektion im EEG sichtbar. Es folgt das Bild einer tiefen, gleichmäßig geführten Halothannarkose. In der Ausleitungsphase angedeutete Exzitation mit Übergang in ein unregelmäßiges altersentsprechendes EEG. Insgesamt: Gute Narkoseführung |
| Ableitung | $C_Z$-$A_1$; Eichung: 50 μV = 7 mm; Reg. Geschw.: 30 mm/s; Filter: 70 Hz; ZK: 0,3 s; Spektralanalyse in 30-s-Epochen |
| Medikation | Trapanal 3 mg/kg KG Halothan 1,5–0,6 Vol% Alloferin 11 mg |

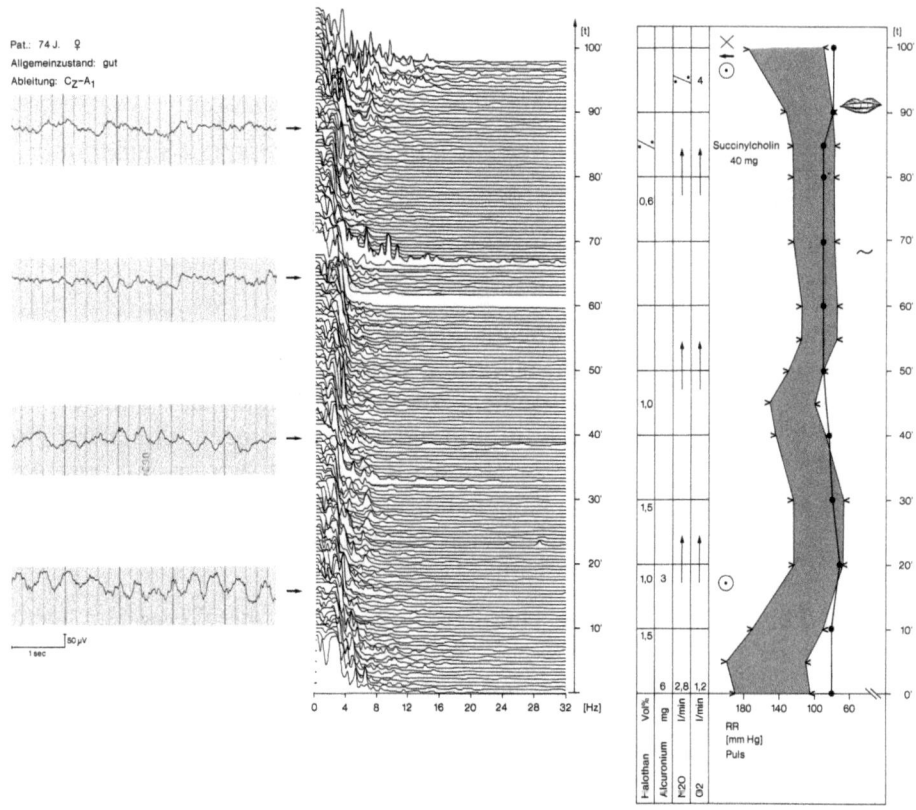

Pat.: 74 J. ♀
Allgemeinzustand: gut
Ableitung: $C_Z - A_1$

50 μV
1 sec

Succinylcholin
40 mg

| Halothan | Alcuronium | N2O | O2 |
| --- | --- | --- | --- |
| Vol% | mg | l/min | l/min |
| 6 | 2,8 | 1,2 | |

RR
[mm Hg]
Puls

180  140  100  60

## Abbildung 142

| | |
|---|---|
| Narkoseart | Barbituratinduzierte Inhalationsnarkose (Halothan) |
| EEG-Verlauf | Ausschnitt aus dem Narkoseverlauf |
| Klinische Situation | 75jährige kachektische Patientin mit Sigmatumor |
| Nebenerkrankungen | Keine |
| Operation | Sigmaresektion |
| Verlauf | Unauffälliger Narkoseverlauf |
| EEG-Befund | Zu Beginn des Beobachtungszeitraums – 60 min nach Narkoseeinleitung – ist das EEG geprägt durch einen hohen Delta-Anteil mit wenigen und niederamplitudigen Einstreuungen schnellerer Frequenzen. Dieses Bild ändert sich bis auf eine Amplitudenzunahme der Delta-Wellen kaum. Zum Zeitpunkt der Narkoseausleitung 5-Hz-Peak bei hohem Alpha-Anteil |
| Beurteilung | Tiefe Halothannarkose mit überwiegendem Delta-EEG, gute Aufwachreaktion mit Aktivierung von Alpha und Beta sowie einem Theta-Peak. Die Aufwachphase ist am Ende der Registrierung noch nicht vollständig abgeschlossen |
| Ableitung | $C_3$-$P_3$; Eichung: 50 µV = 7 mm; Reg. Geschw.: 30 mm/s; Filter: 70 Hz; ZK: 0,3 s; Spektralanalyse in 30-s-Epochen |
| Medikation | Trapanal 3 mg/kg KG<br>Halothan 1,2–0,8 Vol%<br>Alloferin 14 mg |

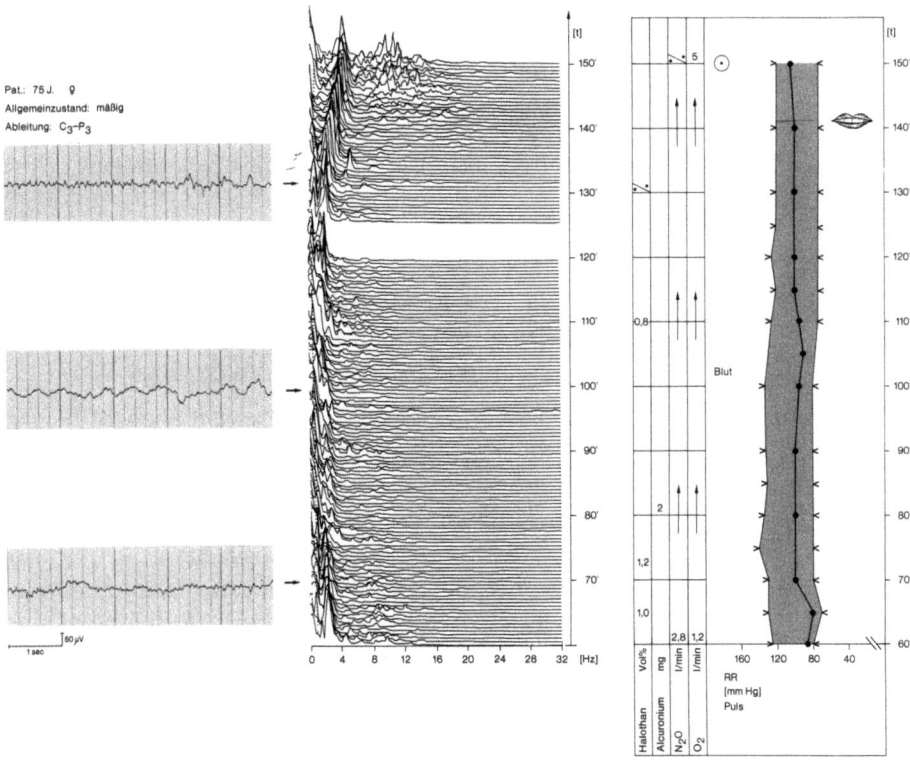

Pat.: 75 J.  ♀
Allgemeinzustand: mäßig
Ableitung: C₃-P₃

**Abbildung 143**

| | |
|---|---|
| Narkoseart | Barbituratinduzierte Inhalationsnarkose |
| EEG-Überwachung | Ausschnitt aus dem Narkoseverlauf |
| Klinische Situation | 42jähriger adipöser Patient mit Cholelithiasis |
| Nebenerkrankungen | Keine |
| Operation | Cholezystektomie |
| Verlauf | Die Narkose ist klinisch unauffällig, eine nach der Einleitung einsetzende Hypotonie ist rasch behoben; komplikationslose Ausleitungsphase |
| EEG-Befund | Bei flachem Ausgangs-EEG besteht auch zu Beginn des Beobachtungszeitraumes unmittelbar nach Operationsbeginn ein sehr flaches EEG. Vorwiegend Aktivität im Delta-Bereich und Beta-Band. Nach 10 min noch weitere Abflachung, danach dominieren Delta-Theta-Wellen mit niedriger Amplitude. Nach 70 min tritt der Theta-Anteil noch weiter zurück. Zum Zeitpunkt der Narkoseausleitung werden wieder Frequenzen im Theta-Band aktiviert. Bei Narkoseende flaches EEG |
| Beurteilung | Trotz des flachen Ausgangs-EEG muß der Verlauf als tiefe Ethranenarkose beurteilt werden. Nach 70 min ist durch die Erhöhung der Ethranezufuhr auf 1,5 Vol% eine weitere Vertiefung der Narkose – erkenntlich an der starken Abflachung – erreicht. Tiefe gleichmäßige Inhalationsnarkose mit uncharakteristischer Ausleitungsphase (Aktivierung von Frequenzen nur bis 7 Hz) |
| Ableitung | $C_3$-$P_3$; Eichung: 50 µV = 7 mm; Reg. Geschw.: 30 mm/s; Filter: 70 Hz; ZK: 0,3 s; Spektralanalyse in 30-s-Epochen |
| Medikation | Trapanal 3 mg/kg KG<br>Ethrane 0,6–2,0 Vol%<br>Alloferin 19 mg |

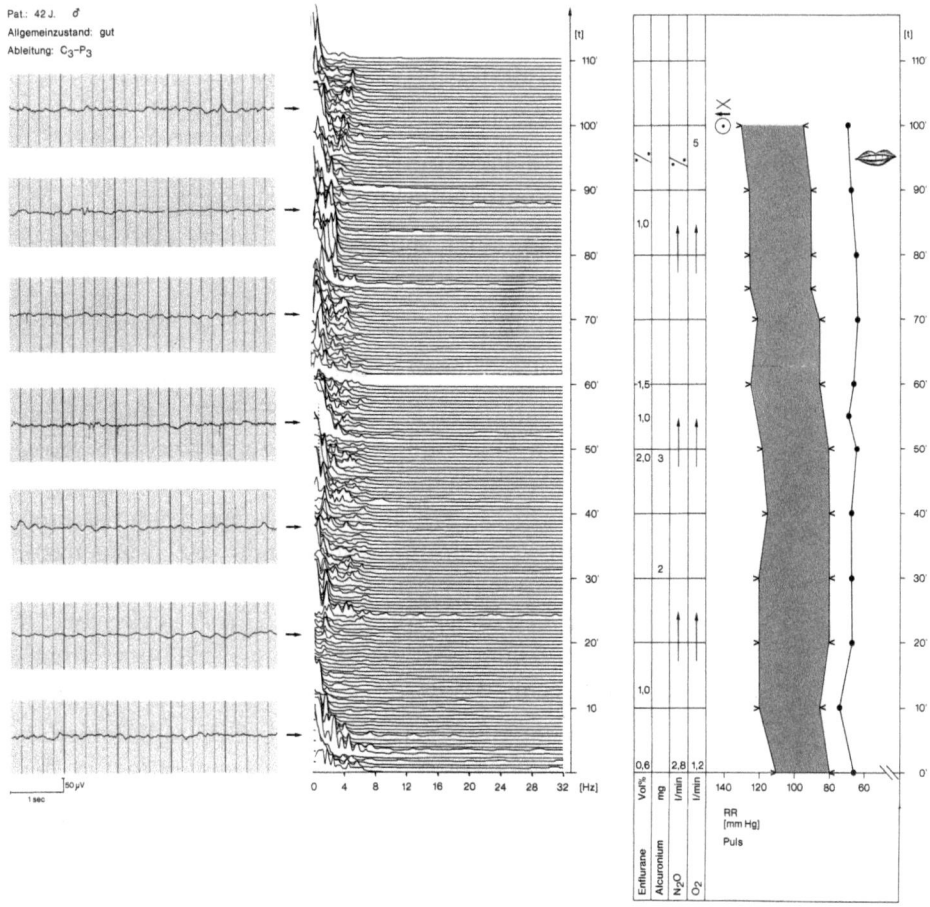

Pat.: 42 J. ♂
Allgemeinzustand: gut
Ableitung: C₃–P₃

**Abbildung 144**

| | |
|---|---|
| Narkoseart | Barbituratinduzierte Inhalationsnarkose (Halothan) |
| EEG-Überwachung | Narkoseverlauf |
| Klinische Situation | 70jährige Patientin in mäßigem Allgemeinzustand mit abdominaler Schmerzsymptomatik |
| Nebenerkrankungen | Operation eines Sigmakarzinoms vor 1 Jahr, Herzinsuffizienz |
| Operation | Probelaparotomie |
| Verlauf | Verzögertes Einsetzen der Spontanatmung |
| EEG-Befund | Nach Narkoseeinleitung mit Trapanal und Anflutung von Halothan zeigt sich zu Beginn des Beobachtungszeitraums ein unregelmäßiges, hochgespanntes EEG mit hohem Beta-Anteil. Im weiteren Verlauf Vermehrung von 4- und 8-Hz-Frequenzen. Gegen Ende der Narkose Abnahme von Delta- und Theta-Aktivität, Ausbildung eines Peaks bei 8–9 Hz. Unter Extubation unregelmäßiges, altersentsprechendes EEG |
| Beurteilung | Typischer EEG-Verlauf einer barbituratinduzierten Halothannarkose. Nach Narkoseeinleitung in der 12.–15. min wird bei ansteigender Halothan-Konzentration ein Exzitationsstadium durchlaufen. Danach entspricht das EEG-Bild einem mittleren Narkosestadium mit hochgespannten Delta- und Theta-Wellen. Unter der Narkoseausleitung zögernder Aufbau eines Alpha-Rhythmus |
| Ableitung | $C_Z$-$A_1$; Eichung: $50 \mu V = 7$ mm; Reg. Geschw.: 30 mm/s; Filter: 70 Hz; ZK: 0,3 s; Spektralanalyse in 30-s-Epochen |
| Medikation | Trapanal 0,3 mg/kg KG<br>Halothan 1,0 Vol%<br>Alloferin 10 mg |

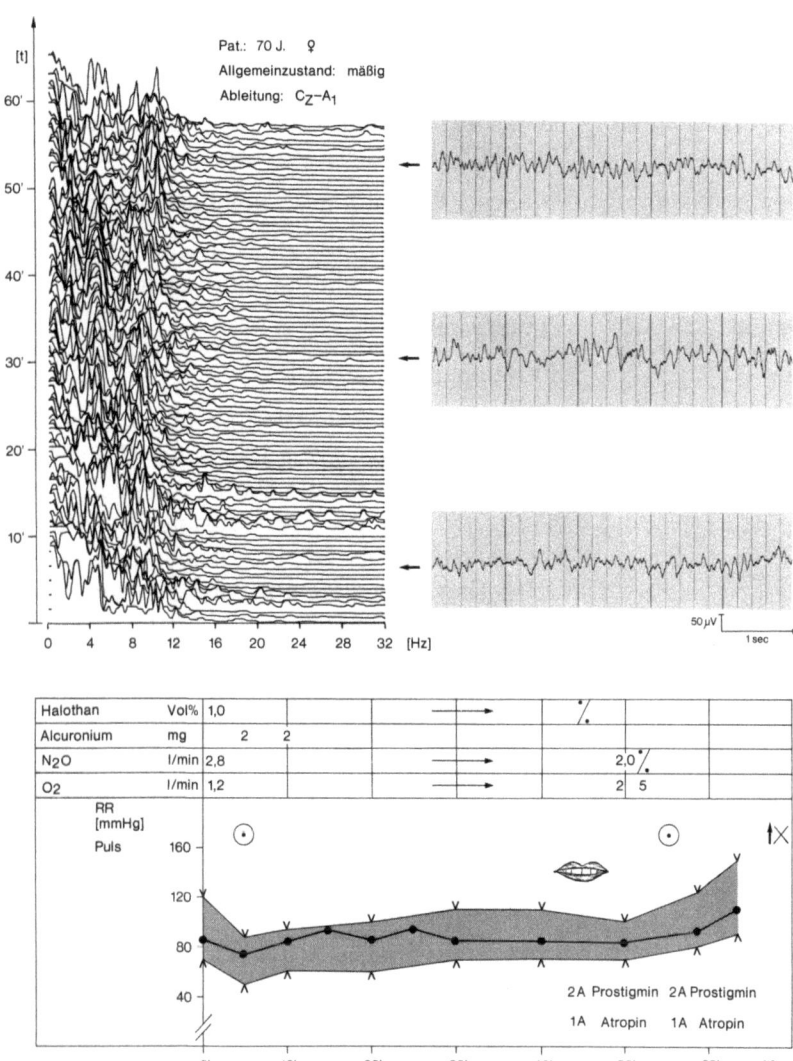

**Abbildung 145**

| | |
|---|---|
| Narkoseart | Barbituratinduzierte Inhalationsnarkose (Ethrane) |
| EEG-Überwachung | Ausschnitt aus dem Narkoseverlauf einer gleichmäßig geführten Ethranenarkose |
| Klinische Situation | 44jährige Patientin mit Cholelithiasis |
| Nebenerkrankungen | Kreislauf: Hypotonie; EKG: leichte bis mittelgradige Erregungsrückbildungsstörungen |
| Operation | Cholezystektomie |
| Verlauf | Ethranenarkose |
| EEG-Befund | Zu Beginn der Registrierung überwiegend Delta-Theta-Aktivitäten sowie langsame Alpha-Aktivität. Das EEG bleibt für die Dauer von 40 min unregelmäßig. Es folgt eine Vermehrung der Alpha- und Beta-Aktivität bis 24 Hz. Gleichzeitig nimmt die Delta-Theta-Aktivität ab. Anschließend Übergang in einen Alpha-Rhythmus von 12 Hz |
| Beurteilung | Bis zur 40. min zeigt das EEG ein mittleres Narkosestadium unter Ethrane an. Dies wird bei Narkoseausleitung zum Operationsende durch eine Exzitationsphase abgelöst. Danach tritt entsprechend dem Ausgangs-EEG ein Alpha-Rhythmus auf. Insgesamt: Gleichmäßig geführte Ethranenarkose bei ausgeprägter Exzitationsphase unter der Narkoseausleitung |
| Ableitung | $C_3$-$P_3$; Eichung: 50 $\mu V = 7$ mm; Reg. Geschw.: 30 mm/s; Filter: 70 Hz; ZK: 0,3 s; Spektralanalyse in 30-s-Epochen |
| Medikation | Trapanal 0,3 mg/kg KG<br>Ethrane 2 Vol%<br>Alloferin 12 mg |

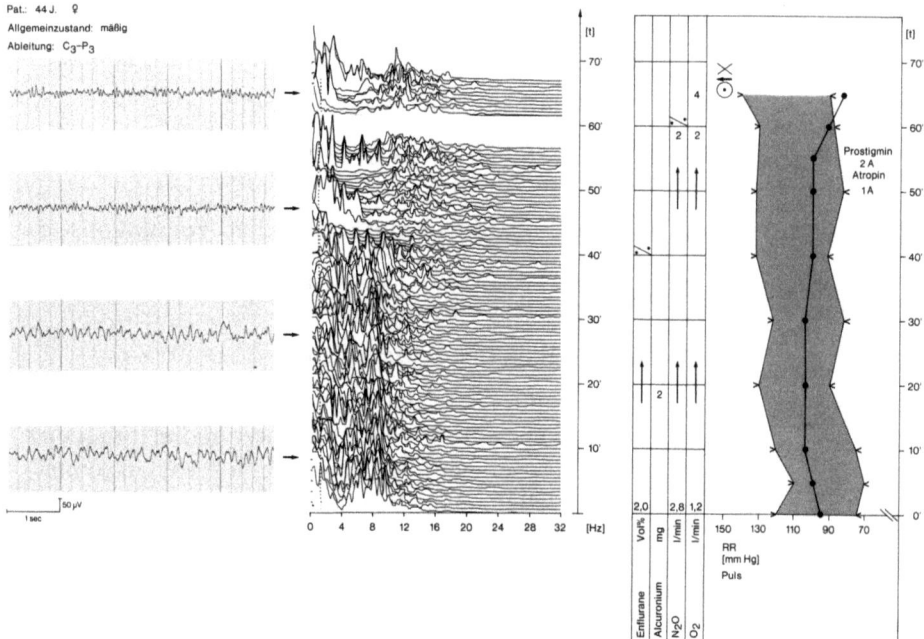

Pat.: 44 J. ♀
Allgemeinzustand: mäßig
Ableitung: C₃-P₃

50 µV
1 sec

[t]
70'
60'
50'
40'
30'
20'
10'

0   4   8   12  16  20  24  28  32   [Hz]

Enflurane — Vol% — 2,0
Alcuronium — mg
N₂O — l/min — 2,8
O₂ — l/min — 1,2

Prostigmin
2 A
Atropin
1 A

150  130  110  90  70
RR
[mm Hg]
Puls

[t]
70'
60'
50'
40'
30'
20'
10'
0'

**Abbildung 146**

| | |
|---|---|
| Narkoseart | Barbituratinduzierte Inhalationsnarkose (Halothan) |
| EEG-Überwachung | Ausschnitt aus dem Narkoseverlauf |
| Klinische Situation | 79jähriger Patient in gutem Allgemeinzustand mit Magenkarzinom |
| Nebenerkrankungen | Geringe restriktive und obstruktive Ventilationsstörungen |
| Operation | Probelaparatomie |
| Verlauf | Unauffälliger Narkoseverlauf |
| EEG-Befund | Zu Beginn des Beobachtungszeitraums – nach Operationsbeginn – liegt die dominante Frequenz im Delta-Bereich mit nur geringen Anteilen schnellerer Wellen. Mit Beginn der Narkoseausleitung Aufkommen von Frequenzen aus dem Alpha-Bereich, keine Beta-Aktivierung. Mit Extubation ist ein Alpha-EEG mit Theta-Einstreuungen erreicht |
| Beurteilung | Tiefe Halothannarkose. Unter der verlängerten Narkoseausleitung Frequenzbeschleunigung bei Ausbleiben exzitatorischer Phänomene. Zu Narkoseende ist ein normales Aufwach-EEG erreicht. Insgesamt: Gute Narkoseführung |
| Ableitung | $C_z$-$A_1$; Eichung: 50 µV = 7 mm; Reg. Geschw.: 30 mm/s; Filter: 70 Hz; ZK: 0,3 s; Spektralanalyse in 30-s-Epochen |
| Medikation | Trapanal 0,3 mg/kg KG Halothan 1,5 Vol% Alloferin 13 mg |

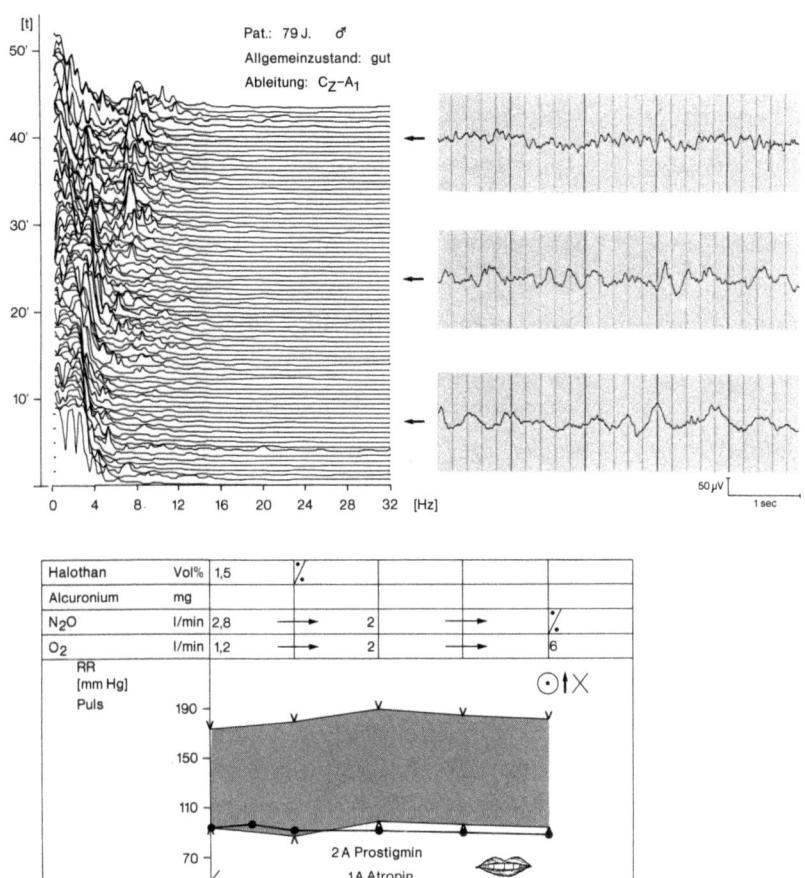

**Abbildung 147**

| | |
|---|---|
| Narkoseart | Barbituratinduzierte Inhalationsnarkose (Ethrane) |
| EEG-Überwachung | Narkoseverlauf |
| Klinische Situation | 31jährige Patientin in gutem Allgemeinzustand mit Nabelbruch |
| Nebenbefunde | Anamnestisch: Aortenisthmusstenose, operativ korrigiert |
| Operation | Laparotomie zur Beseitigung des Nabelbruchs |
| Verlauf | Klinisch unauffälliger Narkoseverlauf, frühzeitiges Einsetzen der Spontanatmung |
| EEG-Befund | Beginn der Registrierung nach Intubation. Das EEG ist unregelmäßig mit einem hohen Delta-Theta-Anteil. Im weiteren Verlauf deutliche Spannungsreduktion bei gleichbleibender Frequenzverteilung. Gegen Ende der Narkose treten schnellere Frequenzen von 12–24 Hz auf; der Anteil an Delta- und Theta-Aktivität wird geringer. Zum Ende der Narkose zeigt sich ein Beta-EEG |
| Beurteilung | Nach Narkoseeinleitung wird rasch eine adäquate Narkosetiefe erreicht; ein unregelmäßiges EEG zeigt dies an. Bei weiterer Narkosevertiefung folgt ein allgemeiner Spannungsverlust als Zeichen einer sehr tiefen Narkose (Guedel-Stadium $III_{2-3}$). 30 min nach Beginn der Registrierung werden die langsamen Frequenzen abgebaut, die Zunahme an Beta-Aktivität spricht für eine zerebrale Exzitation. Die nochmalige allgemeine Abnahme der Spannung in der 45. Überwachungsminute könnte eine kurzfristige Hypoxie unter beginnender Spontanatmung anzeigen. Noch im Exzitationsstadium wird die Patientin extubiert |
| Ableitung | $C_3$-$P_3$; Eichung: 50 µV = 7 mm; Reg. Geschw.: 30 mm/s; Filter: 70 Hz; ZK: 0,3 s; Spektralanalyse in 30-s-Epochen |
| Medikation | Trapanal 0,3 mg/kg KG<br>Ethrane 1,0–1,5 Vol%<br>Alloferin 9 mg |

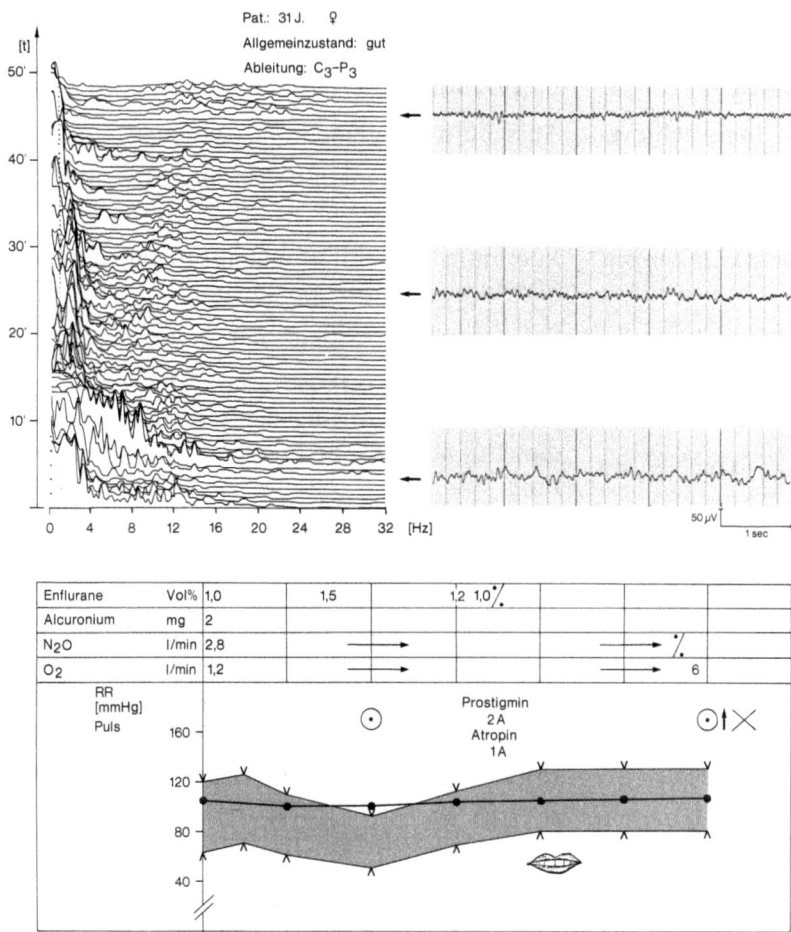

**Abbildung 148**

| | |
|---|---|
| Narkoseart | Barbituratinduzierte Inhalationsnarkose (Ethrane) |
| EEG-Überwachung | Ausschnitt aus dem Narkoseverlauf |
| Klinische Situation | 55jähriger Patient mit Blutungsübel und Narbenbruch |
| Nebenerkrankungen | Zerebrale Durchblutungsstörungen, mittelgradige obstruktive Ventilationsstörung |
| Operation | Splenektomie, Narbenbruch |
| Verlauf | Unauffälliger Narkoseverlauf. Eine nicht voraussehbare Verlängerung der Operation zwingt allerdings zu zunächst nicht geplanter Narkoseverlängerung |
| EEG-Befund | Die EEG-Aufzeichnung zeigt kurz nach Operationsbeginn ein unregelmäßiges EEG mit hohen Theta- und Delta-Anteilen. Zum Ende der Erstoperation folgt eine Aktivierung von Beta und eine Verschiebung der dominanten Frequenz auf 9 –10 Hz mit Rückgang der langsamen Wellen. Danach wieder Zunahme von Delta- und Theta, Rückgang des Beta-Anteils; geringe Alpha-Einstreuungen. In der zweiten Ausleitungsphase der Narkose Aufbau schneller Frequenzen bis 24 Hz. Bei Extubation unregelmäßiges EEG mit hohem Alpha-Anteil |
| Beurteilung | Tiefe Ethranenarkose mit Ausleitungsphase nach Beendigung der Erstoperation und erneuter Vertiefung der Narkose. Es wird eine kurze Exzitationsphase durchlaufen. Danach tritt erneut ein tiefes Narkosestadium ein. Die Ausleitung der Narkose ist unauffällig. Über eine kurze Exzitationsphase wird zum normalen Ausgangs-EEG übergeleitet |
| Ableitung | $C_Z$-$A_1$; Eichung: 50 µV = 7 mm; Reg. Geschw.: 30 mm/s; Filter: 70 Hz; ZK: 0,3 s; Spektralanalyse in 30-s-Epochen |
| Medikation | Trapanal 3 mg/kg KG<br>Enflurane 0,3–1,0 Vol%<br>Alloferin 16 mg |

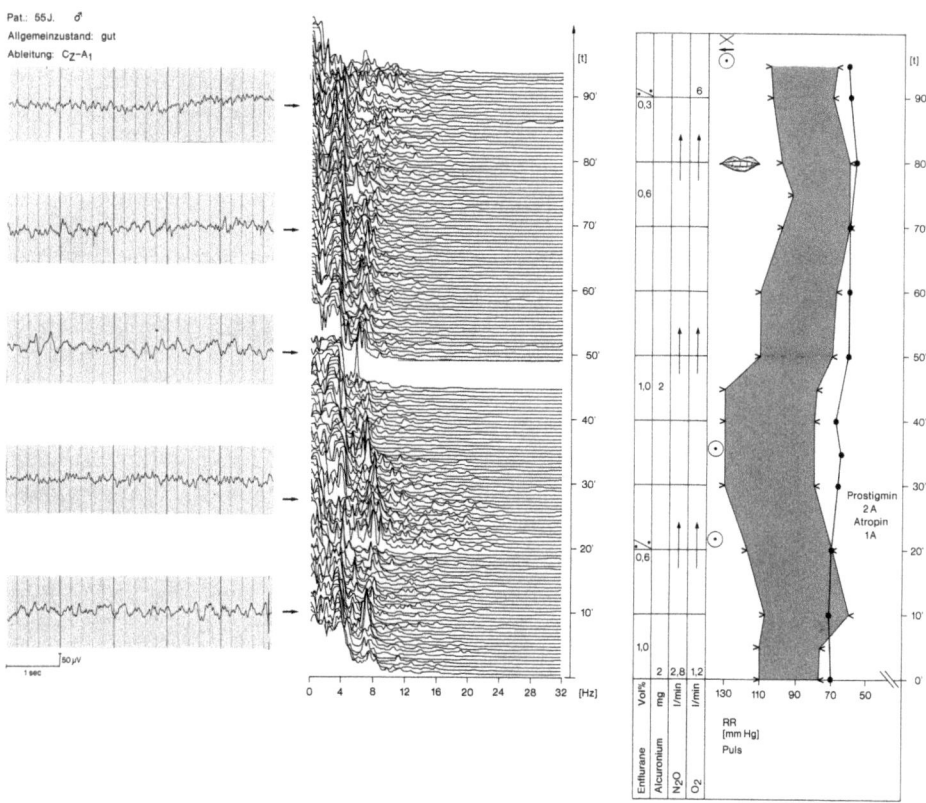

Pat.: 55 J. ♂
Allgemeinzustand: gut
Ableitung: $C_Z–A_1$

**Abbildung 149**

| | |
|---|---|
| Narkoseart | Barbituratinduzierte Inhalationsnarkose (Halothan) |
| EEG-Überwachung | Narkoseverlauf |
| Klinische Situation | 39jährige adipöse Patientin in gutem Allgemeinzustand mit Ulcus duodeni |
| Nebenerkrankungen | Keine |
| Operation | Selektive proximale Vagotomie und Ulcusresektion |
| Verlauf | Unauffälliger Narkoseverlauf. Tachykardie (120/min) |
| EEG-Verlauf | Ausgangs-EEG: Alpha-EEG. Kurzfristige unregelmäßige EEG-Veränderungen mit einem Peak bei 10 Hz nach Barbituratinjizierung mit folgender allmählicher Zunahme der langsamen Frequenzen aus dem Delta-Theta-Bereich. Im weiteren Verlauf ändert sich das EEG-Bild mehrfach. Zunahme der Theta-Anteile (92. min) und Abflachung des EEG über das gesamte Spektrum (135. min) wechseln ab mit Alpha-Aktivierung (105. min) und Beta-Zunahme (195. min). Am Ende des Beobachtungszeitraumes dominiert ein Theta-Delta-EEG |
| Beurteilung | Narkose mit wechselnden tiefen und flachen Narkosestadien. Während Amplitudenreduktion und Theta-Peak unter tiefer Narkose imponieren, ist die Beta-Aktivierung Zeichen immer wiederkehrender Exzitationsphasen |
| Ableitung | $C_3$-$P_3$; Eichung: 50 µV = 7 mm; Reg. Geschw.: 30 mm/s; Filter: 70 Hz; ZK: 0,3 s; Spektralanalyse in 30-s-Epochen |
| Medikation | Trapanal 3 mg/kg KG  Halothan 2,5–0,4 Vol%  Alloferin 16 mg |

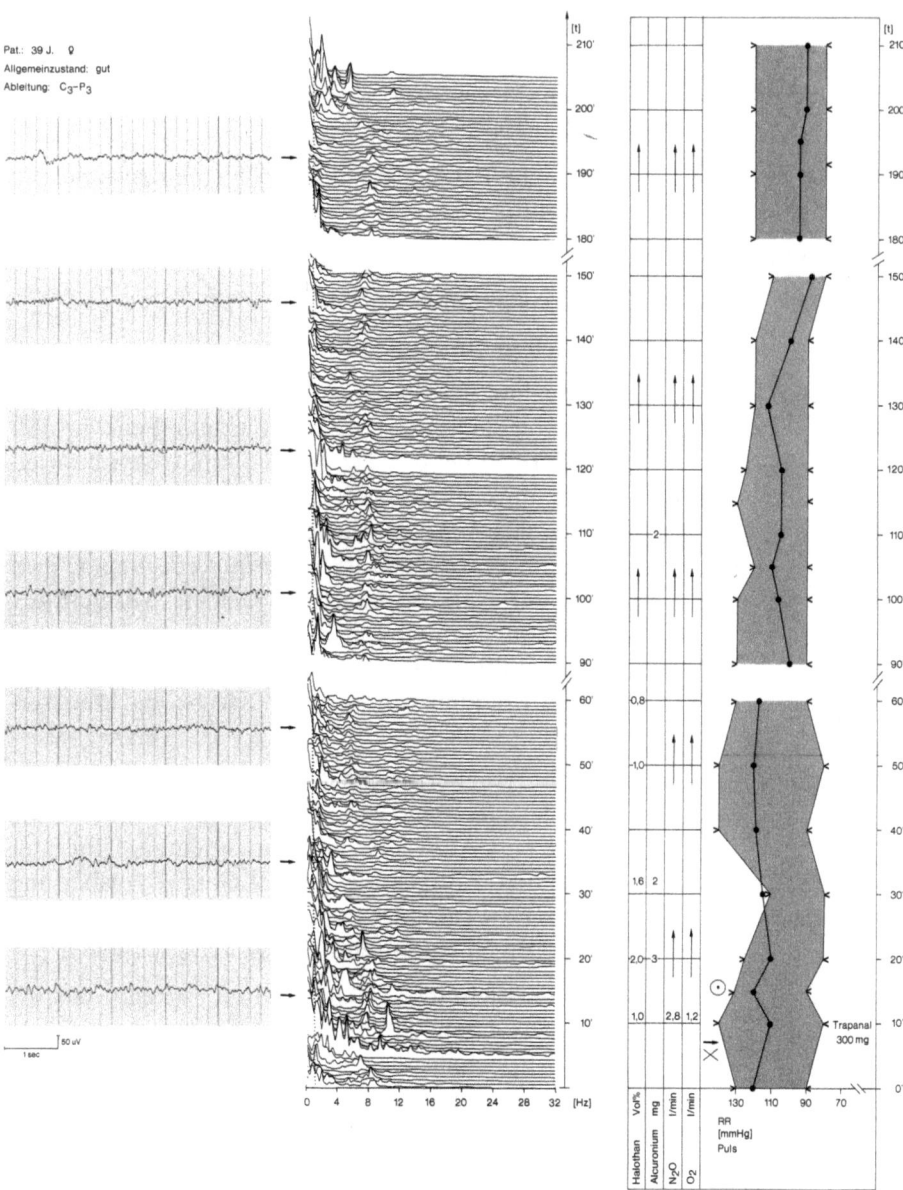

## Abbildung 150

| | |
|---|---|
| Narkoseart | Barbituratinduzierte Inhalationsnarkose (Ethrane) |
| EEG-Überwachung | Ausschnitt aus dem Narkoseverlauf. Narkosemittelüberhang am Operationsende |
| Klinische Situation | 39jähriger Patient in gutem Allgemeinzustand mit Cholelithiasis |
| Nebenerkrankungen | Keine |
| Operation | Cholezystektomie |
| Verlauf | Klinisch unauffällige Enfluranenarkose |
| EEG-Befund | Zu Beginn des Beobachtungszeitraums zeigt sich ein unregelmäßiges EEG mit einem Peak im Alpha-Bereich bei 8–9 Hz. Nach 5 min treten bei weiterhin unregelmäßigem EEG im Bereich von 4–5 Hz und 8 Hz deutliche Peaks auf. Dieses Bild bleibt im gesamten Narkoseverlauf erhalten. Gegen Ende der Narkose kann eine leichte Vermehrung der Frequenzanteile im Beta-Bereich, nach Wegfall der Operationsreize eine Einschränkung der dominanten Frequenz auf 5 und 9 Hz beobachtet werden |
| Beurteilung | Kontinuierliche oberflächliche Inhalationsnarkose. Eine leichte Beta-Vermehrung vor Narkoseende könnte eine Aufwachexzitation andeuten. Unter der Ausleitung Abflachung des EEG und Ausbildung eines 9-Hz-Peak. Der hohe Theta-Anteil läßt auf einen kräftigen Narkosemittelüberhang schließen |
| Ableitung | $C_3$-$P_3$; Eichung: 50 µV = 7 mm; Reg. Geschw.: 30 mm/s; Filter: 70 Hz; ZK: 0,3 s; Spektralanalyse in 30-s-Epochen |
| Medikation | Trapanal 3 mg/kg KG<br>Ethrane 2,0–0,5 Vol%<br>Alloferin 12 mg |

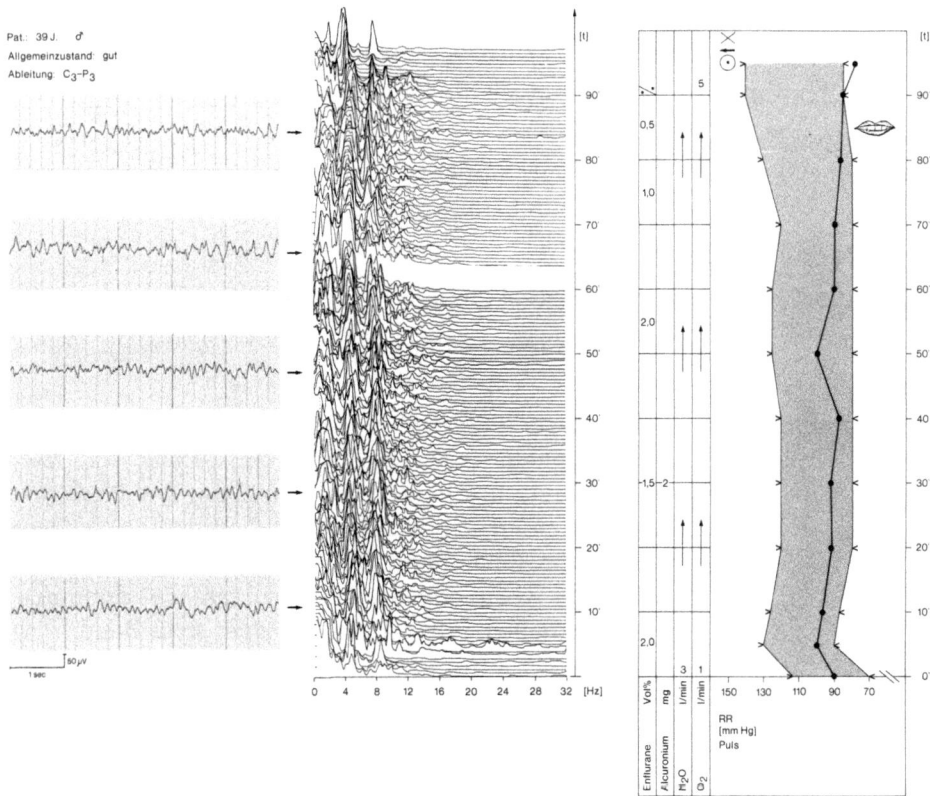

Pat.: 39 J. ♂
Allgemeinzustand: gut
Ableitung: C₃–P₃

## Abbildung 151

| Narkoseart | Barbituratinduzierte Inhalationsnarkose (Halothan) |
|---|---|
| EEG-Überwachung | Narkoseverlauf. Besonderheit: Zu flache Narkoseführung |
| Klinische Situation | 36jährige, adipöse Patientin in gutem Allgemeinzustand mit Cholelithiasis |
| Nebenerkrankungen | Keine |
| Operation | Cholezystektomie |
| Verlauf | Unauffälliger intraoperativer Narkoseverlauf, frühzeitiges „Gegenatmen" der Patientin |
| EEG-Befund | Zu Operationsbeginn herrschen langsame Frequenzanteile aus dem Delta-Theta-Band vor. Mit Eröffnung des Peritoneums erscheint ein Peak bei 7 Hz, zusätzlich werden hochamplitudige Wellen aus dem $Beta_1$-Band aktiviert. Im weiteren Verlauf – nach Reduktion der Halothanzufuhr – dominieren lediglich Frequenzen aus dem Beta-Band von 16–24 Hz. Eine kurzfristige Aktivierung von Delta und Verschwinden der Beta-Frequenzen wird gefolgt von erneuter Dominanz des Beta-Bandes. Unter der Narkoseausleitung keine weiteren Veränderungen |
| Beurteilung | Beispiel einer flachen Halothannarkose. Immer wieder auftretende Aktivierungen von Beta-Frequenzen sind als Exzitationsphänomene zu deuten. Die zur 90. min eintretende Frequenzreduktion ist durch Hyperventilation hervorgerufen. Rasch eintretende Aufwachphase. Extubation bei noch vorherrschendem Beta-EEG |
| Ableitung | $C_z$-$A_1$; Eichung: 50 µV = 7 mm; Reg. Geschw.: 30 mm/s; Filter: 70 Hz; ZK: 0,3 s; Spektralanalyse in 30-s-Epochen |
| Medikation | Trapanal 3 mg/kg KG<br>Halothan 0,4–1,0 Vol%<br>Alloferin 10 mg |

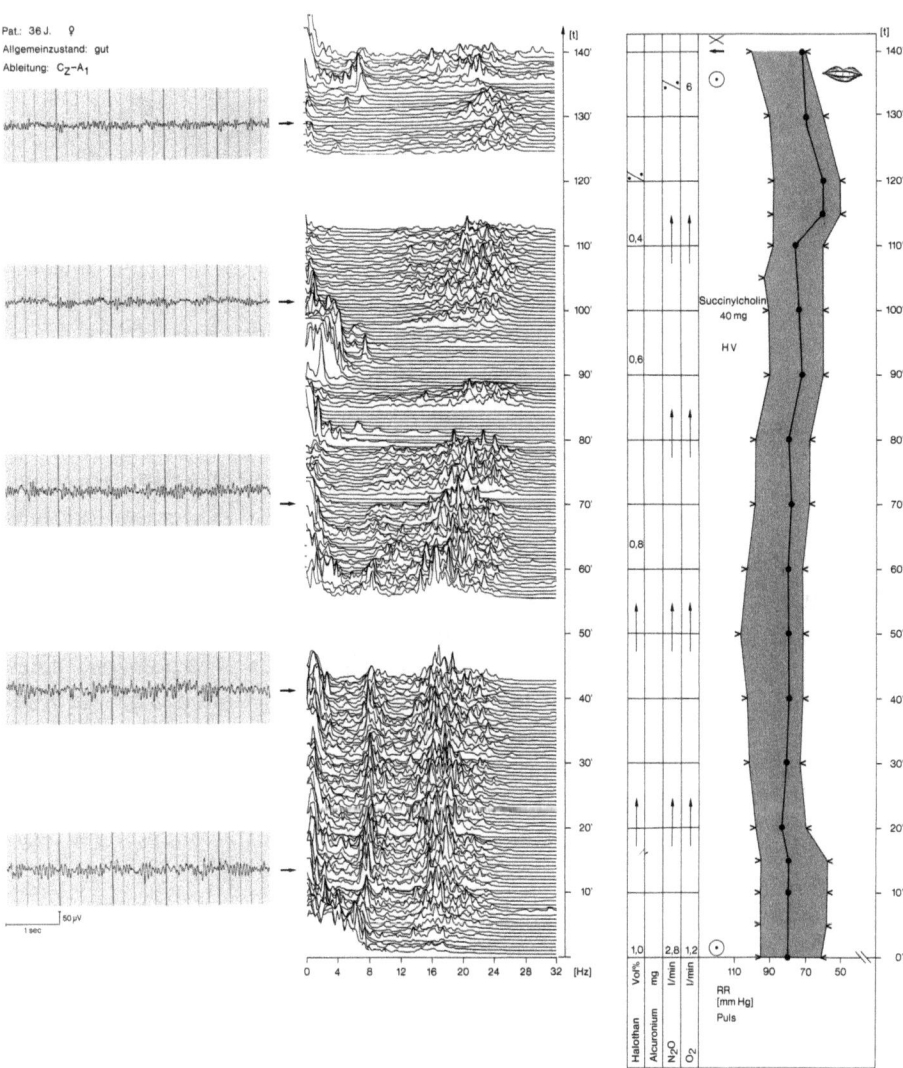

## Abbildung 152

| | |
|---|---|
| Narkoseart | Barbituratinduzierte Inhalationsnarkose (Halothan) |
| EEG-Überwachung | Narkoseverlauf |
| Klinische Situation | 35jährige Patientin mit Varicosis |
| Nebenerkrankungen | Keine |
| Operation | Varizenexhairese |
| Verlauf | Im gesamten Operationsverlauf hypotone Kreislaufsituation. Unauffällige Narkoseausleitung |
| EEG-Befund | Bei flachem Ausgangs-EEG nach Barbituratinjektion kurzfristige Aktivierung von Delta-Theta-Frequenzen bis 4 Hz und Beta-Frequenzen von 20 –30 Hz. Unter Halothanzufuhr Amplitudenreduktion. Unter Narkoseausleitung niederamplitudiges Beta-EEG |
| Beurteilung | Zunächst EEG-Bild einer Barbituratinduktion bei flachem Ausgangs-EEG. Unter Halothaninhalation keine Aktivierung langsamer Frequenzen. Dies spricht für eine flache Narkose, bei der als Äquivalent exzitatorischer Phasen Beta-Anteile auftreten. Bei Narkoseausleitung rasche Rückkehr zum Ausgangs-EEG. Insgesamt: Verlauf einer oberflächlichen barbituratinduzierten Inhalationsnarkose |
| Ableitung | $C_3$-$P_3$; Eichung: 50 µV = 7 mm; Reg. Geschw.: 30 mm/s; Filter: 70 Hz; ZK: 0,3 s; Spektralanalyse in 30-s-Epochen |
| Medikation | Trapanal 0,3 mg/kg KG Halothan 1,5–0,4 Vol% Alloferin 10 mg |

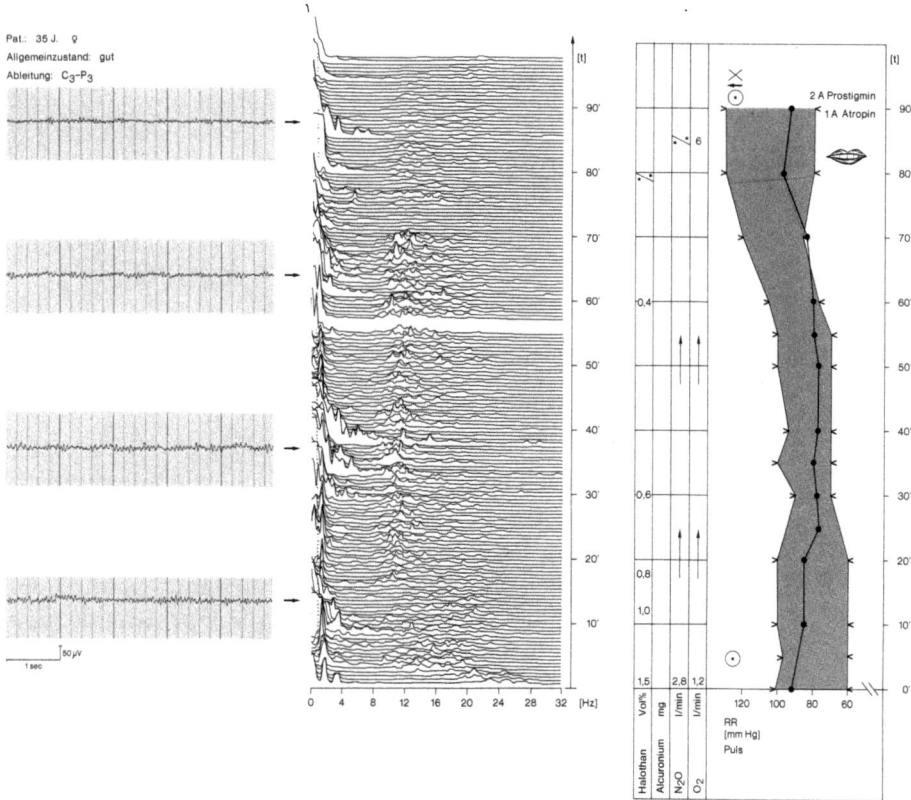

Pat.: 35 J. ♀
Allgemeinzustand: gut
Ableitung: C₃–P₃

**Abbildung 153**

| | |
|---|---|
| Narkoseart | Barbituratinduzierte Inhalationsnarkose (Ethrane) |
| EEG-Überwachung | Narkoseverlauf |
| Klinische Situation | 74jähriger Patient in reduziertem Allgemeinzustand mit malignem Verschlußikterus |
| Nebenerkrankungen | Pulmonal: Mittelgradige Ventilationseinschränkung.<br>EKG: Alter Vorderwandinfarkt |
| Operation | Probelaparotomie |
| Verlauf | Unauffälliger Narkoseverlauf. Nachbeatmung auf Intensivstation |
| EEG-Befund | Unregelmäßiges, altersspezifisch verändertes Ausgangs-EEG.<br>10 min nach Beobachtungsbeginn dominieren Frequenzen aus dem Delta-Theta-Band; geringe Alpha-Einstreuungen. 30 min nach Operationsbeginn treten Artefakte – bedingt durch Koagulieren mit dem Elektrokauter – über die gesamte Frequenzbreite des EEG auf. Gegen Ende der Narkose vermehrtes Auftreten von Frequenzen aus dem Alpha-Bereich, jedoch weiterhin Dominanz von Delta-Theta |
| Beurteilung | Tiefe Ethranenarkose mit verzögertem Aufwachen |
| Ableitung | $C_3$-$P_3$; Eichung: 50 µV = 7 mm; Reg. Geschw.: 30 mm/s; Filter: 70 Hz; ZK: 0,3 s; Spektralanalyse in 30-s-Epochen |
| Medikation | Trapanal 3 mg/kg KG<br>Ethrane 1,5–1,0 Vol%<br>Alloferin 8 mg |

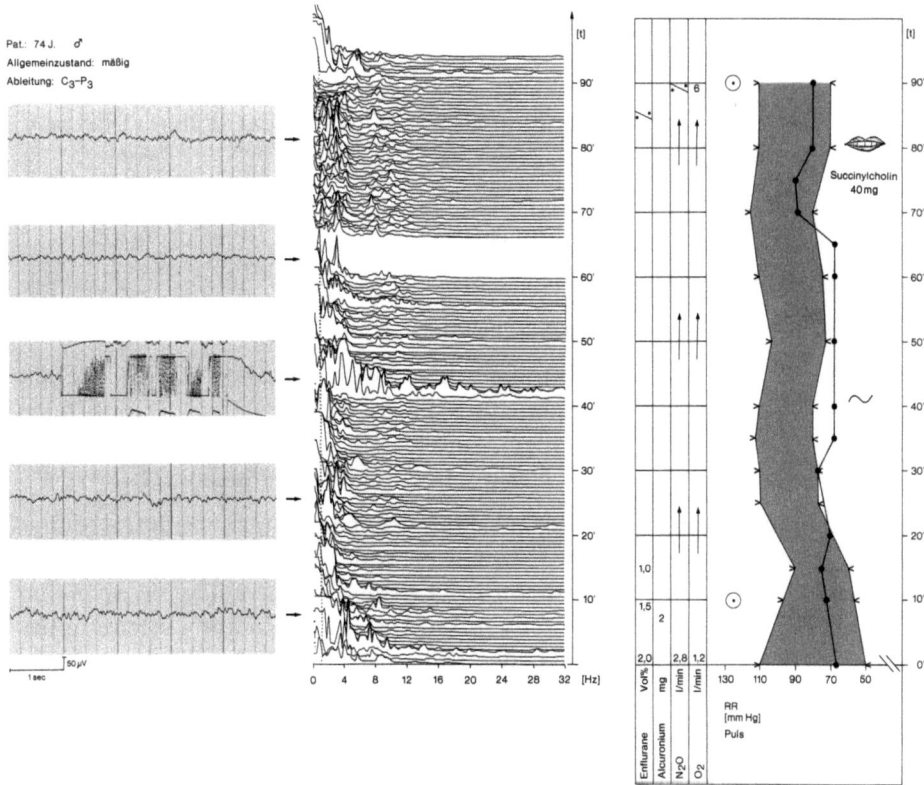

## Abbildung 154

| | |
|---|---|
| Narkoseart | Barbituratinduzierte Inhalationsnarkose (Ethrane) |
| EEG-Überwachung | Ungestörter Narkoseverlauf auch unter Auftreten kreislaufunwirksamer supraventrikulärer Extrasystolen |
| Klinische Situation | 46jähriger Patient in gutem Allgemeinzustand mit Cholelithiasis |
| Nebenerkrankungen | Keine |
| Operation | Cholezystektomie |
| Verlauf | Der intraoperative Narkoseverlauf ist bis auf das Auftreten passagerer ventrikulärer Extrasystolen ohne allgemeine Kreislaufwirkung unauffällig. Klinische Narkosetiefe III-1 nach Guedel |
| EEG-Befund | Zu Beginn des Beobachtungszeitraumes dominieren Frequenzen von 2 und 4 Hz aus dem Delta-Theta-Bereich. Geringe Einstreuungen schneller Beta-Frequenzen. Unter der Narkoseausleitung bilden sich die Delta-Theta-Wellen zurück, es formt sich ein Peak im Alpha-Bereich bei 10–12 Hz, der bei Extubation deutlich dominiert |
| Beurteilung | Im gesamten Narkoseverlauf wird eine mittlere Narkosetiefe, deutlich am vorherrschenden 4 Hz-Peak, beibehalten. Das Auftreten von Extrasystolen bedingt keine Veränderung der Hirnfunktion. Bei Narkoseausleitung zeigt die rasche Ausbildung von 10- bis 12-Hz-Frequenzen die gute Aufwachreaktion an |
| Ableitung | $C_3-P_3$; Eichung: 50 µV = 7 mm; Reg. Geschw.: 30 mm/s; Filter: 70 Hz; ZK: 0,3 s; Spektralanalyse in 30-s-Epochen |
| Medikation | Trapanal 3 mg/kg KG<br>Ethrane 1,0–1,5 Vol%<br>Alloferin 16 mg |

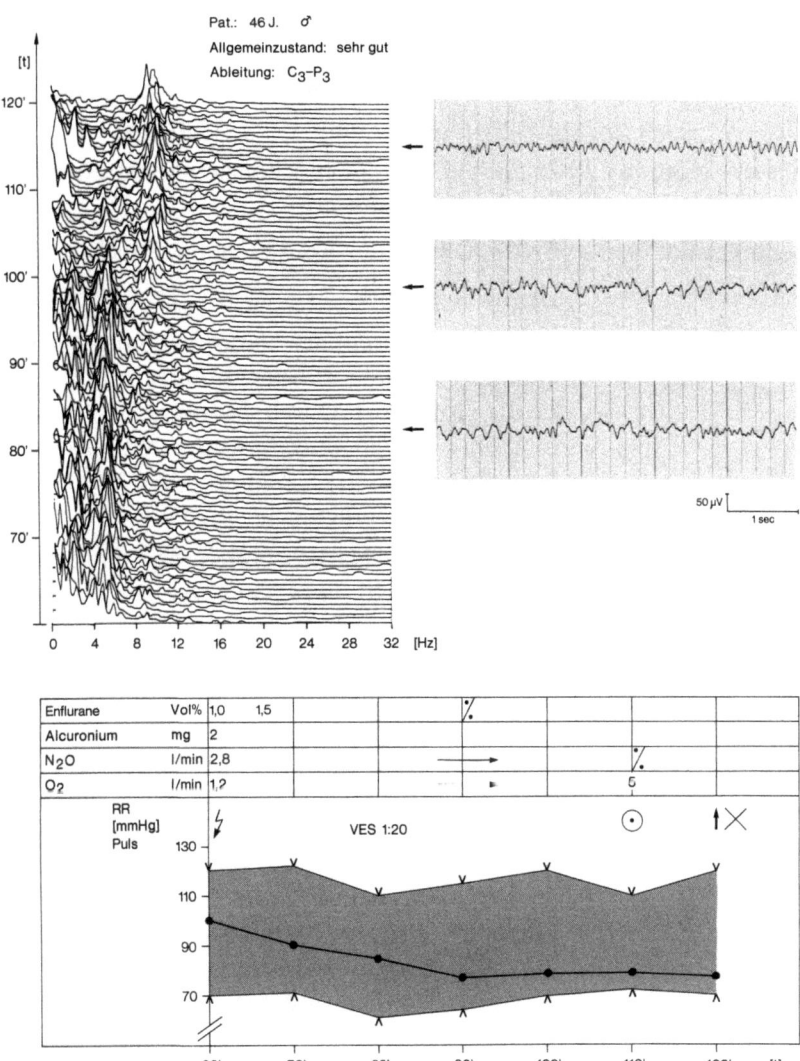

**Abbildung 155**

| | |
|---|---|
| Narkoseart | Barbituratinduzierte Inhalationsnarkose (Halothan) |
| EEG-Überwachung | Narkoseverlauf. Besonderheit: Intraoperative allergische Reaktion ohne EEG-Äquivalent |
| Klinische Situation | 78jähriger Patient in altersgemäßem Allgemeinzustand mit Colontumor |
| Nebenerkrankungen | EKG: Kompletter Rechtsschenkelblock |
| Operation | Hemicolektomie |
| Verlauf | Zunächst unauffälliger Narkoseverlauf. Nach abdomineller Spülung starker Blutdruckabfall, Tachykardie (160/min). Durch Therapie mit Corticoiden, Calcium, Tavegil und Xylocain Stabilisierung der Kreislaufverhältnisse. Postoperative Nachbeatmung in der Intensiveinheit |
| EEG-Befund | 10 min nach Narkoseeinleitung entspricht das hochamplitudige unregelmäßige EEG dem nach Barbituratgabe erwarteten Bild. Der hohe Anteil schneller Frequenzen nimmt im weiteren Verlauf ab. Über die gesamte Operationsdauer bleibt das EEG hochamplitudig, die dominante Frequenz liegt bei 4–5 Hz, dies entspricht einer tiefen Narkose (Guedel-Stadium $III_2$). Unter Blutdruckabfall findet lediglich eine weitere Reduzierung der oberen Frequenzen statt, die Spannung des EEG bleibt unverändert, keine Anzeichen einer cerebralen Mangelversorgung. Nach Behebung der Hypotonie erneuter Aufbau schneller Frequenzanteile. Zur Narkoseausleitung bildet sich ein zusätzlicher Peak bei 12 Hz, das EEG bleibt insgesamt unregelmäßig |
| Beurteilung | Nach ausklingender Barbituratwirkung ist eine gleichmäßige Narkose von mittlerer Tiefe erreicht. Unter Blutdruckabfall keine Beeinträchtigung der Hirnfunktion. Zur Narkoseausleitung gute Aufwachreaktion. Das EEG bleibt jedoch deutlich durch verzögertes Aufwachen verändert. Die verlängerte Ausleitungsphase auf Intensivstation ist auch nach dem EEG-Befund indiziert |
| Ableitung | $C_Z$-$A_1$; Eichung: 50 µV = 7 mm; Reg. Geschw.: 30 mm/s; Filter: 70 Hz; ZK: 0,3 s; Spektralanalyse in 30-s-Epochen |

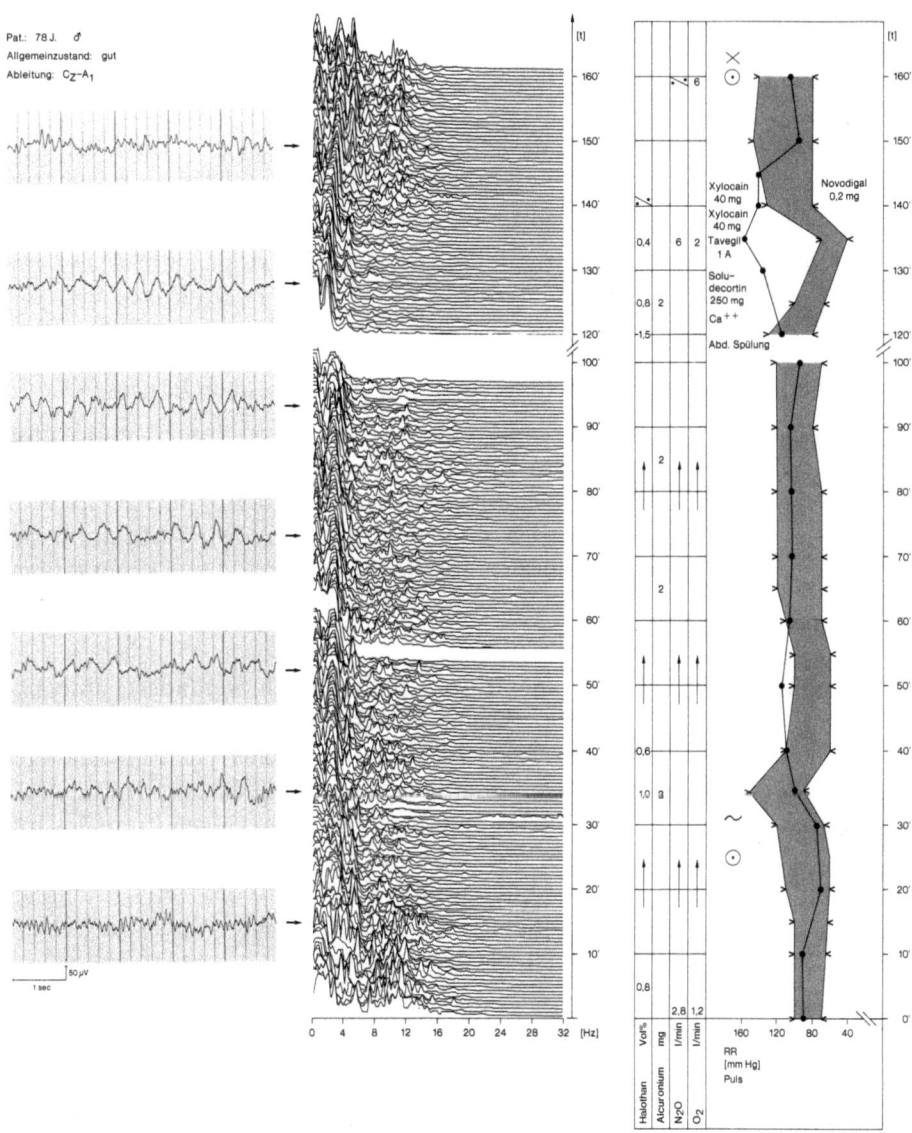

Pat.: 78 J.  ♂
Allgemeinzustand:  gut
Ableitung:  C$_Z$–A$_1$

Medikation                    Trapanal 3 mg/kg KG
                              Halothan 1,5–0,4 Vol%
                              Alloferin 19 mg

## Abbildung 156

| | |
|---|---|
| Narkoseart | Barbituratinduzierte Inhalationsnarkose mit Halothan |
| EEG-Überwachung | Besonderheit: Leicht ausgeprägtes EEG-Korrelat einer cerebralen Funktionseinschränkung während einer intraoperativen hypotonen Phase |
| Klinische Situation | 75jähriger Patient in gutem Allgemeinzustand mit Leistenhernie |
| Nebenerkrankungen | Keine |
| Operation | Verschluß einer Leistenhernie nach Bassini |
| Verlauf | Nach Narkoseeinleitung mit Barbiturat und Anfluten des Inhalationsanästhetikums (2,0 Vol% Halothan) deutlicher Blutdruckabfall. Nach Gabe von Effortil, Volumensubstitution sowie Abflachung der Narkose stabile Kreislaufverhältnisse. Unauffälliger weiterer Narkoseverlauf; unauffällige Narkoseausleitung |
| EEG-Befund | Ausgangs-EEG: pathologisch verändert, unregelmäßig. Nach Narkoseeinleitung hochgespannte Delta-Theta-Aktivität, danach unregelmäßiges EEG mit dominierenden Frequenzanteilen des Delta-, Theta- und Alpha-Bandes. Gegen Ende des Registrierungszeitraums zusätzliches Auftreten von Beta-Aktivität höherer Amplitude; Verlagerung der dominanten Frequenz in den Alpha-Bereich (8–10 Hz). Nach Narkoseende unregelmäßiges EEG |
| Beurteilung | Altersverändertes Ausgangs-EEG mit typischer Reaktion auf eine Inhalationsnarkose. Die kurzzeitige Reduktion schneller Frequenzen nach Narkoseeinleitung ist – neben der Barbituratwirkung – durch die Hypotonie bedingt. Gegen Narkoseende deutet das Auftreten der Beta-Aktivität ein Exzitationsstadium an. Das EEG kehrt dann unter Verringerung des Anteils langsamer Frequenzen zum Bild des Ausgangsbefundes zurück |
| Ableitung | $C_Z$-$A_1$; Eichung: 50 μV = 7 mm; Reg. Geschw.: 30 mm/s; Filter: 70 Hz; ZK: 0,3 s; Spektralanalyse in 30-s-Epochen |

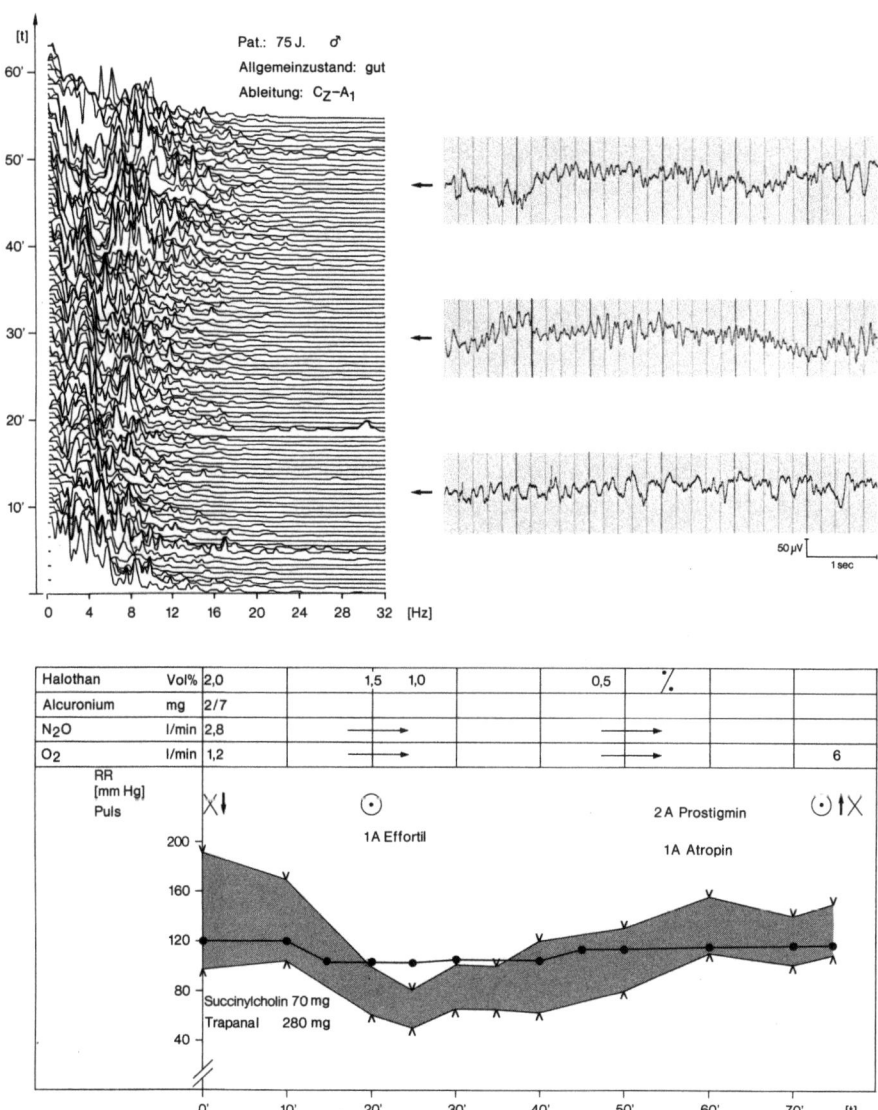

Medikation                        Trapanal 3 mg/kg KG
                                  Halothan 0,5–2,0 Vol%
                                  Alloferin 9 mg
                                  Pantolax 70 mg

**Abbildung 157**

| | |
|---|---|
| Narkoseart | Barbituratinduzierte Neuroleptanalgesie |
| EEG-Überwachung | Narkoseverlauf |
| Klinische Situation | 76jährige Patientin in mäßigem Allgemeinzustand mit Magentumor |
| Nebenerkrankungen | Hypertonus, coronare Herzkrankheit |
| Operation | Gastrektomie |
| Verlauf | Nach Narkoseeinleitung Blutdruckabfall auf 80 mm Hg systolisch. Nach Behebung der akuten Hypotonie intraoperativ hypertone Kreislaufsituation. Nachbeatmung auf der Intensivstation |
| EEG-Befund | Während der hypotonen Phase nach Narkoseeinleitung dominieren zunächst langsame Frequenzen bis 5 Hz. Darauf folgt ein unregelmäßiges EEG mit einem hohen Anteil von Alpha. Die schnellen Frequenzen ändern sich während des Narkoseverlaufs mehrfach. Einstreuungen aus dem Beta-Bereich sowie Beschleunigung oder Verlangsamung von Theta-Frequenzen gestalten das EEG-Bild unmittelbar vor Operationsende. Bei Abschluß der Überwachung zeigen ein hoher Theta-Anteil und Abbau von Alpha noch ein tiefes Narkosestadium an |
| Beurteilung | Neuroleptanalgesie mit wechselnder Narkosetiefe. Die analgetische Phase der NLA wird immer wieder von Narkoseabflachungen und -vertiefungen unterbrochen. Zu Beginn der Narkose deutlicher Einfluß der Hypotonie auf die cerebrale Funktion |
| Ableitung | $C_3$-$P_3$; Eichung: 50 µV = 7 mm; Reg. Geschw.: 30 mm/s; Filter: 70 Hz; ZK: 0,3 s; Spektralanalyse in 30-s-Epochen |
| Medikation | Trapanal 5 mg/kg KG, Fentanyl 1,0 mg, DHB 10 mg, Alloferin 18 mg |

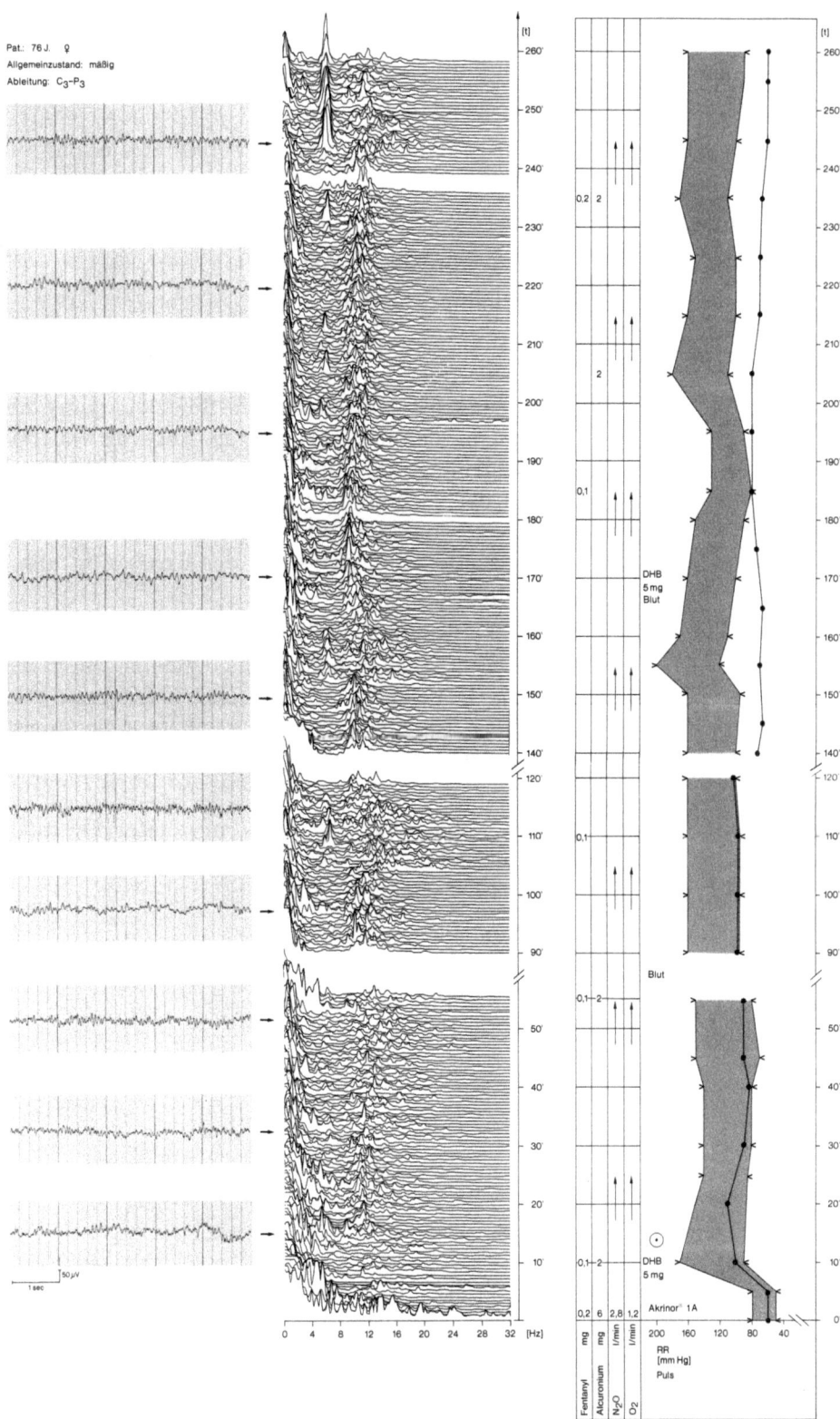

Pat.: 76 J.  ♀
Allgemeinzustand: mäßig
Ableitung: C₃-P₃

50 μV

1 sec

**Abbildung 158**

| | |
|---|---|
| Narkoseart | Barbituratinduzierte Neuroleptanalgesie |
| EEG-Überwachung | Narkoseverlauf |
| Klinische Situation | 44jährige Patientin in gutem Allgemeinzustand mit Ulcus duodeni |
| Nebenerkrankungen | Keine |
| Operation | Selektive proximale Vagotomie |
| Verlauf | Unauffälliger Narkoseverlauf |
| EEG-Befund | Alpha-Ausgangs-EEG mit Dominanz von 10 Hz. Delta-Frequenzen von 0,5–3 Hz. Bei Operationsbeginn zunächst Abflachung und Beschleunigung der Frequenz, dann Rückkehr zum Ausgangsbild mit Verschiebung des Alpha-Bereichs auf 9 Hz. Zwischen der 75. und 100. min deutliche Abflachung. Auftreten von 20 bis 30 Hz Frequenzen gegen Operationsende. Zum Zeitpunkt der Extubation unregelmäßiges EEG |
| Beurteilung | Charakteristischer Verlauf einer Neuroleptanalgesie. Der anfänglich hohe Delta-Anteil ist durch die initiale DHB-Gabe bedingt. Der 10 Hz-Peak entspricht der analgetischen Phase. Nach Operationsbeginn und gegen Ende der Narkose leichte Aufwachreaktionen |
| Ableitung | $C_3$-$P_3$; Eichung: 50 µV = 7 mm; Reg. Geschw.: 30 mm/s; Filter: 70 Hz; ZK: 0,3 s; Spektralanalyse in 30-s-Epochen |
| Medikation | Trapanal 0,3 mg/kg KG<br>Fentanyl 0,8 mg<br>DHB 5 mg<br>Alloferin 16 mg |

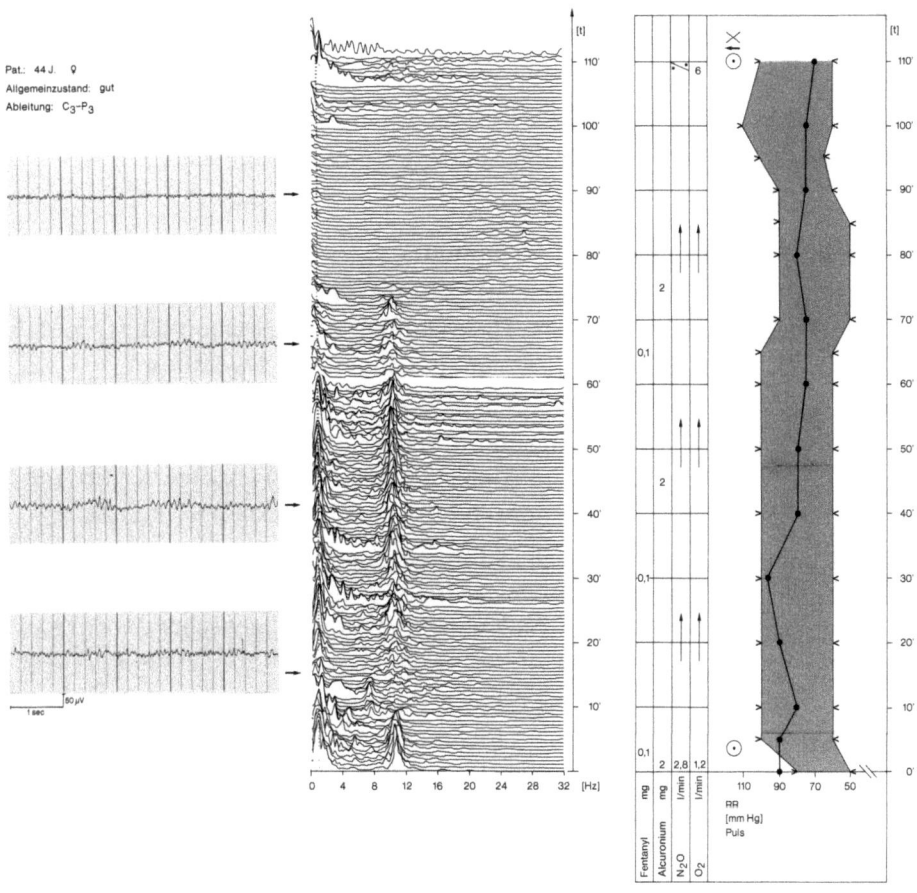

Pat.: 44 J. ♀
Allgemeinzustand: gut
Ableitung: C₃–P₃

**Abbildung 159**

| | |
|---|---|
| Narkoseart | Barbituratinduzierte Neuroleptanalgesie |
| EEG-Überwachung | Narkoseverlauf |
| Klinische Situation | 45jähriger Patient mit Duodenalulcera |
| Nebenerkrankungen | Keine |
| Operation | Biebl-Operation |
| Verlauf | Nach Narkoseeinleitung Blutdruckerhöhung bis 150 mm Hg systolisch, danach unauffälliger Verlauf der insgesamt 6 h dauernden Operation |
| EEG-Befund | Das unregelmäßige Ausgangs-EEG ist nach Operationsbeginn durch Peaks im Delta-Bereich (0,5 Hz) und im Alpha-Bereich (7 Hz) geprägt. Keine Änderung während des gesamten Narkoseverlaufs |
| Beurteilung | Das gleichförmige niederamplitudige EEG spricht für eine gleichmäßig tiefe Neuroleptanalgesie; der 8 Hz-Peak entspricht der analgetischen NLA-Phase. Insgesamt: Gleichmäßig geführte Neuroleptanalgesie |
| Ableitung | $C_3$-$P_3$; Eichung: 50 µV = 7 mm; Reg. Geschw.: 30 mm/s; Filter: 70 Hz; ZK: 0,3 s; Spektralanalyse in 30-s-Epochen |
| Medikation | Trapanal 0,3 mg/kg KG<br>Fentanyl 2,0 mg<br>DHB 22,5 mg<br>Alloferin 20 mg |

Pat.: 45 J. ♂
Allgemeinzustand: gut
Ableitung: C₃–P₃

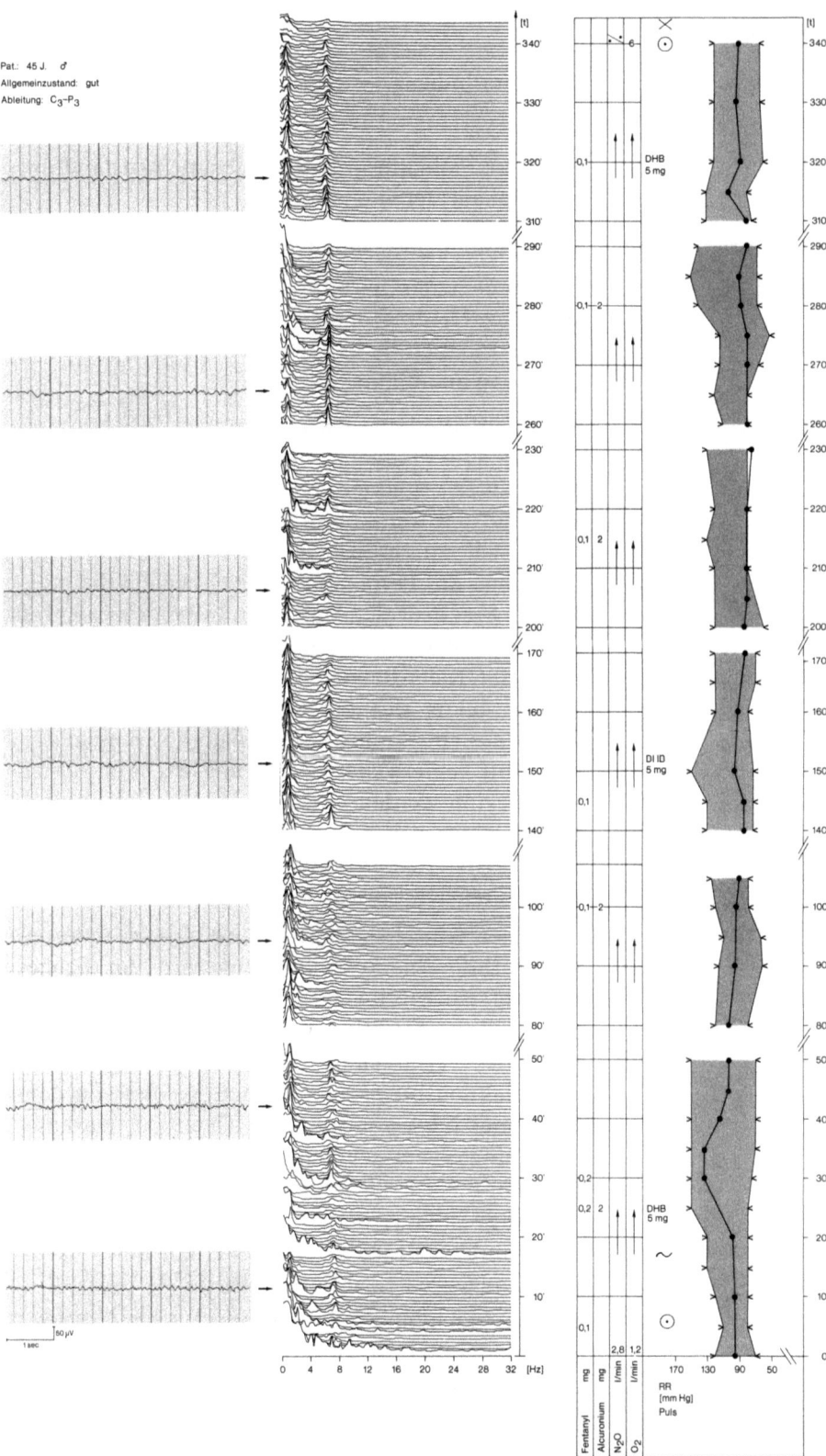

**Abbildung 160**

| | |
|---|---|
| Narkoseart | Barbituratinduzierte Neuroleptanalgesie |
| EEG-Überwachung | Narkoseverlauf |
| Klinische Situation | 53jährige Patientin in gutem Allgemeinzustand mit präösophagealer Gleithernie |
| Nebenerkrankungen | Mittelgradige obstruktive Ventilationsstörung |
| Verlauf | Einleitung einer barbituratinduzierten Neuroleptanalgesie. Der intraoperative Verlauf ist bis auf eine 30 min andauernde hypotone Phase nach Narkoseeinleitung unauffällig |
| EEG-Befund | Nach Einleitung der Narkose ist das EEG hochamplitudig. Die Frequenzanteile reichen bis 24 Hz mit dominanter Frequenz im Delta-Theta-Bereich. Während der weiteren präoperativen Vorbereitung bildet sich ein zusätzlicher Peak bei 8 Hz aus. Bei Eröffnung des Peritoneums verschwinden die langsamen Frequenzen, Alpha- und Beta-Frequenzen werden aktiviert. Danach treten erneut Frequenzen im Delta-Theta-Bereich in den Vordergrund; zusätzlich bildet sich ein hoher Alpha-Anteil bei 8–9 Hz aus. Bis zum Zeitpunkt der Narkoseausleitung tritt keine weitere Änderung ein. Mit Ausleitungsbeginn werden die langsamen Frequenzanteile abgebaut, das Beta-Band mit Frequenzen bis 28 Hz aktiviert. Bei Extubation ist ein Alpha-EEG mit zahlreichen Einstreuungen von Beta erreicht |
| Beurteilung | Nach den typischen EEG-Veränderungen unter einer Barbituratnarkoseeinleitung wird ein flaches Stadium einer NLA erreicht, der 8-Hz-Peak entspricht der analgetischen NLA-Phase. Bei Eröffnung des Peritoneums kann eine deutliche Aufwachreaktion beobachtet werden, gefolgt von dem Bild einer NLA von mittlerer Tiefe. Zur Narkoseausleitung erneut deutliche Streßreaktion (Beta-Aktivierung). Nach Beendigung der Operation ist das Ausgangs-EEG wieder erreicht. Insgesamt: Charakteristischer Verlauf einer barbituratinduzierten Neuroleptanalgesie |
| Ableitung | $C_Z$-$A_1$; Eichung: $50 \mu V = 7$ mm; Reg. Geschw.: 30 mm/s; Filter: 70 Hz; ZK: 0,3 s; Spektralanalyse in 30-s-Epochen |

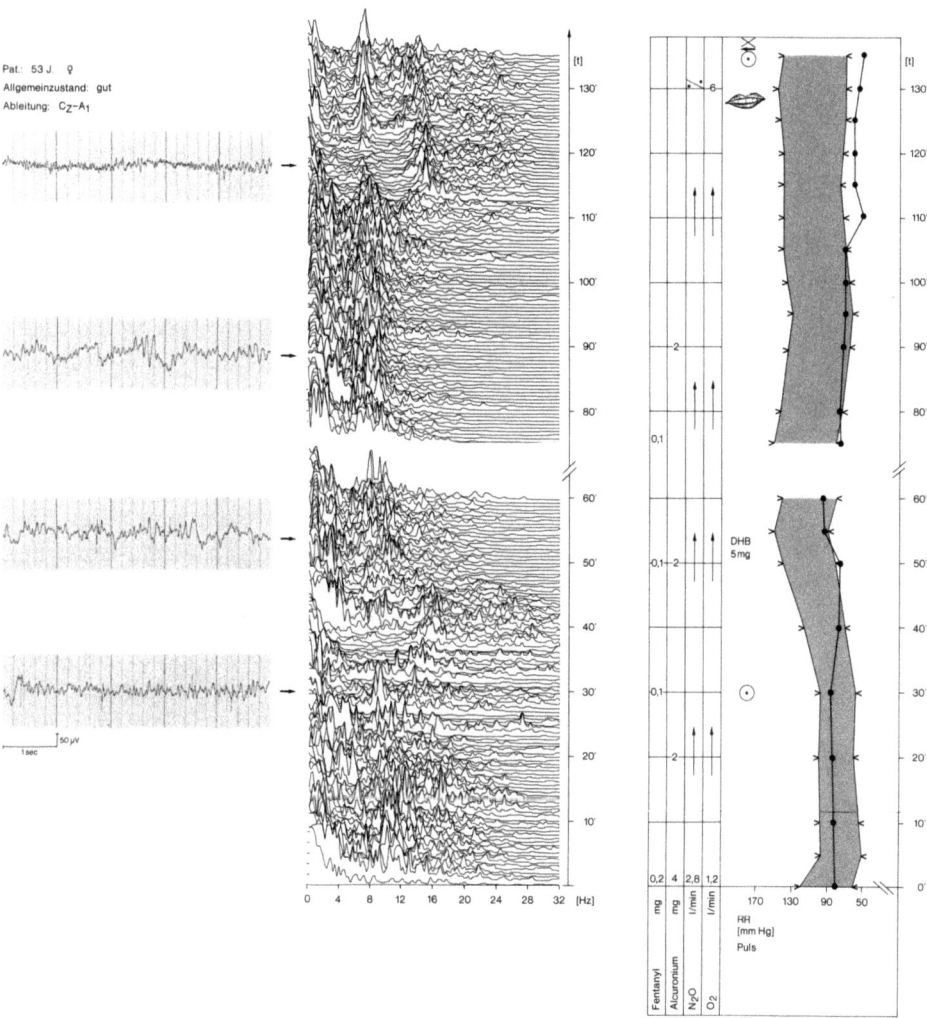

Pat.: 53 J.  ♀
Allgemeinzustand: gut
Ableitung: C$_Z$–A$_1$

Medikation          Trapanal 3 mg/kg KG,
                    Fentanyl 0,6 mg
                    DHB 5 mg, Alloferin 12 mg

## Abbildung 161

| | |
|---|---|
| Narkoseart | Barbituratinduzierte Neuroleptanalgesie |
| EEG-Überwachung | Verlauf einer Neuroleptanalgesie |
| Klinische Situation | 75jähriger Patient in altersentsprechendem Allgemeinzustand mit Rektumkarzinom |
| Nebenerkrankungen | EKG: Erregungsrückbildungsstörung, digitalisiert |
| Operation | Rektumresektion |
| Verlauf | Klinisch unauffälliger Verlauf einer Neuroleptanalgesie. Bei Operationsbeginn deutlicher Blutdruckanstieg als klinisches Zeichen einer Aufwachreaktion |
| EEG-Befund | Zu Beginn der Registrierung zeigt sich ein niederamplitudiges EEG mit Überwiegen langsamer Frequenzen bis 4 Hz und nur geringen Alpha-Einstreuungen. Bei Operationsbeginn (20. min) Abbau der langsamen und abrupter Aufbau der schnellen Frequenzen zwischen 9 und 13 Hz mit hoher Amplitude. Danach Übergang in ein unregelmäßiges EEG mit einem zusätzlichen Peak bei 6–7 Hz. Im weiteren Verlauf Zunahme der langsamen Frequenzanteile bei weiter bestehenden unregelmäßigen Alpha-Wellen |
| Beurteilung | Nach Einleitung der Neuroleptanalgesie wird unter hypotoner Kreislaufsituation eine Depression der Hirnfunktion durch niedrige Amplituden und Einschränkung der Frequenzen im EEG angezeigt. Diese entspricht der narkotischen Phase einer NLA. Nach Operationsbeginn deutliche Aufwachreaktion (Amplitudenzunahme, Frequenzbeschleunigung). Die folgende Gabe von DHB und Fentanyl bewirkt eine Zunahme langsamer Frequenzen im Theta-Bereich, es zeigt sich der typische 6- bis 8-Hz Peak der analgetischen Phase (40. min) einer NLA bei noch deutlichen Einstreuungen schneller Frequenzen. Keine weiteren Veränderungen im Verlauf. Insgesamt: Nach der Einleitungsphase oberflächlich geführte Neuroleptanalgesie |
| Ableitung | $C_3$-$P_3$; Eichung: 50 µV = 7 mm; Reg. Geschw.: 30 mm/s; Filter: 70 Hz; ZK: 0,3 s; Spektralanalyse in 30-s-Epochen |

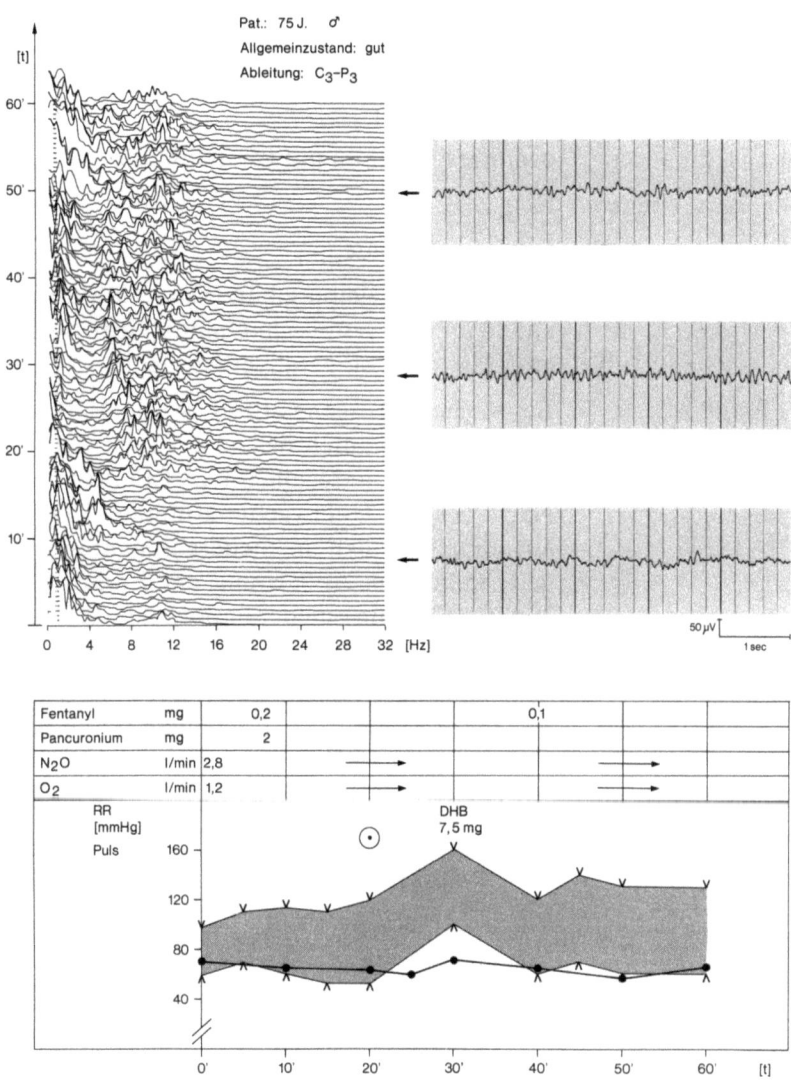

| Fentanyl | mg | 0,2 | | | | | 0,1 | | | |
| Pancuronium | mg | 2 | | | | | | | | |
| N₂O | l/min | 2,8 | | | | | | | | |
| O₂ | l/min | 1,2 | | | | | | | | |

Medikation          Trapanal 5 mg/kg KG
                    Fentanyl 0,7 mg
                    DHB 7,5 mg
                    Pancuronium 6 mg

**Abbildung 162**

| | |
|---|---|
| Narkoseart | Barbituratinduzierte Neuroleptanalgesie |
| EEG-Überwachung | Narkoseverlauf |
| Klinische Situation | 41jährige Patientin mit Cholelithiasis |
| Nebenerkrankungen | Keine |
| Operation | Cholezystektomie |
| Verlauf | Vor Narkoseeinleitung kurzfristiger Blutdruckabfall auf 80 mm Hg systolisch. Unauffälliger Narkoseverlauf, rasches postoperatives Erwachen |
| EEG-Befund | Bei flachem Ausgangs-EEG ist die Narkoseeinleitung (12. min) durch das nach Barbituratgabe charakteristische unregelmäßige EEG-Bild geprägt. Nach der 20. Überwachungsminute Übergang in ein anhaltend extrem niedergespanntes EEG, das gelegentlich bei Abflachung der Narkosetiefe (48., 70, 76., 128. min) niederamplitudige Beta-Aktivität aufweist |
| Beurteilung | Sehr tiefe Neuroleptanalgesie mit über den gesamten Operationszeitraum anhaltender narkotischer Phase |
| Ableitung | $C_3$-$P_3$; Eichung: 50 μV = 7 mm; Reg. Geschw.: 30 mm/s; Filter: 70 Hz; ZK: 0,3 s; Spektralanalyse in 30-s-Epochen |
| Medikation | Trapanal 0,3 mg/kg KG<br>Fentanyl 0,8 mg<br>DHB 10 mg<br>Alloferin 16 mg |

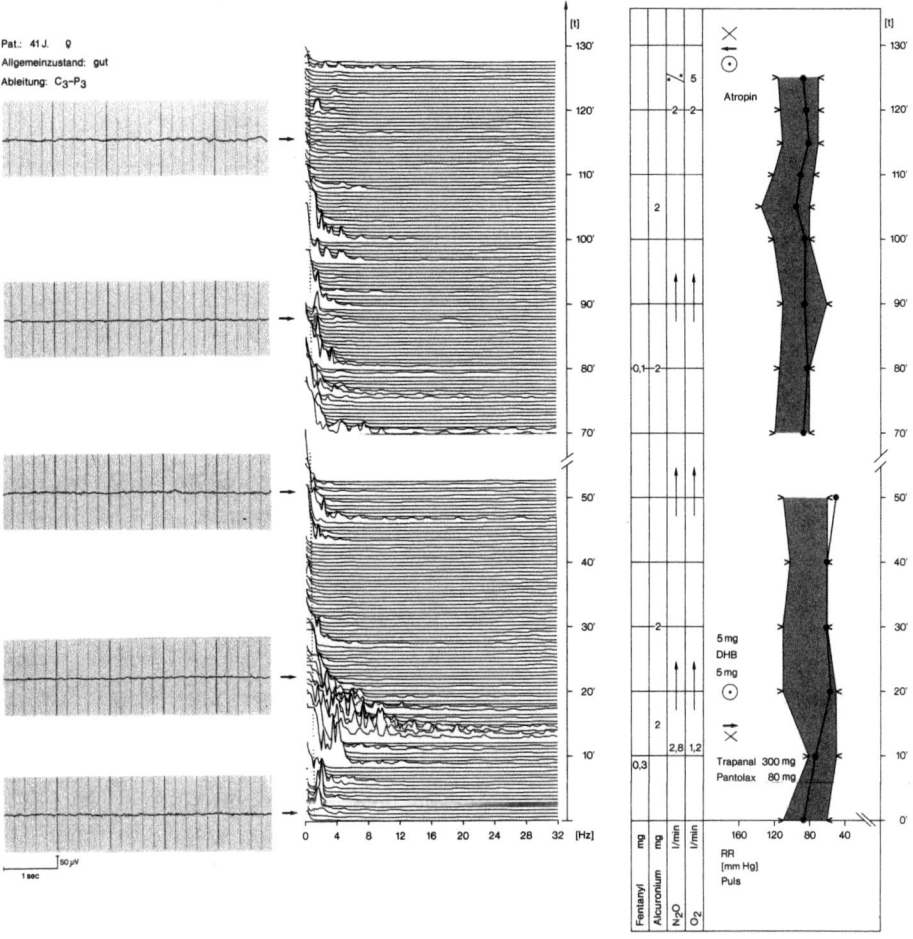

**Abbildung 163**

| | |
|---|---|
| Narkoseart | Barbituratinduzierte Neuroleptanalgesie |
| EEG-Überwachung | Narkoseverlauf |
| Klinische Situation | 74jährige Patientin in mäßigem Allgemeinzustand mit metastasierendem Magenkarzinom |
| Vorerkrankungen | Pulmonal: Einschränkung der Vitalkapazität. EKG: Bifaszikulärer Block. Präoperative Bradykardie |
| Operation | Probelaparotomie |
| Verlauf | Blutdruckspitze nach Intubation, sonst unauffälliger Narkoseverlauf. Postoperative Nachbeatmung |
| EEG-Befund | Zu Beginn der Registrierung nach Narkoseeinleitung ist die dominante Frequenz im Delta- und Theta-Bereich bei 2–4 Hz lokalisiert. Schnelle Frequenzen bis 20 Hz sind eingestreut. Während der Narkoseausleitung Bildung eines Peak bei 8–12 Hz bei unverändert hohem Delta-Theta-Anteil |
| Beurteilung | Gleichmäßig geführte Neuroleptanalgesie entsprechend einer mittleren bis tiefen Narkose. Obgleich der Blutdruck bei Operationsbeginn deutlich ansteigt, zeigt sich keine Aufwachreaktion im EEG. Zur Narkoseausleitung hat sich zwar ein hoher Alpha-Anteil aufgebaut; der ebenso hohe Delta-Theta-Anteil dokumentiert jedoch einen Narkosemittelüberhang, der mit dem klinischen Bild korreliert. Insgesamt: Mittlere bis tiefe Neuroleptanalgesie |
| Ableitung | $C_3$-$P_3$; Eichung: 50 µV = 7 mm; Reg. Geschw.: 30 mm/s; Filter: 70 Hz; ZK: 0,3 s; Spektralanalyse in 30-s-Epochen |
| Medikation | Trapanal 0,3 mg/kg KG<br>Fentanyl 0,6 mg<br>DHB 10 mg<br>Alloferin 14 mg |

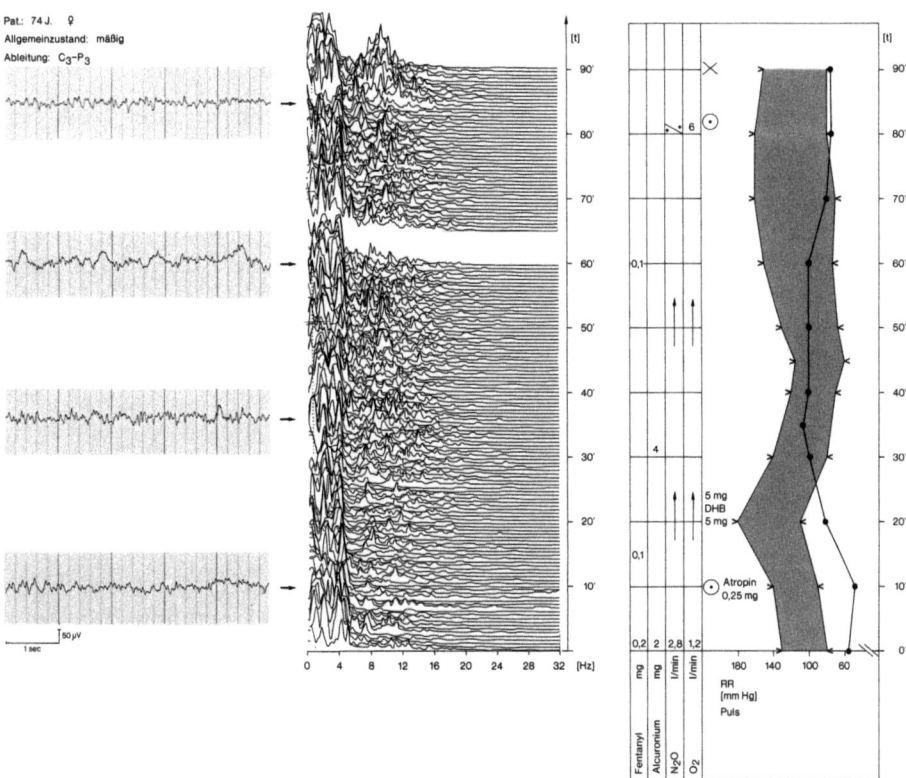

Pat.: 74 J. ♀
Allgemeinzustand: mäßig
Ableitung: C₃–P₃

**Abbildung 164**

| | |
|---|---|
| Narkoseart | Barbituratinduzierte Neuroleptanalgesie |
| EEG-Überwachung | Langanhaltende narkotische Phase einer NLA bei einem geriatrischen Patienten mit ungenügenden Aufwachzeichen bei Operationsende. Deshalb Nachbetreuung in der Intensiveinheit |
| Klinische Situation | 91jähriger Patient in mäßigem Allgemeinzustand mit Rektumkarzinom |
| Nebenerkrankungen | Pulmonal: Schwere Einschränkung der Vitalkapazität; EKG: AV-Block I° |
| Operation | Anus praeter-Anlage |
| Verlauf | Unauffälliger Verlauf einer Neuroleptanalgesie; der Patient wird postoperativ intubiert auf die Intensivstation gebracht |
| EEG-Befund | 60 Minuten nach Narkoseeinleitung ist das EEG flach und unregelmäßig. Mit Operationsende und Narkoseausleitung bildet sich ein Peak bei 4 Hz aus, nur zögernd folgt ein Übergang auf ein unregelmäßiges EEG mit einer dominierenden Frequenz von 8–9 Hz |
| Beurteilung | Nach Gesamtgabe von 0,6 mg Fentanyl und 5 mg DHB ist eine tiefe Depression der zerebralen Funktion erzielt, die hier im dargestellten Registrierzeitraum zwischen der 60. und 80. min deutlich ist. Entsprechend werden unter der Narkoseausleitung nur zögernd die EEG-Frequenzen beschleunigt. Am Ende des Beobachtungszeitraums ist das EEG unregelmäßig, der Patient noch nicht wach und wird deshalb nicht extubiert. Die starke Reaktion der Hirnfunktion auf die Neuroleptanalgesie mit langanhaltender narkotischer NLA-Phase kann als altersentsprechend angesehen werden |
| Ableitung | $C_3$-$P_3$; Eichung: 50 µV = 7 mm; Reg. Geschw.: 30 mm/s; Filter: 70 Hz; ZK: 0,3 s; Spektralanalyse in 30-s-Epochen |
| Medikation | Trapanal 3 mg/kg KG<br>Fentanyl 0,65 mg<br>DHB 5 mg<br>Alloferin 15 mg |

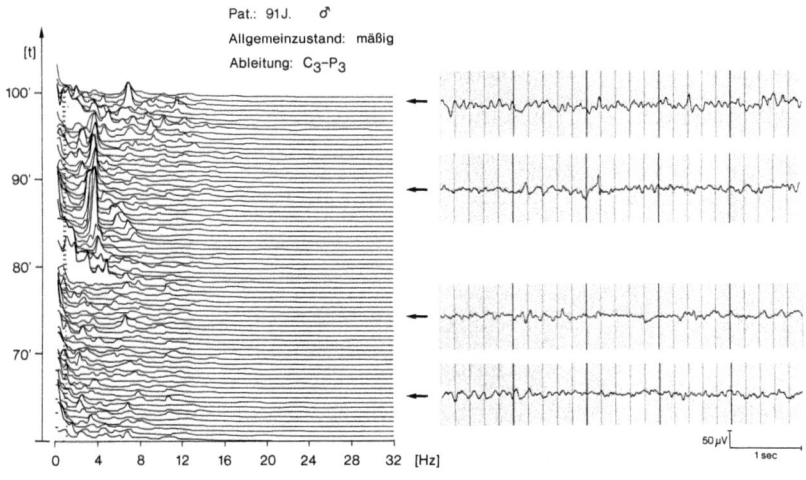

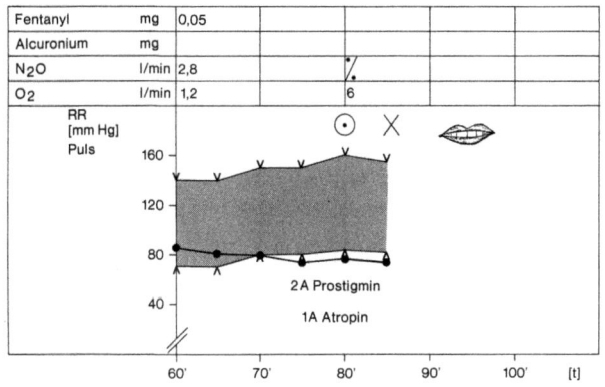

**Abbildung 165**

| | |
|---|---|
| Narkoseart | Barbituratinduzierte Neuroleptanalgesie |
| EEG-Überwachung | Ausschnitt aus dem Narkoseverlauf. Besonderheit: Aufwachreaktion bei Operationsbeginn |
| Klinische Situation | 79jährige Patientin in mäßigem Allgemeinzustand mit Colontumor |
| Nebenerkrankungen | Keine |
| Operation | Hemicolektomie |
| Verlauf | Unauffälliger Narkoseverlauf |
| EEG-Befund | 10 min nach Narkoseeinleitung unregelmäßiges EEG mit hochamplitudigen Delta-Theta-Frequenzen und schnelleren Frequenzen bis 24 Hz. Im weiteren Verlauf bleibt das EEG unregelmäßig bei max. Frequenz von 12 Hz und hohem Delta-Theta-Anteil. Bei Operationsbeginn deutlicher Abbau der langsamen Frequenzen und Aktivierung schneller Wellen im Beta-Bereich bis 28 Hz. Dieses Bild hält für die Dauer von 10 min an. Es folgt der Übergang zu dem auch vorher bestehenden unregelmäßigen EEG hoher Amplitude mit dominierenden Delta-Theta-Frequenzen und einem 12-Hz-Peak. Zusätzlich Beta-Einstreuungen |
| Beurteilung | Die anfänglich angedeutete analgetische Phase der Neuroleptanalgesie wird bei Operatonsbeginn durch eine Aufwachreaktion mit Aktivierung schneller Frequenzen unterbrochen. Nach Narkosevertiefung erneutes Auftreten einer analgetischen NLA-Phase. Insgesamt: Oberflächliche Neuroleptanalgesie mit angedeuteter analgetischer NLA-Phase |
| Ableitung | $C_Z$-$A_1$; Eichung: 50 µV = 7 mm; Reg. Geschw.: 30 mm/s; Filter: 70 Hz; ZK: 0,3 s; Spektralanalyse in 30-s-Epochen |
| Medikation | Trapanal 0,3 mg/kg KG<br>Fentanyl 0,4 mg<br>DHB 10 mg<br>Alloferin 14 mg |

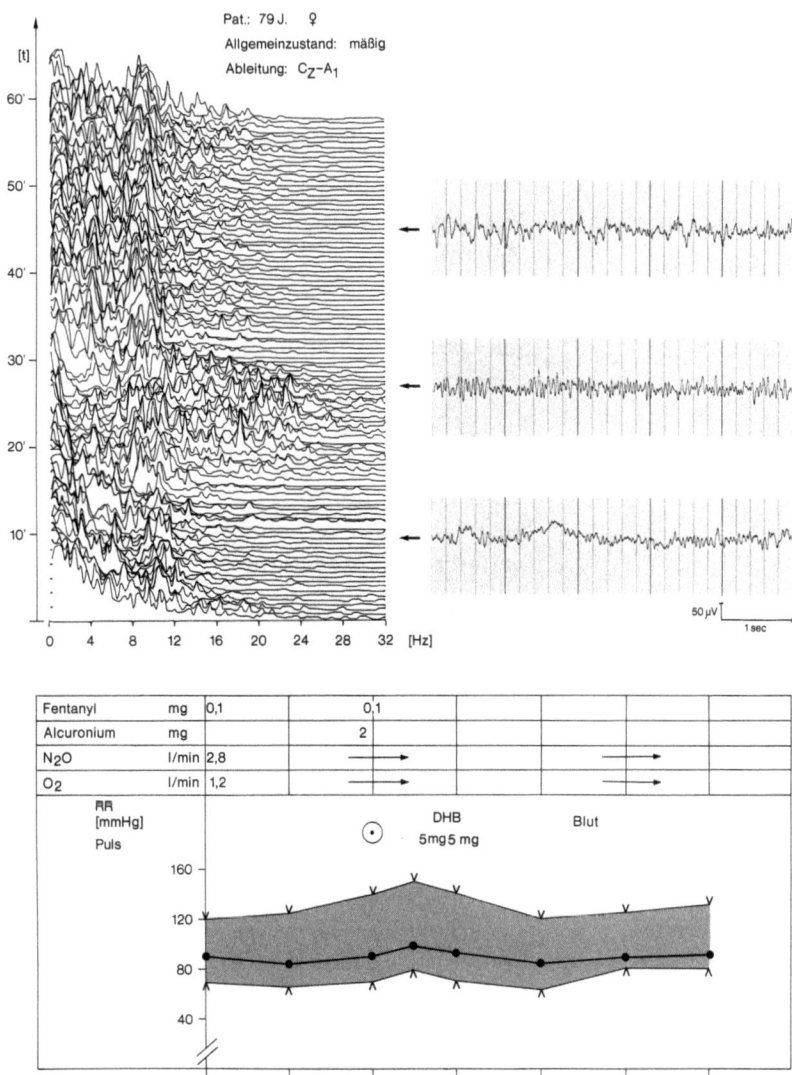

**Abbildung 166**

| | |
|---|---|
| Narkoseart | Barbituratinduzierte Neuroleptanalgesie |
| EEG-Überwachung | Ausschnitt aus dem Verlauf einer barbituratinduzierten Neuroleptanalgesie: Aufwachreaktion bei Operationsbeginn |
| Klinische Situation | 36jähriger Patient in gutem Allgemeinzustand mit Magenulcera |
| Nebenerkrankungen | Keine |
| Operation | Selektive proximale Vagotomie und Magenteilresektion |
| Verlauf | Einleitung einer barbituratinduzierten Neuroleptanalgesie mit 7,5 mg DHB und 0,4 mg Fentanyl. Nach Operationsbeginn deutlicher Blutdruckanstieg; Narkosevertiefung. Klinisch unauffälliger weiterer Narkoseverlauf |
| EEG-Befund | Zu Beginn des Beobachtungszeitraums zeigt sich eine 0,5-Hz-Aktivität, entsprechend der narkotischen Phase einer NLA. Bei Operationsschnitt, 5 min nach Beginn der Registrierung, Auftreten niederamplitudiger und schneller Aktivität im Alpha- und Beta-Bereich. 25 min nach Narkoseeinleitung erscheint ein Peak bei 6–7 Hz, der gleichbleibend bis zum Ende des Beobachtungszeitraums anhält. |
| Beurteilung | Bei Operationsbeginn zeigt sich im EEG eine Aufwachreaktion durch vermehrtes Auftreten schneller Frequenzen. Nach nochmaliger Gabe von Fentanyl bildet sich die typische „analgetische Phase" einer NLA mit niedriger Amplitude aus. Keine weiteren Veränderungen unter der tiefen Neuroleptanalgesie |
| Ableitung | $C_3$-$P_3$; Eichung: 50 µV = 7 mm; Reg. Geschw.: 30 mm/s; Filter: 70 Hz; ZK: 0,3 s; Spektralanalyse in 30-s-Epochen |
| Medikation | Trapanal 3 mg/kg KG<br>DHB 7,5 mg<br>Fentanyl 0,8 mg<br>Alcuronium 14 mg |

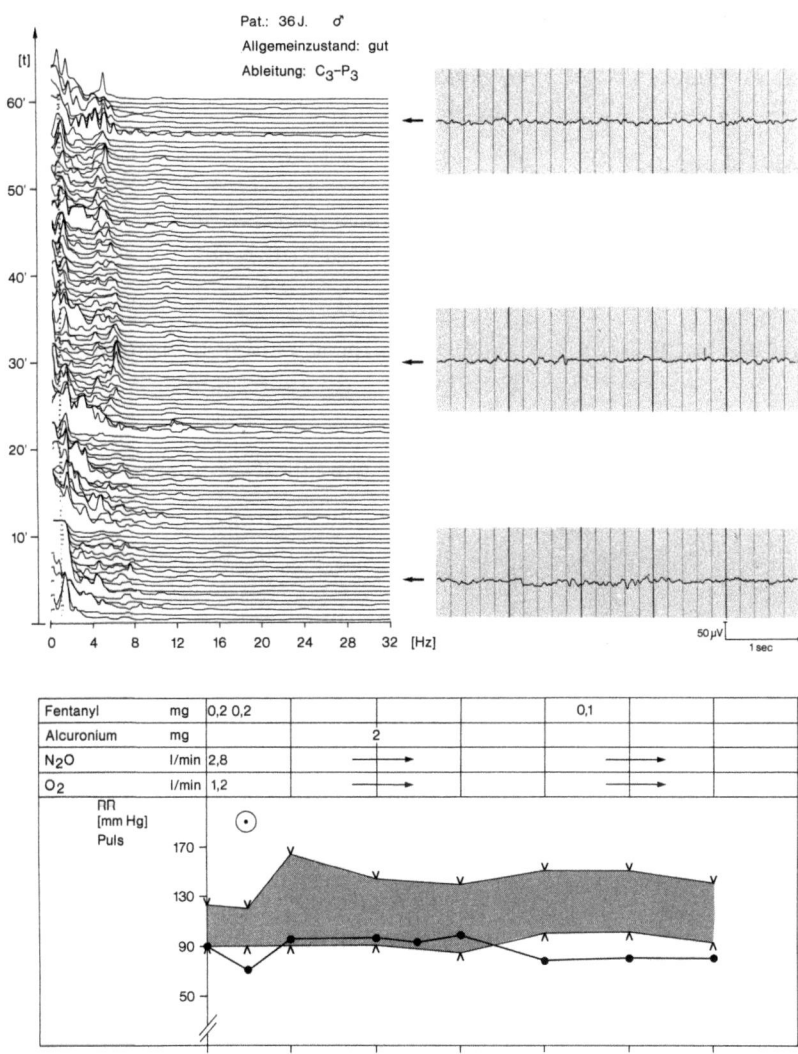

| Fentanyl | mg | 0,2 0,2 | | | | 0,1 | | |
| Alcuronium | mg | | | 2 | | | | |
| N₂O | l/min | 2,8 | | | | | | |
| O₂ | l/min | 1,2 | | | | | | |

## 2. Kombinierte Narkoseverfahren

### *a) Periduralanästhesie – Inhalationsnarkose*

**Abbildung 167**

| | |
|---|---|
| Narkoseart | Kombinationsnarkose – Periduralanästhesie – Inhalationsnarkose (Ethrane) |
| EEG-Überwachung | Narkoseverlauf |
| Klinische Situation | 70jährige adipöse Patientin in mäßigem Allgemeinzustand mit Sigmakarzinom |
| Nebenerkrankungen | Keine |
| Operation | Abdominoperineale Rektumexstirpation |
| Verlauf | Vor Barbiturateinleitung der Inhalationsnarkose wird ein lumbaler Periduralkatheter angelegt. Nach Gabe von Carbostesin in den Periduralraum und Narkoseeinleitung zunächst unverändert stabile Kreislaufverhältnisse, 20 min nach Operationsbeginn Blutdruckabfall auf 80 mm Hg systolisch mit Tachykardie; derselbe Vorgang wiederholt sich im weiteren Verlauf nach Carbostesingabe und größeren Blutungen. Die Tachykardie hält im gesamten Operationsverlauf an. Mit Operationsende sind die Kreislaufverhältnisse stabil. Nachbeatmung auf der Intensivstation |
| EEG-Befund | Zu Beginn der Aufzeichnung, 30 min nach Narkoseeinleitung, ist das EEG unregelmäßig und hochamplitudig. Im weiteren Verlauf werden die schnelleren Frequenzen des Beta-Bandes abgebaut, die dominante Frequenz von 10–12 Hz wird auf 7–8 Hz bei weiterhin hohem Theta-Delta-Anteil verlangsamt. Dieses Bild ändert sich im gesamten Verlauf nicht wesentlich, lediglich der Beta-Anteil variiert |
| Beurteilung | Gleichmäßige Inhalationsnarkose mittlerer Tiefe. Blutdruckschwankungen sind ohne Effekt auf die cerebrale Funktion |
| Ableitung | $C_Z$-$A_1$; Eichung: $50 \mu V = 7$ mm; Reg. Geschw.: 30 mm/s; Filter: 70 Hz; ZK: 0,3 s; Spektralanalyse in 30-s-Epochen |

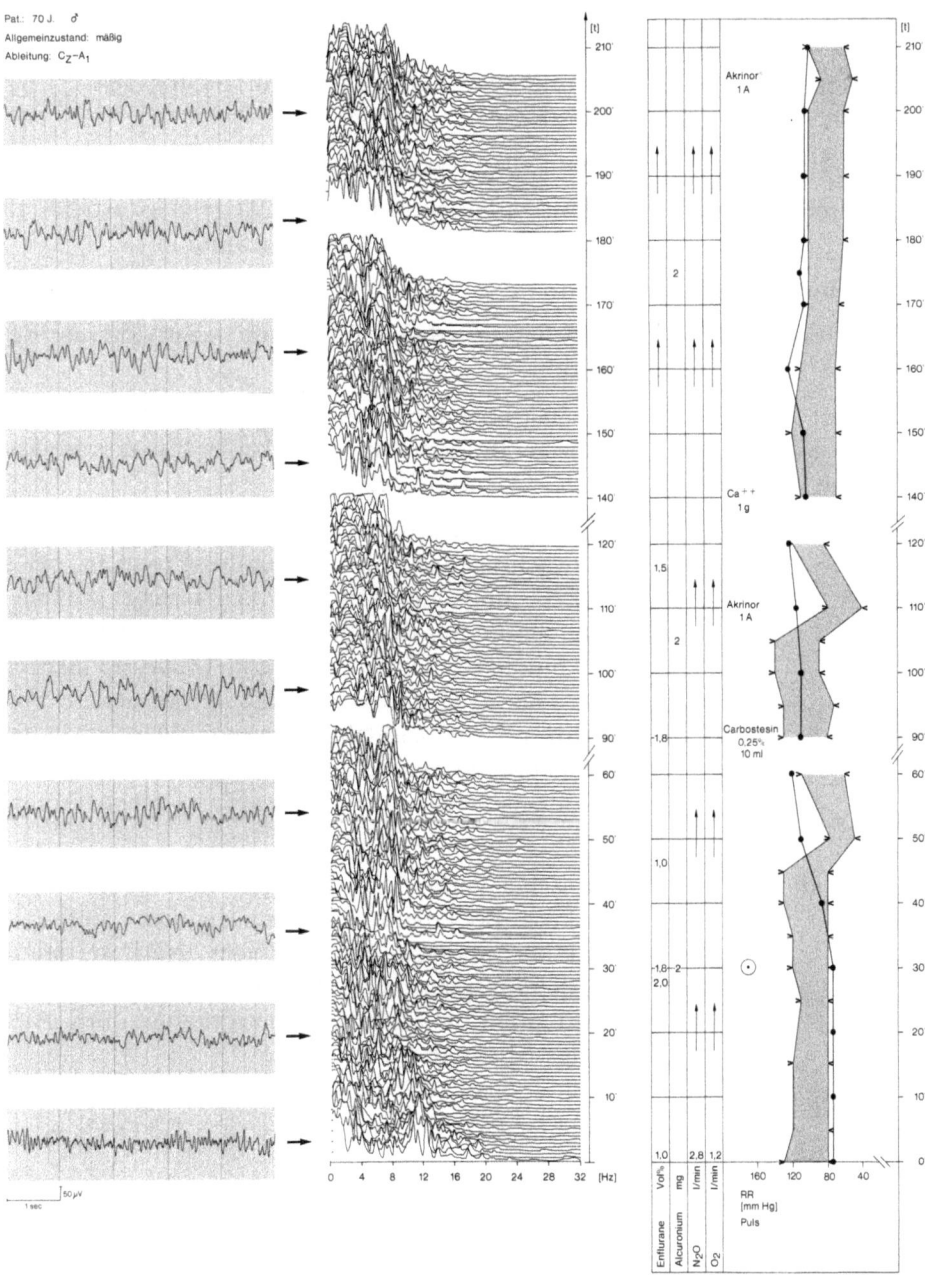

Pat.: 70 J.  ♂
Allgemeinzustand: mäßig
Ableitung: C$_Z$–A$_1$

Medikation          Carbostesin 0,25% 30 ml zur PDA
                    Trapanal 5 mg/kg KG
                    Ethrane 0,8–2,0 Vol%
                    Alloferin 22 mg

## Abbildung 168

| | |
|---|---|
| Narkoseart | Kombinationsnarkose – Peridural-Ethrane-Anästhesie |
| EEG-Überwachung | Unauffälliger Verlauf einer flachen Ethranenarkose |
| Klinische Situation | 33jährige Patientin in gutem Allgemeinzustand mit Ulcera duodeni und Magenperforation |
| Nebenwirkungen | Keine |
| Operation | Selektive proximale Vagotomie, postpylorische Resektion |
| Verlauf | Vor Narkoseeinleitung Anlage einer Periduralanästhesie. Intraoperativ Tachykardie, die erst am Ende der Operation behoben ist |
| EEG-Befund | Alpha-Ausgangs-EEG. Nach Operationsbeginn Aufwachreaktion mit' dominanter Frequenz bei 9 –10 Hz und gleichzeitiger Aktivierung schneller Frequenzen aus dem Beta-Band. Gleichmäßig über 120 min herrschen danach Delta-Theta-Frequenzen vor. Das EEG ist hochamplitudig; schnellere Frequenzen treten zusätzlich kontinuierlich auf. In der Ausleitungsphase der Narkose zunächst Dominanz des Beta-Bandes, dann Übergang zu einem Alpha-EEG |
| Beurteilung | Typischer Verlauf einer flachen Ethraneinhalationsnarkose. Bei Operationsbeginn deutliche Aufwachreaktion, danach gleichmäßiger Narkoseverlauf. Ausleitungsphase mit verlängerter Exzitation. Nach Extubation ist die Frequenzverteilung des Ausgangs-EEG nahezu erreicht. |
| Ableitung | $C_3$-$P_3$; Eichung: 50 µV = 7 mm; Reg. Geschw.: 30 mm/s; Filter: 70 Hz; ZK: 0,3 s; Spektralanalyse in 30-s-Epochen |
| Medikation | Duranest 25 ml 1% zur PDA Trapanal 3 mg/kg KG Ethrane 2,0–1,0 Vol% Alloferin 12 mg |

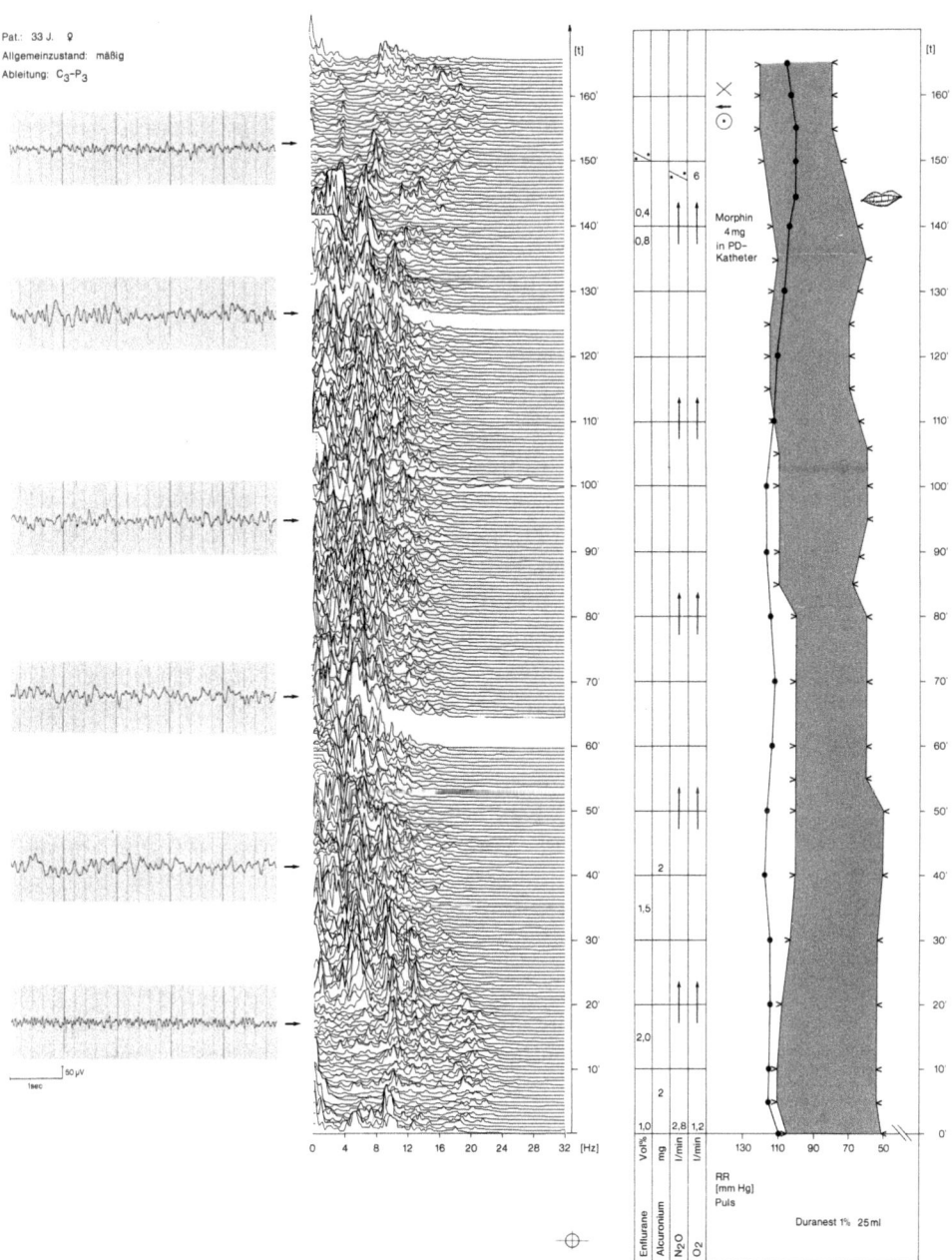

Pat.: 33 J. ♀
Allgemeinzustand: mäßig
Ableitung: C₃-P₃

**Abbildung 169**

| | |
|---|---|
| Narkoseart | Kombinationsnarkose – Peridural-Ethrane-Anästhesie |
| EEG-Überwachung | Ungestörter Narkoseverlauf. Blutdruckabfall ohne EEG-Korrelat einer cerebralen Mangelversorgung |
| Klinische Situation | 47jährige adipöse Frau mit rezidivierenden Ulcera duodeni |
| Nebenerkrankungen | Hypertonus seit 10 Jahren. 1971 Nephrotomie bei Nierensteinen, 1979 Cholezystektomie |
| Operation | Vagotomie |
| Verlauf | Vor der Narkoseeinleitung Anlage einer lumbalen Periduralanästhesie. Nach Narkoseeinleitung deutlicher Blutdruckabfall, der bei Operationsbeginn ausgeglichen ist. Ein erneuter Blutdruckabfall auf 70 mm Hg nach Carbostesingabe in den Periduralkatheter läßt sich mit Akrinor beheben. Sonst klinisch unauffälliger Narkoseverlauf; unauffällige Narkoseausleitung |
| EEG-Befund | Gleichmäßiger EEG-Verlauf. Nach Narkoseeinleitung herrscht ein hochamplitudiges unregelmäßiges EEG mit Betonung von Theta- und Alpha-Anteilen vor. Im folgenden Verlauf Frequenzbildung bis 20 Hz. Das hochamplitudige EEG ändert sich im weiteren Verlauf nicht wesentlich. Gegen Operationsende zeigt sich ein Peak im Alpha-Bereich bei 9–10 Hz, zusätzlich ein hoher Anteil an Beta-Aktivität |
| Beurteilung | Bei der Kombination von Periduralanästhesie und Ethranenarkose werden flache Narkosestadien mit einer hohen hirnelektrischen Aktivität unterhalten, wobei geringe Ethranezufuhr bei Schmerzabschirmung durch die Periduralanästhesie zur Unterhaltung der Narkose genügt. Ein Blutdruckabfall wird in diesem Beispiel trotz des flachen Narkosestadiums gut toleriert und führt im EEG nicht zur Spannungsreduktion. Der hohe Anteil an Beta-Frequenzen bleibt auch postoperativ erhalten. Leichte Veränderungen der Narkosetiefe sind nur an dem Auftreten oder Verschwinden der Theta-Aktivität erkennbar. Individuelle cerebrale Toleranz bei intraoperativem Blutdruckabfall |

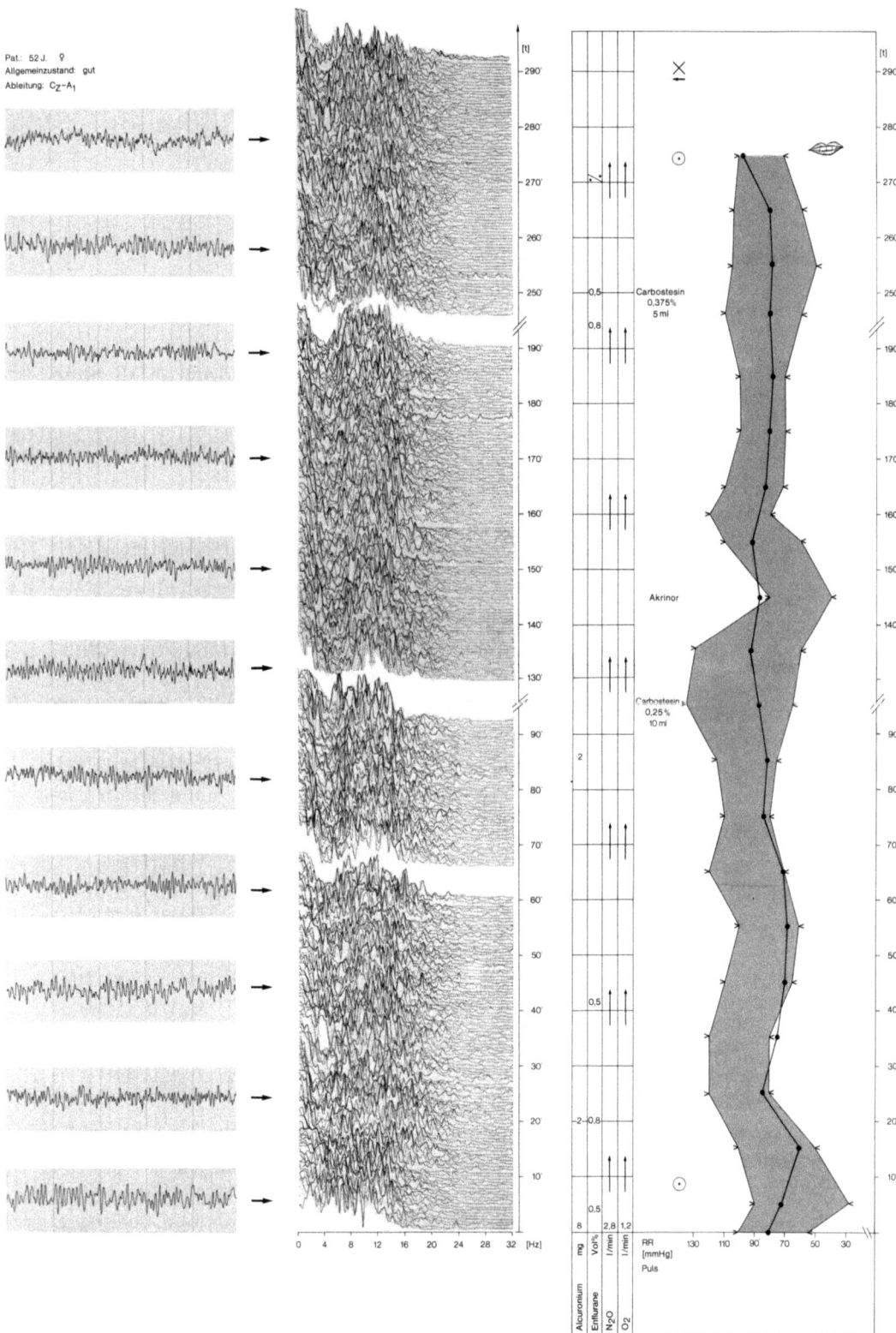

Pat.: 52 J. ♀
Allgemeinzustand: gut
Ableitung: $C_Z$–$A_1$

| Ableitung | $C_Z$-$A_1$; Eichung: 50 µV = 7 mm; Reg. Geschw.: 30 mm/s; Filter: 70 Hz; ZK: 0,3 s; Spektralanalyse in 30-s-Epochen |
|---|---|
| Medikation | Carbostesin 15 ml 0,375% zur PDA Trapanal 3 mg/kg KG Ethrane 0,5–0,8 Vol%, Alloferin 12 mg |

## Abbildung 170

| Narkoseart | Kombinationsnarkose – Peridural-Ethrane-Anästhesie |
|---|---|
| EEG-Überwachung | Ungestörter Narkoseverlauf. Blutdruckabfall ohne EEG-Korrelat einer cerebralen Mangelversorgung |
| Klinische Situation | 36jähriger Patient in gutem Allgemeinzustand mit rezidivierenden Magenulcera |
| Nebenerkrankungen | Keine |
| Operation | Selektive proximale Vagotomie mit Pyloroplastik |
| Verlauf | Vor Einleitung der Allgemeinnarkose Anlegen einer lumbalen Periduralanästhesie. Nach Gabe des Lokalanästhetikums in den Periduralkatheter Blutdruckabfall auf 70 mm Hg systolisch. Nach Narkoseeinleitung unauffälliger klinischer Narkoseverlauf unter Ethranezufuhr. Die erneute nun intraoperative Gabe von 15 ml Carbostesin 0,375% in den Periduralkatheter bedingt wiederum einen Blutdruckabfall auf 70 mm Hg systolisch. Unter Akrinorgabe vor Narkoseausleitung Kreislaufstabilisierung |
| EEG-Befund | 80 min nach Narkoseeinleitung zeigt sich ein unregelmäßiges EEG mit Dominanz im Alpha-Band bei 10 Hz und hohem Theta-Anteil. Nach der 110. Minute nach Narkoseeinleitung Frequenzverschiebung zu schnellen Bereichen (ca. 18 Hz), der Theta-Anteil nimmt ab; eine dominierende Frequenz von 10–12 Hz bildet sich heraus. Die konventionelle Ableitung zeigt ein Alpha-EEG |
| Beurteilung | Das unregelmäßige EEG zu Beginn der Überwachung entspricht einem oberflächlichen Stadium der Ethranenarkose. Trotz der hohen elektrischen Aktivität des Gehirns wird eine hypotone Phase zwischen der 90.–110. Narkoseminute ohne Veränderungen des cerebralen Funktionsbildes toleriert. |

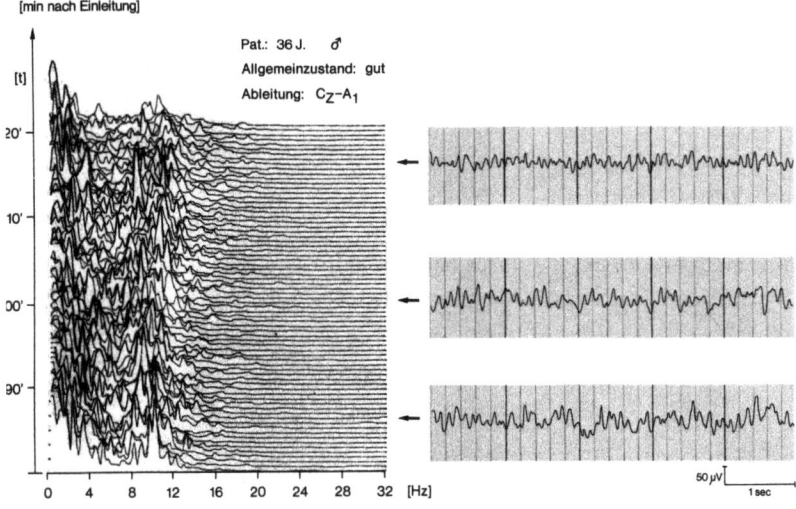

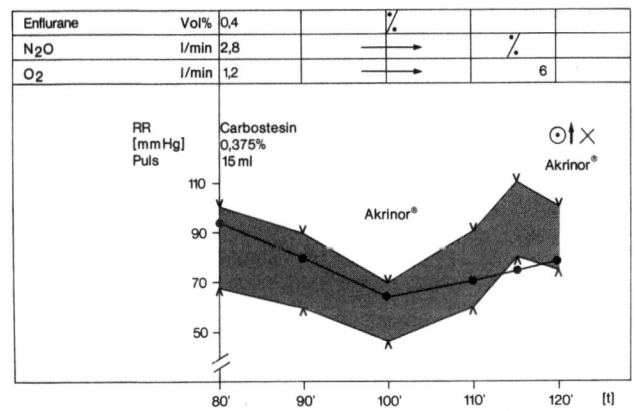

Unter der Narkoseausleitung werden – einer Exzitationsphase ähnlich – schnellere Frequenzen aktiviert. Mit Narkoseende hat sich ein Alpha-EEG ausgebildet. Schnelle Ausleitung bei flacher Narkose.

Individuelle cerebrale Toleranz bei passagerem Blutdruckabfall

| | |
|---|---|
| Ableitung | $C_Z$-$A_1$; Eichung: 50 µV = 7 mm; Reg. Geschw.: 30 mm/s; Filter: 70 Hz; ZK: 0,3 s; Spektralanalyse in 30-s-Epochen |
| Medikation | Carbostesin 15 ml 0,375% zur PDA<br>Trapanal 3 mg/kg KG, Ethrane 0,4 Vol% |

**Abbildung 171**

| | |
|---|---|
| Narkoseart | Kombinationsnarkose – Peridural-Ethrane-Anästhesie |
| EEG-Überwachung | Besonderheit: Milder Blutdruckabfall mit EEG-Korrelat der cerebralen Mangelversorgung bei einer geriatrischen Patientin |
| Klinische Situation | 77jährige Patientin in gutem Allgemeinzustand mit Magenkarzinom |
| Nebenerkrankungen | Pulmonal: Leichte Einschränkung der Vitalkapazität; EKG: Mittelgradige Erregungsrückbildungsstörungen |
| Operation | Magenresektion nach Billroth II |
| Verlauf | Präoperative Anlage einer Periduralanästhesie. Nach Gabe von 15 ml Xylonest 1% deutlicher Blutdruckabfall. Nach Kreislauferholung Einleitung der Allgemeinanästhesie. Klinisch unauffälliger Narkoseverlauf. Nach erneuter intraoperativer Gabe von Carbostesin 0,375% in den Periduralkatheter wiederum Kreislaufreaktion mit Blutdruckabfall. Unter Narkoseausleitung leichter Blutdruckanstieg bei frühzeitigem Einsetzen der Spontanatmung |
| EEG-Befund | 130 min nach Narkoseeinleitung zeigt sich im EEG das typische Bild einer Ethranenarkose mit hochamplitudigen Wellen im Delta-Theta-Bereich und einem – weniger dominierenden – Anteil schneller Frequenzen im Alpha- und Beta$_1$-Band. 20 min später fällt eine deutliche Verringerung der schnellen Frequenzanteile auf. Es dominieren Delta-Theta-Wellen mit hoher Amplitude. 170 min nach Narkoseeinleitung kann ein Alpha-EEG mit einem hohen Beta-Anteil und einem geringeren Anteil an 6- bis 7-Hz-Wellen registriert werden |
| Beurteilung | 130 min nach Narkoseeinleitung ist ein ausreichend tiefes Narkosestadium unter kontinuierlicher Zufuhr von 1 Vol% Ethrane erreicht. Unter dem milden Blutdruckabfall zeigen sich im EEG bereits Zeichen einer cerebralen Funktionseinschränkung. Nach Blutdruckstabilisierung sowie Reduktion der Ethranezufuhr zum Operationsende findet bei beginnender Eigenatmung eine Aktivierung bis 20 Hz statt, die dominante Frequenz liegt bei 7 und 9 Hz. |

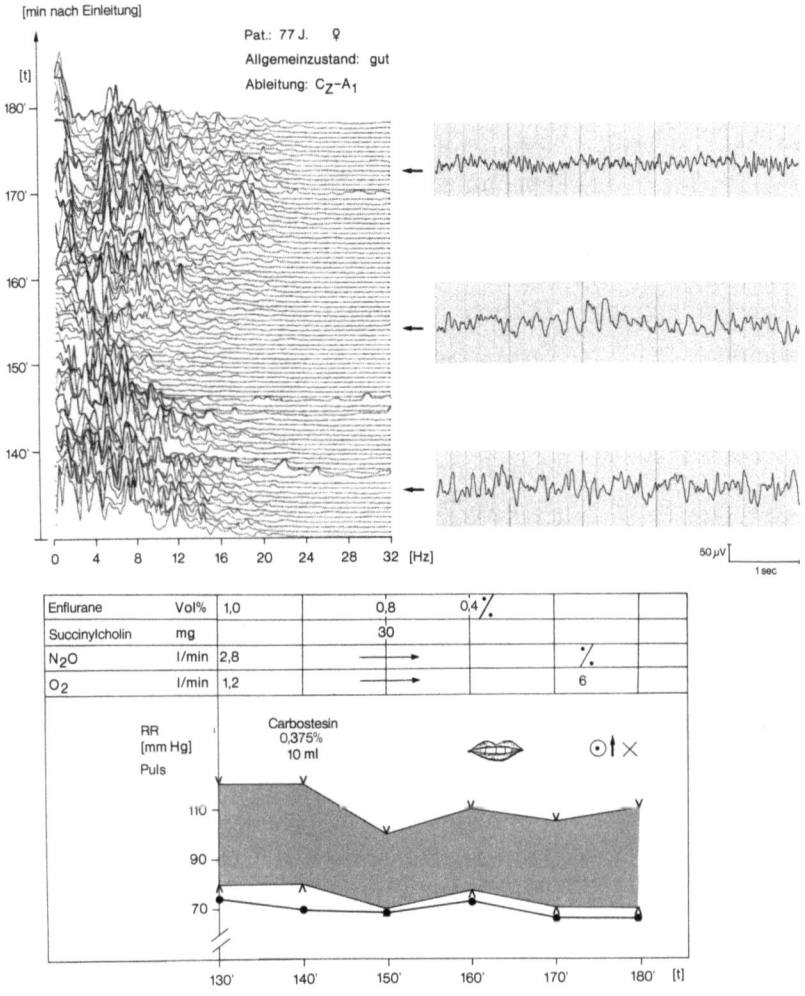

Der Anteil hoher Frequenzen könnte eine Exzitationsphase bei Narkoseausleitung andeuten.
Nach Beendigung der Narkose und Extubation dominieren Frequenzen im Alpha-Bereich

Ableitung          $C_Z$-$A_1$;   Eichung:   50 µV = 7 mm;   Reg. Geschw.: 30 mm/s; Filter: 70 Hz; ZK: 0,3 s; Spektralanalyse in 30-s-Epochen

Medikation         Carbostesin 10 ml 0,375% zur PDA
                   Trapanal 3 mg/kg KG
                   Ethrane 0,4–1,0 Vol% Succinylcholin 30 mg

**Abbildung 172**

| | |
|---|---|
| Narkoseart | Kombinationsnarkose – Peridural-Ethrane-Anästhesie |
| EEG-Überwachung | Besonderheit: Blutdruckabfall mit EEG-Äquivalenten unter oberflächlicher Narkose, ohne EEG-Äquivalente unter tieferer Narkose |
| Klinische Situation | 72jährige adipöse Patientin mit Sigmakarzinom |
| Nebenerkrankungen | Diabetes mellitus, Hypothyreose |
| Operation | Sigmaresektion |
| Verlauf | Periduralanästhesie vor Einleitung der Allgemeinnarkose. Nach Erstapplikation von Carbostesin in den Periduralkatheter Druckabfall auf 70 mm Hg systolisch, gleicherweise nach Narkoseeinleitung mit Trapanal. Die intraoperative Carbostesingabe führt wiederum zu erheblichem Blutdruckabfall. Nach Akrinor kurzfristige Blutdruckerhöhung, danach weiterbestehende Hypotension und Tachykardie. Unter Katecholamingabe unauffälliger Verlauf |
| EEG-Befund | 30 min nach Narkoseeinleitung ist das EEG unregelmäßig mit dominierenden Frequenzen bei 4 und 12 Hz. Ein längerfristiger Blutdruckabfall (60.–90. min) führt zur Abflachung der Amplitude bei Fortbestehen schneller Frequenzanteile. Nach dieser Phase Amplitudenzunahme bei unregelmäßigem EEG mit Frequenzmaxima im 4 Hz- und 12 Hz-Bereich |
| Beurteilung | Die Abschirmung peripherer Schmerzreize durch eine Periduralanästhesie ermöglicht in Kombination mit einer Allgemeinnarkose die Einhaltung flacher Narkosestadien, hier durch ein Inhalationsanästhetikum. Dies ist erkenntlich an den schnellen Frequenzanteilen des unregelmäßigen EEG 30 min nach Narkoseeinleitung. Beim ersten andauernden Blutdruckabfall wird die Narkose noch flacher geführt, es dominieren die schnellen Frequenzen. Der abrupte Spannungsabfall im EEG in der 70. Minute nach Narkoseeinleitung unter sehr flacher Narkoseführung ist als Minderung der cerebralen Leistung durch Mangelversorgung unter Hypotonie zu deuten. Blutdruckausgleich und leichte Vertiefung der Narkose bewirken eine Erhöhung der cerebralen Funktion mit allgemeiner Spannungszunahme und |

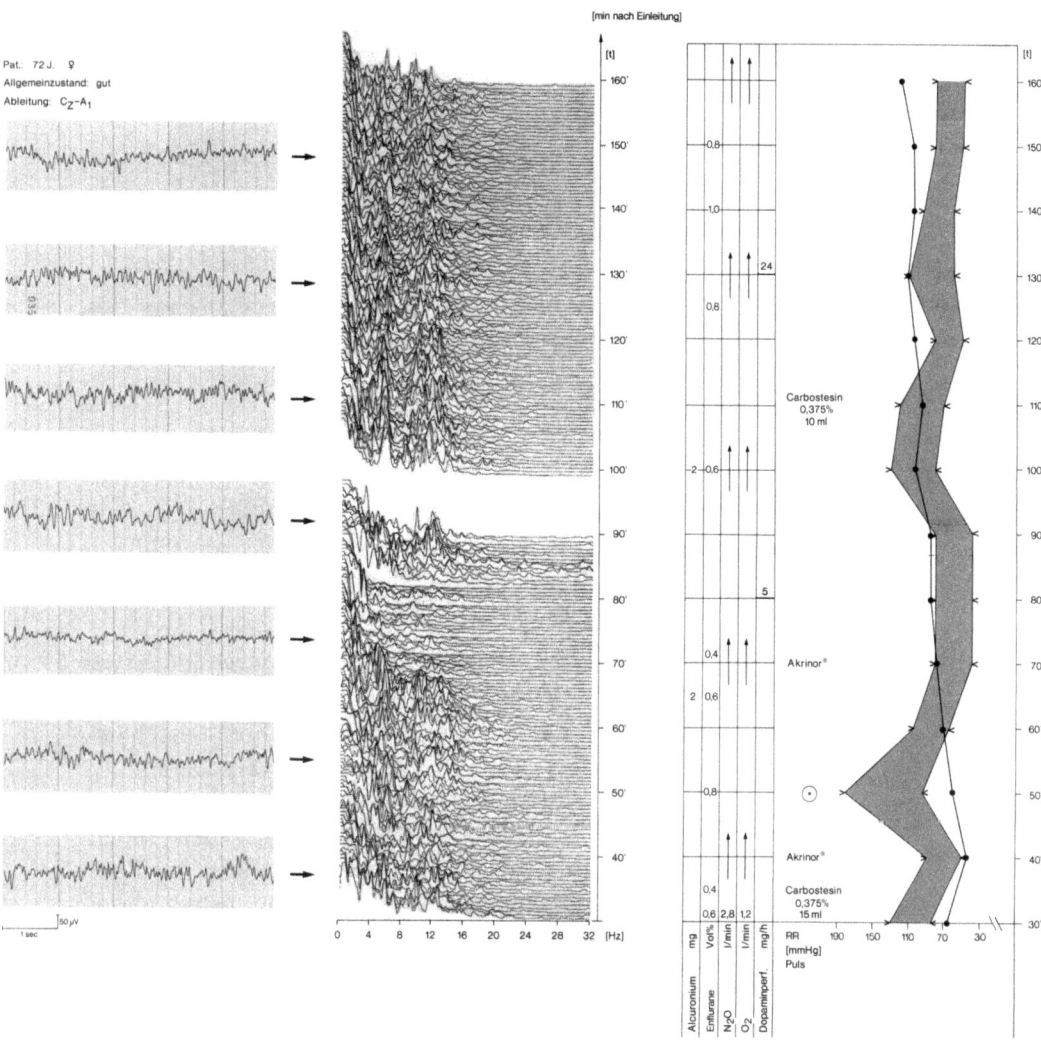

Frequenzauftreten im Alpha-Beta₁-Bereich. Unter Beibehaltung des tieferen Narkosestadiums werden später auftretende hypotone Phasen ohne EEG-Veränderung toleriert. Insgesamt: Zu flache Narkoseführung bei Ethranebasisnarkose in Kombination mit Periduralanästhesie

Ableitung      $C_Z$-$A_1$; Eichung: 50 µV = 7 mm; Reg. Geschw.: 30 mm/s; Filter: 70 Hz; ZK: 0,3 s; Spektralanalyse in 30-s-Epochen

Medikation      Carbostesin 25 ml 0,375% zur PDA
Trapanal 3 mg/kg KG
Ethrane 0,4–1,0 Vol%
Alloferin 12 mg

## Abbildung 173

| | |
|---|---|
| Narkoseart | Kombinationsnarkose – Peridural-Ethrane-Anästhesie |
| EEG-Überwachung | Besonderheit: Bei Übergang von der kontrollierten Beatmung zur Eigenatmung passagere Hypoventilation mit EEG-Korrelat der cerebralen Mangelversorgung |
| Klinische Situation | 42jährige Patientin in gutem Allgemeinzustand mit rezidivierenden Magenulcera |
| Nebenerkrankungen | Keine |
| Operation | Magenresektion nach Billroth I |
| Verlauf | Vor Einleitung der Allgemeinnarkose Anlage einer Periduralanästhesie. Nach mildem Blutdruckabfall unmittelbar nach Narkoseeinleitung unauffälliger Narkoseverlauf. Gute Spontanatmung nach Operationsende. Zeitgerechte Extubation |
| EEG-Befund | 130 min nach Narkoseeinleitung dominieren im EEG schnelle Frequenzen aus dem Alpha- und Beta$_1$-Bereich; der Anteil langsamer Frequenzen ist gering. Nach der 149. min nach Narkoseeinleitung findet ein Abbau der Aktivität im Alpha-Band statt; es herrschen langsame Delta-Theta-Wellen neben einem geringeren Anteil von Frequenzen aus dem Beta-Bereich vor. Allgemeine Spannungsreduktion. 9 min später nehmen die langsamen Frequenzen ab; vor allem im Beta-Bereich bis 24 Hz ist eine Spannungszunahme zu beobachten. Das unregelmäßige EEG mit Betonung der schnellen Frequenzen hält bis Narkose-Ende an, es baut sich dann ein Alpha-EEG mit einem Peak bei 9 Hz auf |
| Beurteilung | Das EEG-Bild entspricht einer durch Kombination von Ethranegabe und Periduralanästhesie unterhaltenen flachen Narkose; der hohe Beta-Anteil könnte streßbedingt sein. Unter Hypoventilation zur Stimulierung der Spontanatmung zeigt sich ein erheblicher Spannungsabfall, der eine cerebrale Mangelsituation bei hohem Energiebedarf und verringertem Sauerstoffangebot anzeigt. Unter der folgenden suffizienten Eigenatmung baut sich wieder ein höheramplitudiges, unregelmäßiges EEG mit beton- |

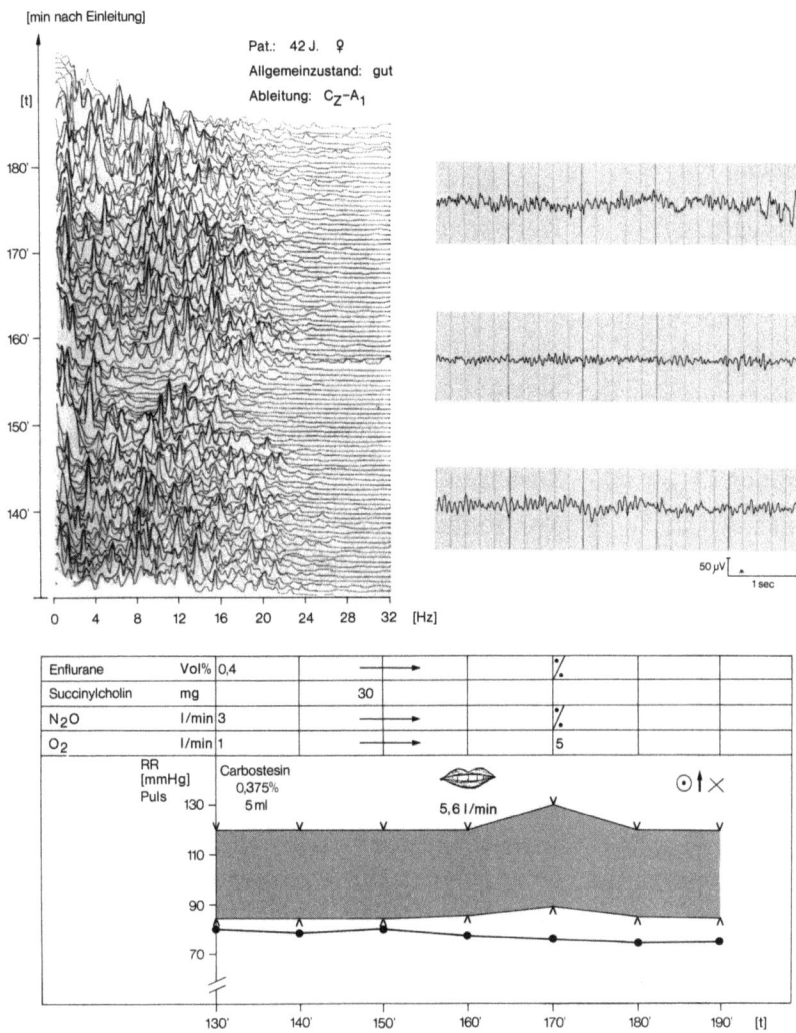

tem Beta-Anteil auf, der bei abflachender Narkose wiederum als streßbedingt anzusehen ist. Erst nach Extubation dominieren Frequenzen aus dem Alpha-Bereich, der Beta-Anteil nimmt ab.
Sehr flache Narkoseführung

Ableitung
$C_Z$-$A_1$; Eichung: 50 µV = 7 mm; Reg. Geschw.: 30 mm/s; Filter: 70 Hz; ZK: 0,3 s; Spektralanalyse in 30-s-Epochen

Medikation
Carbostesin 15 ml 0,375% zur PDA
Trapanal 3 mg/kg KG
Ethrane 0,4 Vol%
Succinylcholin 30 mg

*b) Periduralanästhesie – Neuroleptanalgesie*

## Abbildung 174

| | |
|---|---|
| Narkoseart | Kombinationsnarkose – Periduralanästhesie – Neuroleptanalgesie |
| EEG-Überwachung | Ausschnitt aus dem Narkoseverlauf |
| Klinische Situation | 49jährige Patientin in gutem Allgemeinzustand mit Sigmatumor |
| Nebenerkrankungen | Kompensierte Herzinsuffizienz |
| Operation | Sigmaresektion |
| Verlauf | Vor Einleitung der NLA wird eine lumbale Periduralanästhesie angelegt. Der intraoperative Verlauf ist klinisch bei optimaler Anästhesiehöhe der PDA unauffällig. Ausleitung der Narkose und Extubation vor Operationsende |
| EEG-Befund | Bei Operationsbeginn – 5 min nach DHB-Gabe – dominiert das Delta-Theta-Band, entsprechend einer narkotischen Phase der NLA. Danach langsame Einstellung eines 7- bis 8-Hz-Peaks als typisches Äquivalent der analgetischen NLA-Phase, die unverändert bis zur Narkoseausleitung anhält. Dann zeigt sich ein niederamplitudiges Alpha-EEG mit Frequenzen zwischen 8 und 10 Hz und hohem Beta-Anteil. Artefakt in der 12. min des Beobachtungszeitraums durch Elektrokauter |
| Beurteilung | Typischer Verlauf einer Neuroleptanalgesie, die besonders gleichmäßig bei zusätzlicher Reizabschirmung durch die Periduralanästhesie ist. Der höhere Beta-Anteil nach intraoperativer Extubation ist als leichtes Exzitationsphänomen in der Ausleitungsphase der Narkose zu deuten |
| Ableitung | $C_3$-$P_3$; Eichung: 50 µV = 7 mm; Reg. Geschw.: 30 mm/s; Filter: 70 Hz; ZK: 0,3 s; Spektralanalyse in 30-s-Epochen |
| Medikation | Carbostesin 35 ml 0,375% zur PDA<br>Trapanal 3 mg/kg KG<br>Fentanyl 0,5 mg<br>DHB 7,5 mg<br>Alloferin 10 mg |

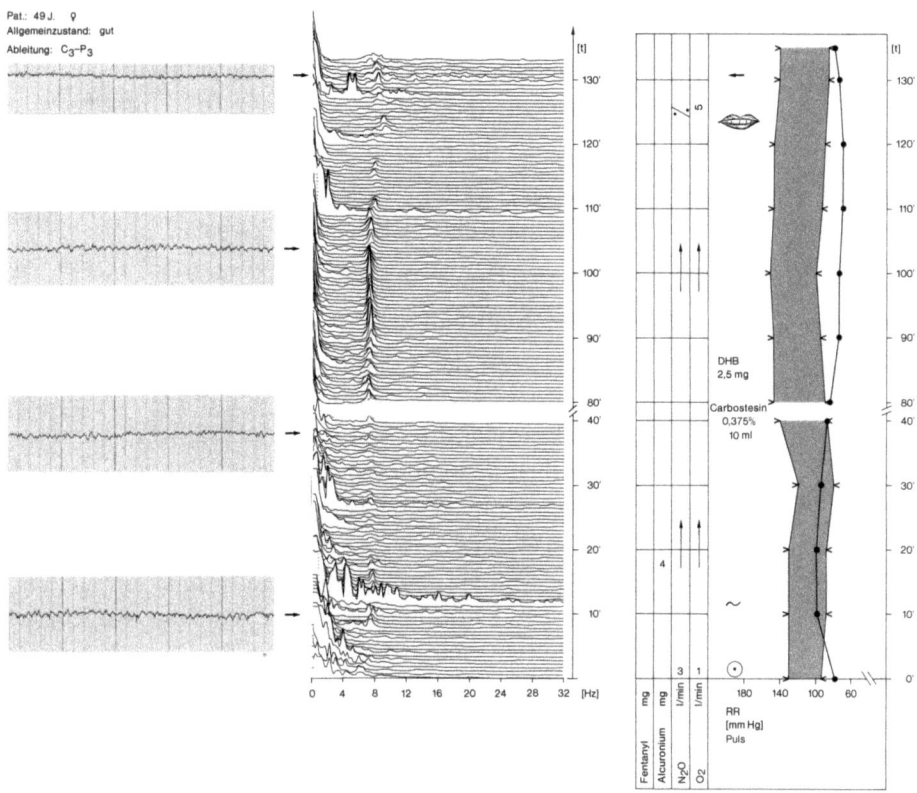

Pat.: 49 J.   ♀
Allgemeinzustand: gut
Ableitung: C₃-P₃

**Abbildung 175**

| | |
|---|---|
| Narkoseart | Kombinationsnarkose – Periduralanästhesie und Neuroleptanalgesie |
| EEG-Überwachung | Narkoseverlauf |
| Klinische Situation | 75jähriger Patient in mäßigem Allgemeinzustand mit Sigma-Rektum-Karzinom |
| Nebenerkrankungen | Coronare Herzkrankheit |
| Operation | Rektumexstirpation |
| Verlauf | Nach Legen der Periduralanästhesie und Narkose-einleitung Blutdruckabfall (70 mm Hg systolisch) und Bradykardie. Später gleichmäßiger Narkose-verlauf mit hypotoner Kreislaufsituation. Gegen Narkoseende Tachykardie. Nachbeatmung auf der Intensivstation |
| EEG-Befund | Zu Beginn des Beobachtungszeitraums unregelmä-ßiges EEG mit Beta-Anteilen. Es folgt ein kurzes Stadium mit reiner Delta-Aktivität. Danach Ausbil-dung eines niederamplitudigen Gipfels bei 8 Hz, gleichzeitig dominierende Frequenzen bis 4 Hz. Ab der 120. Minute werden wieder schnellere Frequen-zen bis 10 Hz aktiviert bei weiterhin bestehender Dominanz von Delta und Theta. Keine Änderung bis Operationsende |
| Beurteilung | Gleichmäßig tiefe Neuroleptanalgesie. Nach den charakteristischen EEG-Veränderungen der Narko-seeinleitung mit Trapanal werden tiefe Narkostadi-en bei nur geringer Ausbildung des fentanylspezi-fischen Alpha-Peaks gesehen. Nur angedeutete Aufwachreaktion am Ende der Narkose |
| Ableitung | $C_3$-$P_3$; Eichung: 50 μV = 7 mm; Reg. Geschw.: 30 mm/s; Filter: 70 Hz; ZK: 0,3 s; Spektralanalyse in 30-s-Epochen |
| Medikation | Carbostesin 35 ml 0,25% zur PDA<br>Trapanal 5 mg/kg KG<br>Fentanyl 0,3 mg<br>DHB 5 mg<br>Alloferin 12 mg |

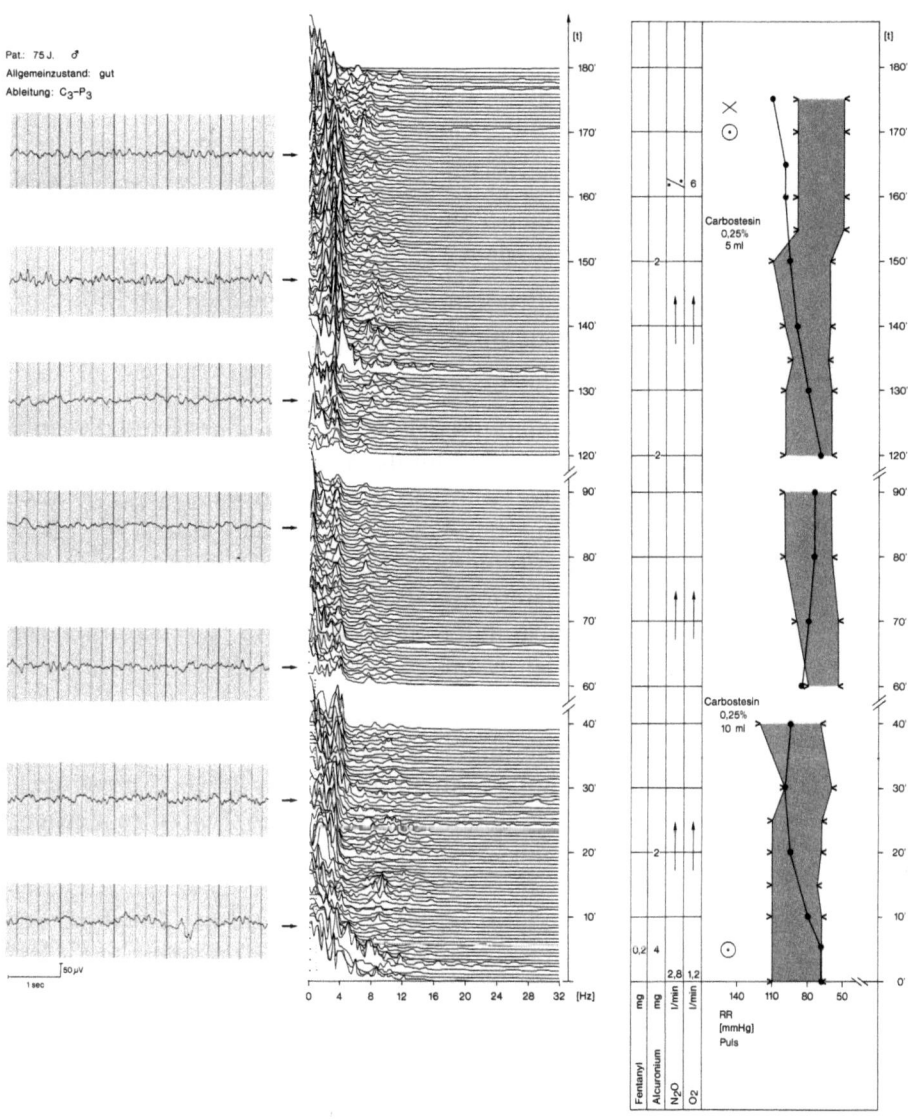

Pat.: 75 J.  ♂

Allgemeinzustand:  gut

Ableitung:  C$_3$-P$_3$

**Abbildung 176**

| | |
|---|---|
| Narkose | Kombinationsnarkose – Periduralanästhesie – Neuroleptanalgesie |
| EEG-Überwachung | Narkoseverlauf |
| Klinische Situation | 21jähriger Patient in mäßigem Allgemeinzustand mit malignem Verschlußikterus |
| Nebenerkrankungen | Starke Erhöhung von Transaminasen und Bilirubin, Erniedrigung der CHE (810 mmol/l) |
| Operation | Choledochusrevision |
| Verlauf | Vor Einleitung der Neuroleptanalgesie Anlage einer lumbalen Periduralanästhesie. Trotz starker intraoperativer Blutverluste (2 l) gleichmäßiger Narkoseverlauf bei Volumenausgleich. Guter Übergang der kontinuierlichen Beatmung zur Spontanatmung bei Operationsende. Nachbeatmung und verlängerte Narkoseausleitung auf Intensivstation |
| EEG-Befund | 15 min nach Narkoseeinleitung Beginn der EEG-Registrierung. Es zeigt sich ein unregelmäßiges EEG mit Frequenzanteilen bis 16 Hz. Im weiteren Verlauf Betonung der Delta-Theta-Frequenzen. Nach 2 h Ausbildung eines 8-Hz-Peaks, entsprechend der analgetischen Phase einer NLA. Dieser Peak erfährt im weiteren Verlauf bei Zunahme der Amplitude Veränderungen der Frequenz auf 4 Hz. Am Ende des Beobachtungszeitraums, 1 h vor Operationsende, hat sich eine maximale Frequenz bei 8–10 Hz von niedriger Amplitude herausgebildet. Der Anteil an langsamen Frequenzen ist gering |
| Beurteilung | Zunächst narkotische Phase einer Neuroleptanalgesie bis zur 210. min. Es folgt eine leichte Narkoseabflachung mit Ausbildung der analgetischen NLA-Phase bis zur 260. Minute. Zwischen der 270. und 300. Minute wechselnde Ausprägungsformen der analgetischen NLA-Phase. Insgesamt: Zunächst sehr tiefe NLA. Übergang in die angestrebte adäquate NLA-Tiefe in der 210. min. In der letzten Stunde des Beobachtungszeitraums wechselnde Narkosetiefe |

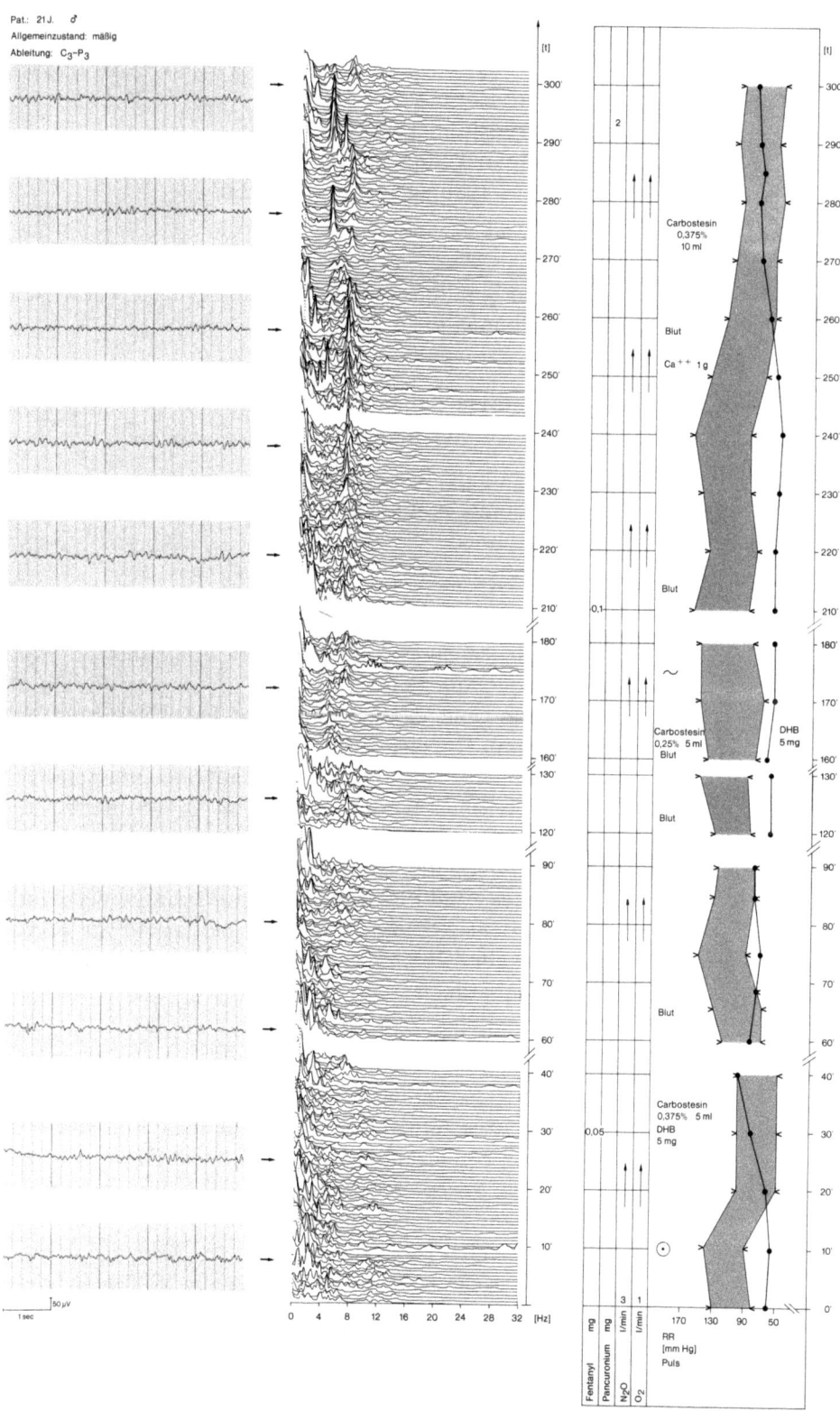

Pat.: 21 J.  ♂
Allgemeinzustand: mäßig
Ableitung: C₃-P₃

| Ableitung | $C_3$-$P_3$; Eichung: 50 µV = 7 mm; Reg. Geschw.: 30 mm/s; Filter: 70 Hz; ZK: 0,3 s; Spektralanalyse in 30-s-Epochen |
|---|---|
| Medikation | Carbostesin 0,25% 10 ml ⎱<br>Carbostesin 0,375% 33 ml⎰ zur PDA<br>Trapanal 3 mg/kg KG, Fentanyl 0,6 mg,<br>DHB 10 mg, Pancuronium 12 mg |

**Abbildung 177**

| Narkoseart | Kombinationsnarkose – Periduralanästhesie – Neuroleptanalgesie |
|---|---|
| EEG-Überwachung | Narkoseverlauf |
| Klinische Situation | 42jährige Patientin in mäßigem Allgemeinzustand mit rezidivierenden Magenulcerationen |
| Nebenerkrankungen | Terminale Niereninsuffizienz, maligne renale Hypertonie, erhöhte Serumtransaminasen und Alpha-Amylasen |
| Operation | Magenresektion |
| Verlauf | Vor Barbiturateinleitung der Neuroleptanalgesie Anlegen eines lumbalen Periduralkatheters. Nach Gabe von 18 ml Duranest 1% in den Periduralraum und Narkoseinleitung Blutdruckabfall auf 80 mm Hg systolisch. Nach Operationsbeginn allmählicher Blutdruckanstieg auf die präoperativen hypertonen Werte. Im weiteren Verlauf nach Gabe von Catapressan Normalisierung des Blutdrucks. Innerhalb der 4stündigen Operation vorsichtige Volumen- und Elektrolyttherapie. Geringer Verbrauch an Fentanyl und Alloferin – bei repetitiver Trapanalgabe – ermöglicht eine schnelle postoperative Extubation |
| EEG-Befund | Beginn der EEG-Registrierung bei Operationsbeginn. Das EEG ist unregelmäßig mit einem hohen Anteil schneller Frequenzen. Nach Trapanalgabe zunächst Aktivierung, dann deutliche Reduktion aller Frequenzanteile nach Gabe von DHB und Fentanyl. Erneutes Auftreten schneller Frequenzen und folgende Trapanalgabe mit deutlicher Dominanz des Delta-Theta-Bereichs. Dieser Vorgang wiederholt sich. Nach 80 min erstmalig Auftreten eines 8-Hz-Peaks, dieser wird nach weiteren Trapanalgaben abgebaut zugunsten einer Dominanz des Del- |

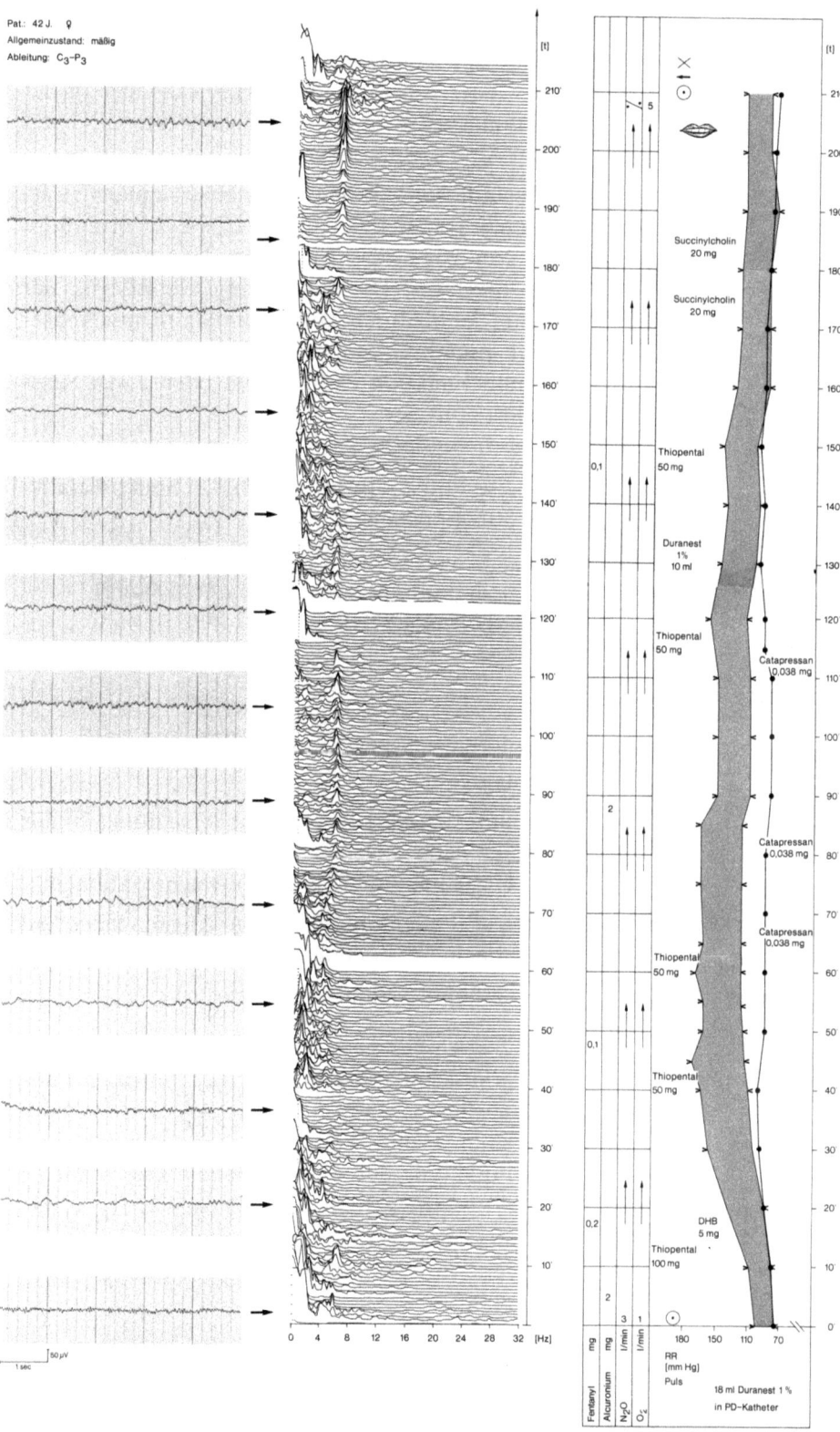

ta-Theta-Bandes. In der 180. min Amplitudenreduktion und Auftreten schneller Frequenzen. Danach wieder Einsetzen des 8-Hz-Peaks, der in der Ausleitungsphase in ein unregelmäßiges EEG mit hohem Alpha-Anteil überführt

Beurteilung

Wechselnde Narkosetiefe einer Neuroleptanalgesie, die durch Trapanalgaben immer wieder beeinflußt wird. Nur zögerndes Einsetzen der analgetischen Phase der NLA. Die Abflachung des EEG in der 180. min kann durch Hyperventilation mit konsekutiver Einschränkung der cerebralen Durchblutung und Funktion bedingt sein oder durch Streß ausgelöst sein

Ableitung

$C_3$-$P_3$; Eichung: 50 µV = 7 mm; Reg. Geschw.: 30 mm/s; Filter: 70 Hz; ZK: 0,3 s; Spektralanalysen in 30-s-Epochen

Medikation

Duranest 28 ml 1 % zur PDA Trapanal 0,3 mg/kg KG (mit Wiederholungsgaben insgesamt 500 mg) Fentanyl 0,5 mg, DHB 5 mg

## Abbildung 178

Narkoseart

Kombinationsnarkose – Periduralanästhesie – Neuroleptanalgesie

EEG-Überwachung

Ausschnitt der Narkoseverlaufsbeobachtung 70. bis 130. min nach Narkoseeinleitung. Besonderheit: protrahierte hypotone Phase, Aufwachreaktionen

Klinische Situation

52jähriger Patient in mäßigem Allgemeinzustand mit Verdacht auf malignen Magentumor

Nebenerkrankungen

Leber: erhöhte Serumtransaminasenwerte

Operation

Whipple-Operation

Verlauf

Vor Narkoseeinleitung Legen einer lumbalen Periduralanästhesie. Führung der Allgemeinnarkose mit Fentanyl und Valium bei Muskelrelaxation. Nach Einleitung der Allgemeinanästhesie zunächst starker Blutdruckabfall bis auf 80 mm Hg systolisch, der mit Akrinor und Volumensubstitution therapiert wird. Danach klinisch unauffälliger Narkoseverlauf

EEG-Befund

Zu Beginn des dargestellten Beobachtungszeitraums, 70 min nach Narkoseeinleitung, ist das EEG

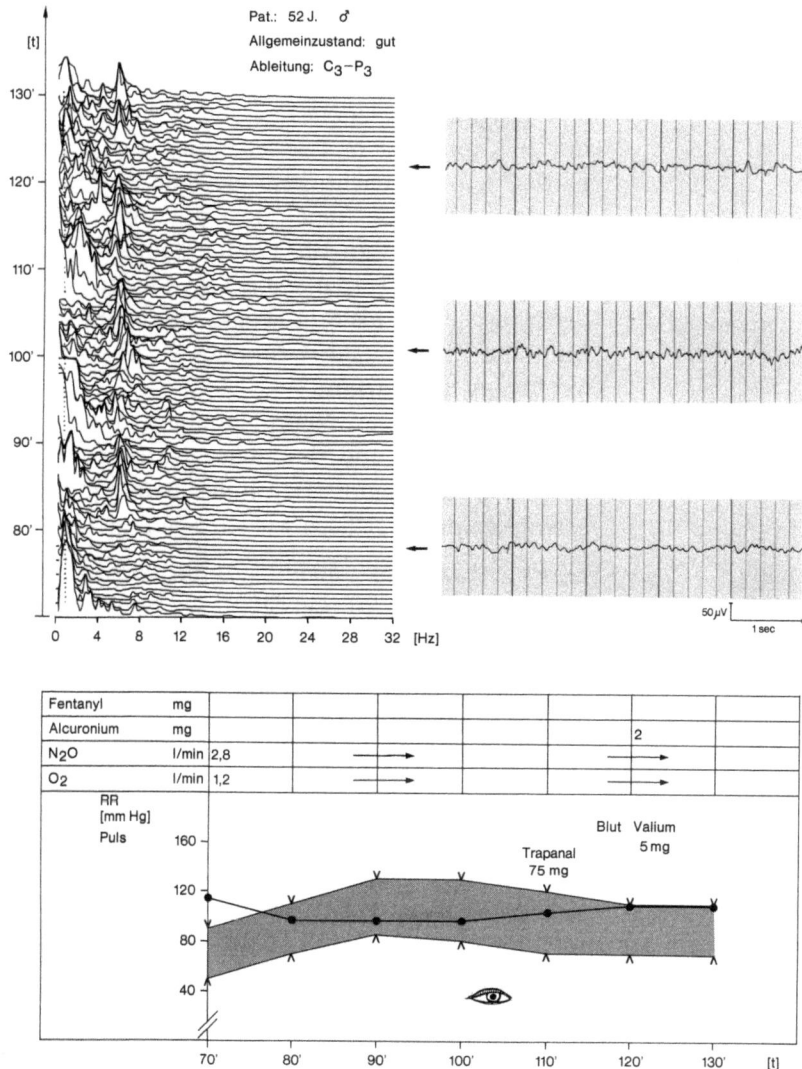

niederamplitudig, Frequenzen von 3 und 8–12 Hz
herrschen vor. Danach Aufbau einer hochamplitu-
digen Aktivität von 7–8 Hz. Eine kurzfristige Be-
schleunigung der dominanten Frequenz auf 9
–10 Hz wird gefolgt von einem flüchtigen Auftreten
hochamplitudiger Delta-Aktivität und gleichzeitiger Vermehrung der Beta-Aktivität. Danach wiederum Dominanz von Frequenzen von 6–7 Hz.
Derselbe Vorgang wiederholt sich ein zweites Mal

**Beurteilung**          In der 70. Narkoseminute ist das EEG extrem niederamplitudig, wobei mit den Zeichen verminder-

ter Hirnperfusion klinisch eine hypotone Phase vorliegt. Nach Kreislaufstabilisierung zeigt sich das typische Bild der analgetischen Phase einer Neuroleptanalgesie mit einem Peak bei 7–8 Hz. Zwischen
der 100. und 110. min beschleunigt sich die dominante Frequenz leicht; zum gleichen Zeitpunkt öff-
net der Patient die Augen. Das daraufhin gegebene
Trapanal bewirkt im EEG hohe Delta-Aktivierung.
Mit Abbau der Trapanalwirkung wieder Auftreten
des typischen 7- bis 8-Hz-Peaks; die Gabe von Valium zur 120. min führt zu einer vorübergehenden
Vertiefung der Narkose.

Insgesamt: Flache Neuroleptanalgesie mit Aufwachreaktionen und deutlicher Narkosevertiefung
nach Narkotikagabe. Der hohe Beta-Anteil kann
sowohl valiumspezifisch wie streßbedingt sein

| | |
|---|---|
| Ableitung | $C_3$-$P_3$; Eichung: 50 µV = 7 mm; Reg. Geschw.: 30 mm/s; Filter: 70 Hz; ZK: 0,3 s; Spektralanalyse in 30-s-Epochen |
| Medikation | Carbostesin 25 ml 0,375% zur PDA<br>Trapanal 3 mg/kg KG<br>Fentanyl 0,5 mg, Valium 25 mg |

**Abbildung 179**

| | |
|---|---|
| Narkoseart | Kombinationsnarkose – Periduralanästhesie – Neuroleptanalgesie |
| EEG-Überwachung | Ausschnitt aus dem Narkoseverlauf. Besonderheit: Abflachung der Narkose durch Volumensubstitution |
| Klinische Situation | 44jähriger Patient mit Colontumor |
| Vorerkrankungen | Allergisch bedingtes Asthma; Hepatitis vor 34 Jahren; Anämie |
| Verlauf | Vor Einleitung der Neuroleptanalgesie Anlage eines lumbalen Periduralkatheters. Klinisch unauffälliger Narkoseverlauf, intraoperativ Volumensubstitution durch Blut |
| EEG-Befund | Zu Beginn des dargestellten Beobachtungszeitraums in der 60. Narkoseminute ist das EEG durch einen hohen Anteil von Frequenzen des Delta-Theta-Bereichs geprägt; ein Peak bei 8 Hz ist charakte- |

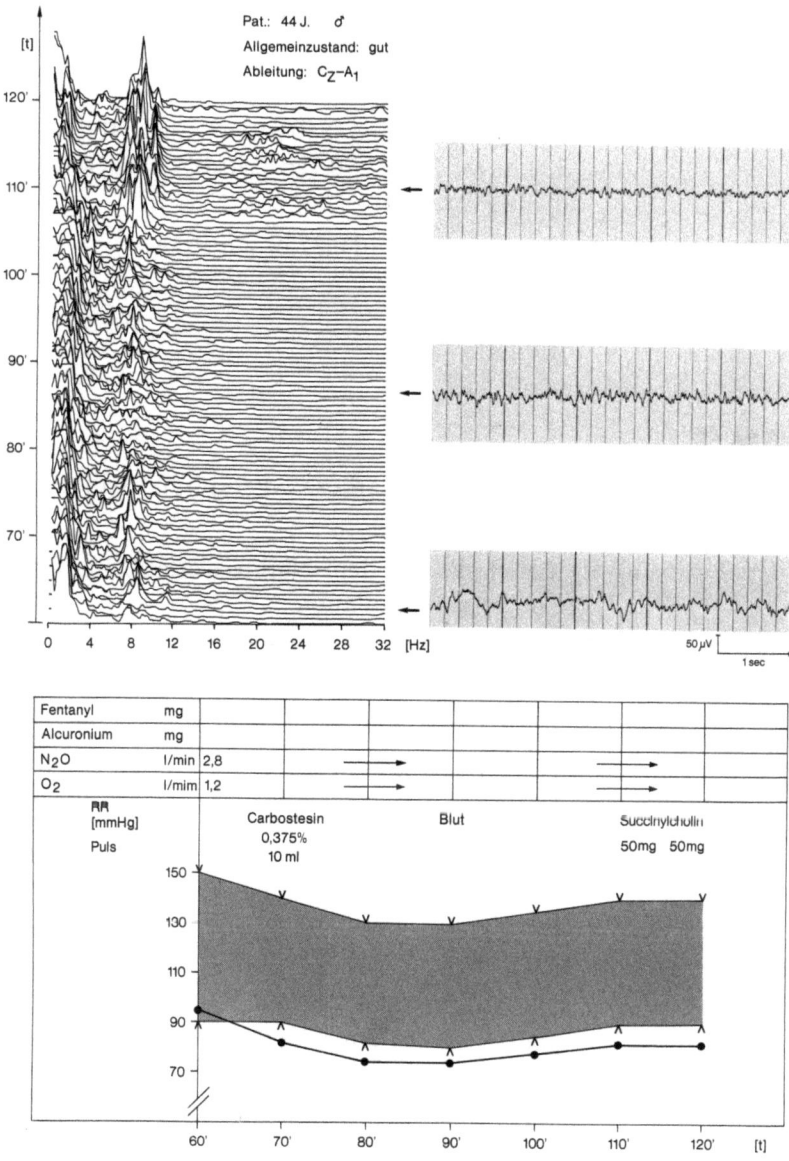

Pat.: 44 J.   ♂
Allgemeinzustand: gut
Ableitung: $C_Z$–$A_1$

ristisch für die analgetische Phase der NLA. Ab der 105. min nach Narkoseeinleitung Abbau der langsamen Frequenzanteile; Aktivierung von Beta-Frequenzen, gleichzeitige Ausbildung eines Alpha-EEG mit dominanter Frequenz von 10 Hz

Beurteilung

Zunächst ausreichend tiefe NLA. Um die 90. min nach Narkosebeginn Blutsubstitution. Dies führt innerhalb von 15 min zu einer Verdünnung des Narkotika-Blut-Spiegels mit Aufwachreaktion. Am Ende der Registrierung ist ein reines Alpha-EEG vorhanden

| | |
|---|---|
| Ableitung | $C_Z$-$A_1$; Eichung: 50 $\mu V$ = 7 mm; Reg. Geschw.: 30 mm/s; Filter: 70 Hz; ZK: 0,3 s; Spektralanalyse in 30-s-Epochen |
| Medikation | Carbostesin 10 ml 0,375% zur PDA<br>Fentanyl 0,7 mg<br>DHB 5 mg<br>Alloferin 12 mg |

**Abbildung 180**

| | |
|---|---|
| Narkoseart | Kombinationsnarkose – Periduralanästhesie – Neuroleptanalgesie |
| EEG-Überwachung | Ausschnitt aus dem Narkoseverlauf. Besonderheit: Analgetikakumulation |
| Klinische Situation | 43jähriger Patient in gutem Allgemeinzustand mit Magenkarzinom |
| Nebenerkrankungen | Keine |
| Operation | Operation nach Whipple |
| Verlauf | Vor Einleitung der NLA wird ein lumbaler Periduralkatheter angelegt. Der intraoperative Verlauf ist durch Blutdruckschwankungen gekennzeichnet, im Steady state der Narkose hypertone Kreislaufreaktion |
| EEG-Befund | Zu Beginn des dargestellten Beobachtungszeitraums 60 min nach Narkoseeinleitung, dominieren – entsprechend der analgetischen Phase einer NLA – Frequenzen aus dem Alpha-Bereich von 8 –10 Hz. Dies wird begleitet von einem hohen Anteil an langsamen Frequenzen aus dem Delta-Band. Für 1 h hält dieser Zustand unverändert an. Nach einer weiteren Stunde ist der Alpha-Peak verschwunden. Neben niederamplitudigen Einstreuungen von Alpha- und Beta-Wellen herrschen hochamplitudige Delta-Wellen vor |
| Beurteilung | Beispiel der kumulativen Wirkung wiederholter Fentanylgaben unter einer Neuroleptanalgesie. Die erste registrierte Stunde zeigt die analgetische Phase einer NLA, nach 2 h ist die Narkose mit Dominanz |

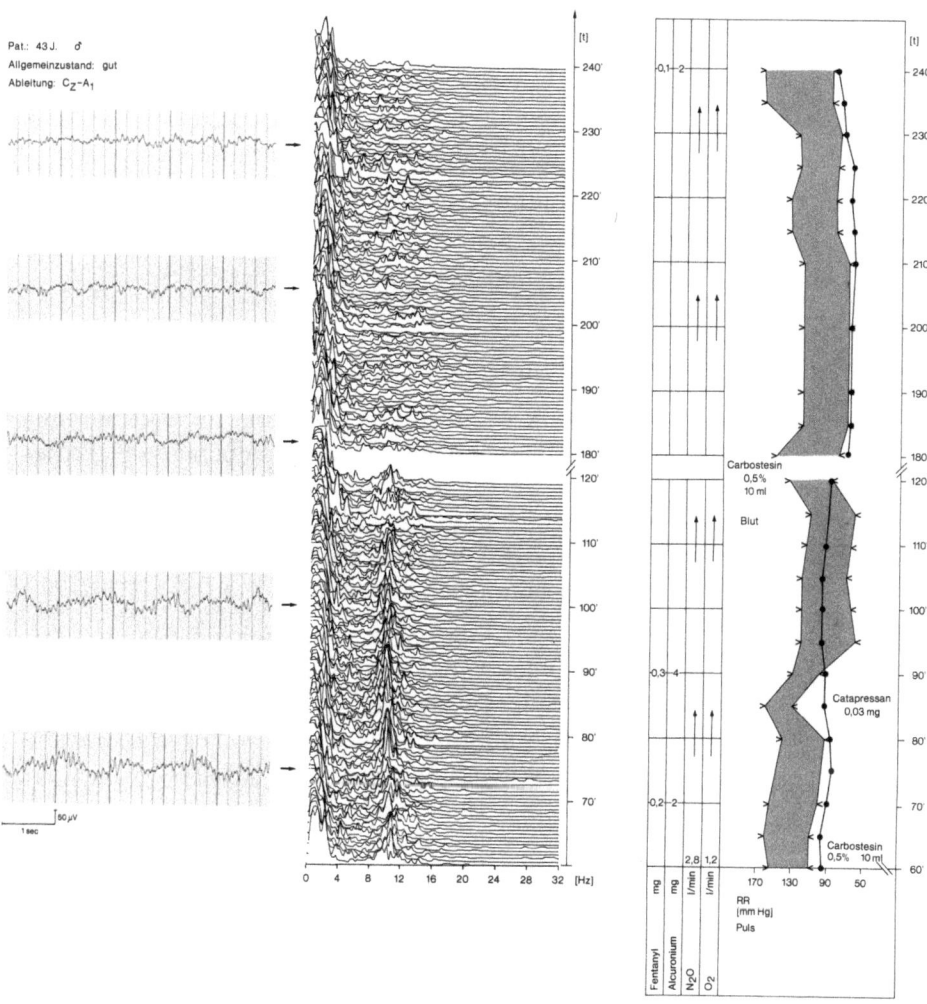

langsamer Frequenzen tiefer und als Neuroleptanalgesie aus dem EEG nicht mehr erkennbar. Zu
diesem Zeitpunkt waren 1,8 mg Fentanyl und
15 mg Valium injiziert

| | |
|---|---|
| Ableitung | $C_Z$-$A_1$; Eichung: 50 µV = 7 mm; Reg. Geschw.: 30 mm/s; Filter: 70 Hz; ZK: 0,3 s; Spektralanalyse in 30-s-Epochen |
| Medikation | Carbostesin 15 ml 0,375% zur PDA<br>Fentanyl 1,8 mg<br>Valium 15 mg  Alloferin 20 mg |

*c) Periduralanästhesie – Thiopental/Valium*

## Abbildung 181

| | |
|---|---|
| Narkoseart | Kombinationsnarkose – Periduralanästhesie und Barbiturat-Fentanyl-Valium-Narkose |
| EEG-Überwachung | Ausschnitt aus dem Narkoseverlauf |
| Klinische Situation | 43jährige Patientin in mäßigem Allgemeinzustand mit Gallenblasenempyem |
| Nebenerkrankungen | Keine |
| Operation | Cholezystektomie, Choledochusrevision |
| Verlauf | Vor Narkoseeinleitung wird eine lumbale Periduralanästhesie angelegt. Der intraoperative Narkoseverlauf ist zunächst durch eine Tachykardie und durch unerwünschte Eigenatmung der Patientin kompliziert. Die letzte Narkosestunde und die Narkoseausleitung sind unauffällig |
| EEG-Befund | Nach Operationsbeginn zeigt sich ein EEG mit hohem Delta-Anteil und niederamplitudigen Beta- und Alpha-Einstreuungen. Nach Thiopentalgabe weitere Amplitudenreduktion. Unter Valiumgabe leichte Aktivierung von 8- bis 12 Hz-Wellen, die auf nochmalige Thiopentalgabe verschwinden. Danach Auftreten von langsamen Alpha-Wellen. 1 h später ist das EEG immer noch sehr flach. Bei reichlichen Beta-Einstreuungen dominieren Delta-Wellen. Zum Zeitpunkt der Extubation hat sich ein niederamplitudiges Alpha-EEG von 12 Hz aufgebaut |
| Beurteilung | Flaches EEG und hoher Delta-Anteil spiegeln eine tiefe Narkose wider. Unter Valium deutliche Beta-Aktivierung, die sowohl substanzspezifisch als auch als Aufwachreaktion gedeutet werden kann. Die Zufuhr von Trapanal führt zum Bild der tiefen Narkose. In der zweiten Beobachtungsstunde keine Befundänderung. Hoher Beta-Anteil (Valium). Geringfügiger Aufbau eines 8- bis 9-Hz-Peaks, der als analgetische Komponente gedeutet werden kann. Der abrupte Übergang in ein Alpha-EEG bei Narkoseausleitung zeigt den adäquaten Wachheitsgrad der Patientin nach Beendigung der Narkose an |

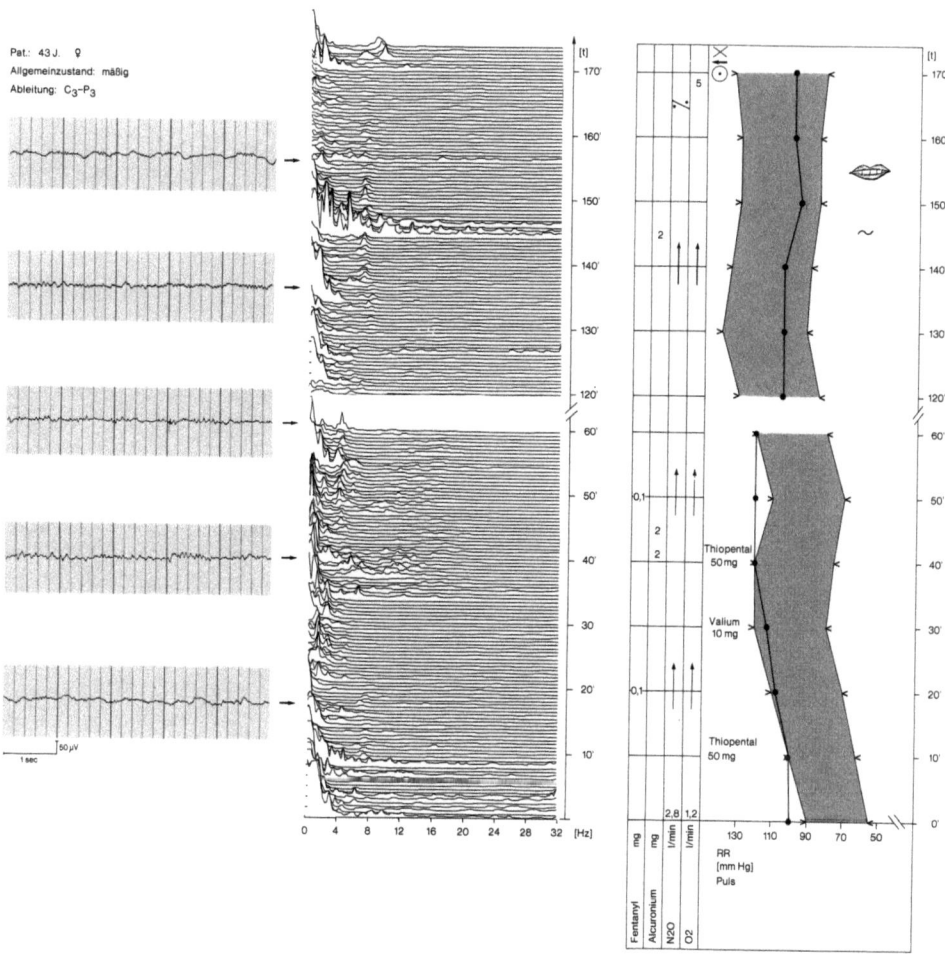

| Ableitung | $C_3$-$P_3$; Eichung: 50 µV = 7 mm; Reg. Geschw.: 30 mm/s; Filter: 70 Hz; ZK: 0,3 s; Spektralanalyse in 30-s-Epochen |
|---|---|
| Medikation | Carbostesin 28 ml 0,375% zur PDA<br>Trapanal 2 mg/kg KG<br>Valium 10 mg<br>Fentanyl 0,7 mg<br>Alloferin 14 mg |

## II. EEG-Überwachung des unmittelbar postoperativen Zeitraums

Cerebrale Funktionsänderungen einer Narkose sind mit deren Beendigung nicht schlagartig reversibel, sondern bilden sich im postoperativen Zeitraum erst innerhalb von Stunden bis wenigen Tagen vollständig zurück. Klinische Äquivalente dieser „Überhänge" sind Nachschlafphasen in den ersten Stunden, eine gewisse Lethargie mit leicht depressiver Stimmungslage und gelegentlich gleichzeitiger Kreislauflabilität bis zum zweiten postoperativen Tag.

Pharmakokinetische Abläufe sowie klinische, psychologische und neurophysiologische postoperative Überwachungskontrollen bestätigen dies grundsätzlich. Für verschiedene Narkosearten sind unterschiedlich lange „Erholungszeiten" der Gehirnfunktion ermittelt, die klinisch berücksichtigt werden müssen. Postoperative Gaben sedierender Analgetika potenzieren die noch vorhandenen cerebralen Narkosenachwirkungen. Eine EEG-Überwachung im Anschluß an die Narkose ist gelegentlich bei Patienten mit cerebralen Vorerkrankungen und generell nach intraoperativen cerebralen Schädigungen indiziert. Die generelle EEG-Überwachung dieser Phase erscheint zum gegenwärtigen Zeitpunkt, gemessen an dem Informationsgewinn und dessen Vorteilen für den Sicherheitszuwachs des Patienten, zu aufwendig, besonders weil die zu erwartenden „Narkoseüberhänge" in Zeitdauer und Stärke für häufig benutzte Anästhesiekombinationen aus gezielten Nachuntersuchungen bekannt sind.

## 1. Aufwachphase nach intravenöser Kurznarkose

**Abbildung 182**

| | |
|---|---|
| Klinische Situation | 72jährige Patientin. Zustand nach Abrasio und 15minütiger Narkose mit Alfentanil 2,5 mg, Hypnomidate 0,2 mg/kg KG, Lachgas-Sauerstoff 3:1. Bei Übernahme aus dem Operationsbereich ist die Patientin ansprechbar, jedoch noch schläfrig. 130 min später werden spontan eigene Sätze formuliert. Nach 240 min Überwachung im Aufwachraum Entlassung auf Normalstation |
| EEG-Befund | Zu Beginn der Registrierung ist das EEG unregelmäßig, mit hohem Theta-Anteil und einem Alpha-Rhythmus von 8–12 Hz. Im weiteren Verlauf nimmt der Alpha-Anteil an Amplitude zu, der Theta-Anteil nimmt ab. Am Ende des Beobachtungszeitraums ist der Alpha-Peak auf eine Frequenz von 10 Hz begrenzt, der Delta-Theta-Anteil ist stark reduziert |
| Beurteilung | Die Aufwachphase dauert nach der kurzen Narkose über 130 min. Während dieser Zeit nimmt der Alpha-Anteil zu und wird regelmäßiger. Auch nach 240 min ist noch eine Sedierung nachweisbar (Delta); der in der 130. min bereits erreichte Wachheitsgrad hat wieder abgenommen (geringere Ausprägung des Alpha-Gipfels). Insgesamt dokumentieren Klinik- und EEG-Befund einen leichten Narkotiküberhang |
| Ableitung | $C_Z$-$A_1$; Eichung: 50 µV = 7 mm; Reg. Geschw.: 30 mm/s; Filter: 70 Hz; ZK: 0,3 s; Spektralanalyse in 30-s-Epochen. Darstellung der Powerbänder in 2-s-Epochen |

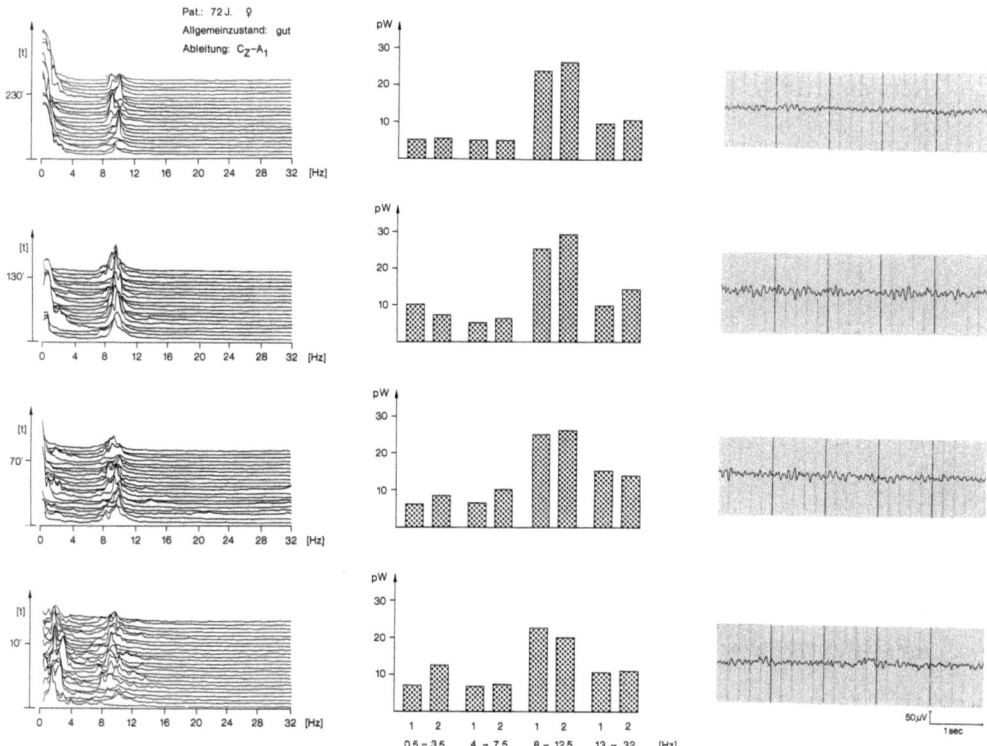

## 2. Aufwachphase nach kurzer Inhalationsnarkose (Ethrane)
## bei postoperativer Analgetikagabe

### Abbildung 183

| | |
|---|---|
| Klinische Situation | 34jährige Patientin. Zustand nach Abrasio und 15minütiger Ethraneinhalationsnarkose. 120 min nach Aufnahme auf die Aufwachstation erhält die Patientin 7,5 mg Piritramid gegen Schmerzen. Die zunächst wache Patientin wird wieder schläfrig, reagiert jedoch weiterhin adäquat auf Fragen. Die Atemfrequenz verändert sich nicht |
| EEG-Befund | 50 min nach Übernahme in den Aufwachraum zeigt sich ein Alpha-EEG bei noch vorhandenem hohen Delta-Theta-Anteil. Nach Dipidolorgabe steigt der Delta-Theta-Anteil weiter an, das EEG-Bild wechselt zwischen unregelmäßigem und flachem EEG. Nach 280 min erscheint erneut ein Alpha-Peak wechselnder Ausprägung von 9–10 Hz |
| EEG-Beurteilung | Durch die Dipidolorgabe werden deutliche Vigilanzschwankungen ausgelöst. Der steigende Delta-Theta-Anteil und Veränderungen der Spannung zeigen dies an. 160 min nach Dipidolorgabe ist die Patientin wieder wach, das Ausgangs-EEG ist nahezu erreicht |
| Ableitung | C$_3$-P$_3$; Eichung: 50 µV = 7 mm; Reg. Geschw.: 30 mm/s; Filter: 70 Hz; ZK: 0,3 s: Spektralanalyse in 30-s-Epochen. Power-Bänder in 2-s-Epochen |

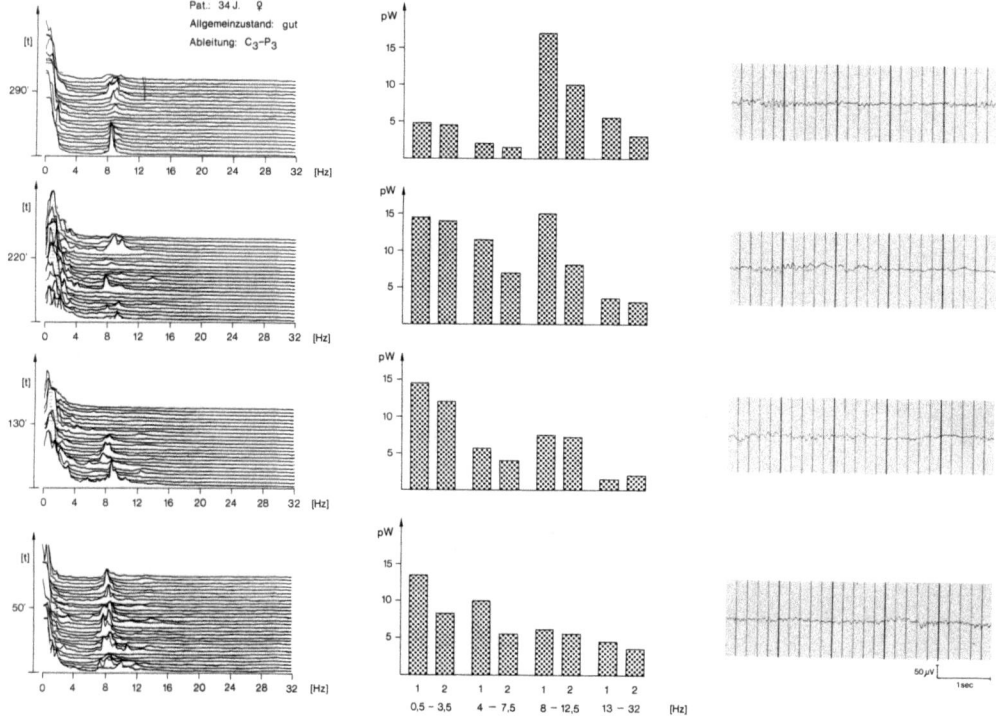

Pat.: 34 J. ♀
Allgemeinzustand: gut
Ableitung: C₃–P₃

**Abbildung 184**

Aufwachphase nach Inhalationsnarkose (Ethrane)

| | |
|---|---|
| Klinische Situation | 34jährige Patientin. Vaginale Uterusexstirpation in einer 45minütigen Ethraneinhalationsnarkose. Bei der Ankunft auf der Aufwachstation ist die Patientin noch schläfrig. 30 min später spricht sie spontan, nach 1 h erscheint sie wach. Keine weiteren Veränderungen in dem 4stündigen Beobachtungszeitraum |
| EEG-Befund | 30 min nach Beobachtungsbeginn ist der Delta-Theta-Anteil höher als alle anderen Frequenzanteile; die Alpha-Frequenz zeigt eine Schwankungsbreite von 7,5–12,5 Hz. In der 80. min ist der Alpha-Anteil deutlich dominierend, die Frequenz liegt konstant bei 8–9 Hz. Nach 100 min tritt eine Spannungsminderung ein, die nach 220 min wieder reversibel ist. Nun zeigt sich ein Alpha-EEG von 9 Hz mit nur geringen Anteilen langsamer Frequenzen |
| Beurteilung | Bei der noch schläfrigen Patientin ist das EEG unregelmäßig, der Zuwachs an Alpha-Aktivität geht mit dem zunehmenden Erwachen einher. Die folgende Spannungsreduktion könnte durch einen klinisch unbemerkten Vigilanzabfall bedingt sein oder als Streßreaktion gedeutet werden |
| Ableitung | $C_3$-$P_3$; Eichung: 50 μV = 7 mm; Reg. Geschw.: 30 mm/s; Filter: 70 Hz; ZK: 0,3 s; Spektralanalyse in 30-s-Epochen. Powerbänder in 2-s-Epochen |

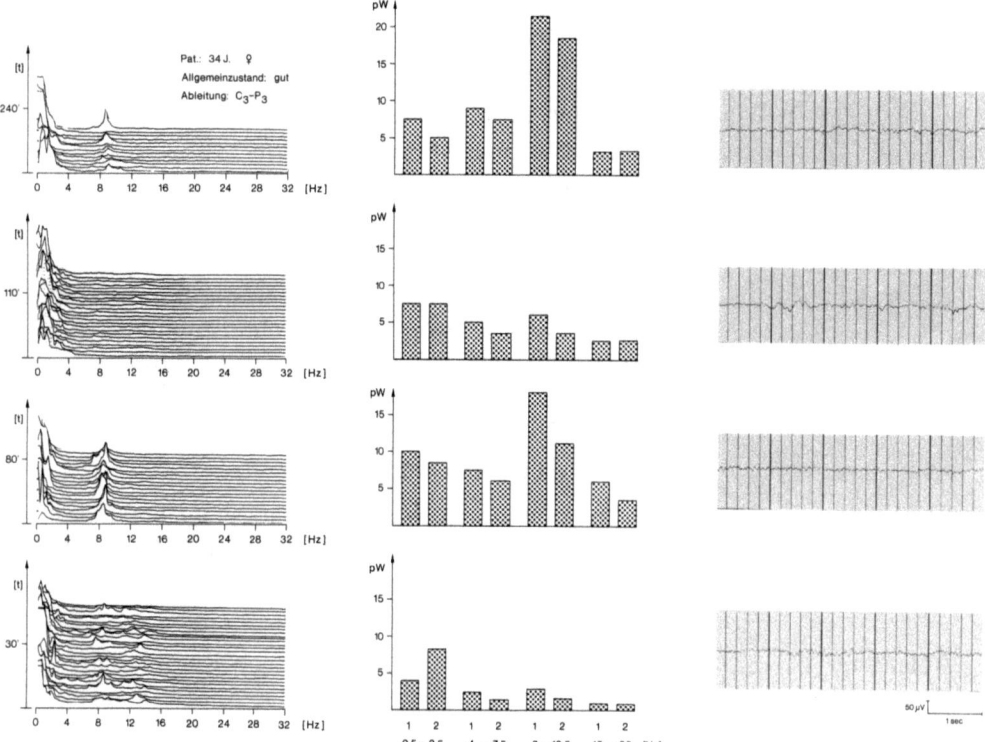

**Abbildung 185**

Aufwachphase nach Inhalationsnarkose (Halothan)

| | |
|---|---|
| Klinische Situation | 46jährige Patientin. Abdominelle Uterusexstirpation unter Inhalationsnarkose. Die Patientin wird postoperativ in den Aufwachraum gebracht. Nach 0,5 h werden eigene Sätze formuliert, nach 2 h klinisch ausreichende Wachheit |
| EEG-Befund | Zu Beginn der Überwachung ist das EEG extrem flach mit Frequenzverteilung über alle Bänder. Im weiteren Verlauf zeigt sich nur eine Zunahme des Beta-Anteils, die am Ende des Beobachtungszeitraums das Maximum erreicht hat. Diese Entwicklung stellt sich sowohl in der Spektralanalyse wie in den Powerbändern dar |
| EEG-Beurteilung | Mit zunehmendem Wachheitsgrad steigt der Beta-Anteil. Dies kann als Streßreaktion auf den postoperativen Schmerz mit gleichzeitiger deutlicher Vigilanzsteigerung gedeutet werden |
| Ableitung | $C_3$-$P_3$; Eichung: 50 µV = 7 mm; Reg. Geschw.: 30 mm/s; Filter: 70 Hz; ZK: 0,3 s; Spektralanalyse in 30-s-Epochen. Powerbänder in 2-s-Epochen |

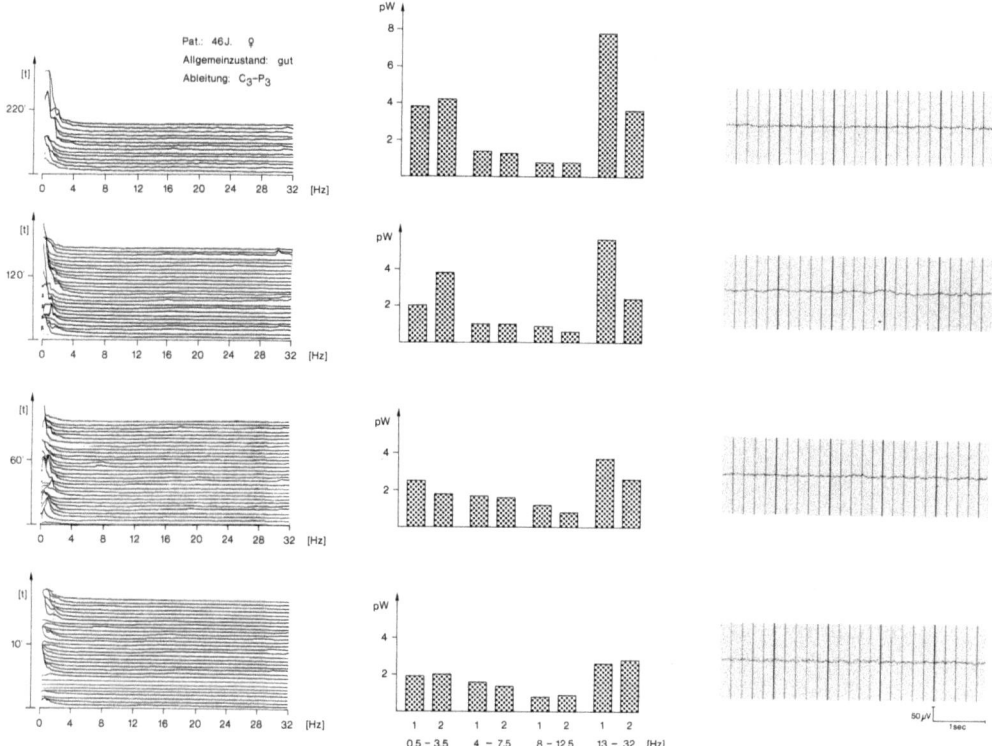

## 3. Aufwachphase nach Neuroleptanalgesie

**Abbildung 186**

| | |
|---|---|
| Klinische Situation | 49jährige Patientin. Vaginale Uterusexstirpation unter Neuroleptanalgesie von 40 min Dauer. Fentanyl 0,5 mg, DHB 7,5 mg, Alloferin 6 mg. Antagonisierung mit 0,2 mg Narcanti. Bei Aufnahme auf die Aufwachstation ist die Patientin schläfrig, nach 1,5 h spricht sie spontan, nach 4 h erscheint sie wach |
| EEG-Befund | Unmittelbar postoperativ ist das EEG flach, der Delta-Theta-Bereich dominiert in der Spektralanalyse und den Powerbändern. Im weiteren Verlauf bildet sich ein niederamplitudiger Alpha-Rhythmus, der konstant bestehen bleibt. Sein Maximum liegt bei 10–12 Hz, der Beta-Anteil wechselt und ist weiterhin niederamplitudig |
| Beurteilung | Aufwach-EEG nach NLA. Nach 70 min ist ein stabiles Alpha-EEG von niedriger Amplitude erreicht. Keine weiteren Vigilanzveränderungen |
| Ableitung | $C_3$-$P_3$; Eichung: 50 μV = 7 mm; Reg. Geschw.: 30 mm/s; Filter: 70 Hz; ZK: 0,3 s; Spektralanalyse in 30-s-Epochen. Powerbänder in 2-s-Epochen |

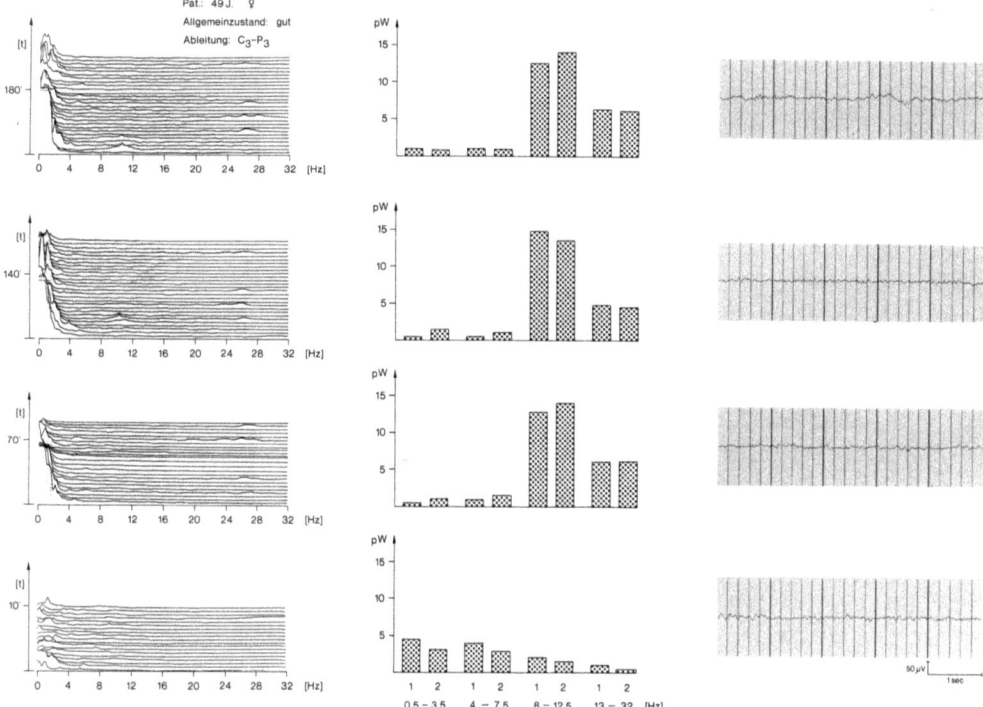

# III. EEG-Überwachung während der Intensivtherapie

Sowohl die Ausgangssituation als auch die zumeist erforderliche Langzeittherapie vital bedrohter oder in ihren Vitalfunktionen stark eingeschränkter Patienten indizieren gerade in diesem Bereich weitreichender und ständig wechselnder pathophysiologischer Grundsituationen und damit verknüpfter intensiver medizinischer Tätigkeiten wiederholte oder fortlaufende Beurteilungskontrollen der Gehirnfunktion.

Wesentliche Informationen und Therapiehilfen, die das EEG über die Registrierung der Gehirnfunktion vermittelt, werden kurz angegeben:

Steuerungsmöglichkeit einer erwünschten Sedierungstiefe durch Kontrolle der im EEG sichtbaren Sedierungs-, Schlaf- bzw. Narkosestadien mit Erkennungsmöglichkeit von Streßsituationen für den Patienten unter leichter bzw. zu leichter Sedierung durch Zeichen von Desynchronisation im EEG sowie von Intoxikationserscheinungen bei zu tiefer Sedierung.

Beurteilungsmöglichkeit des Ausmaßes hypoxischer Schäden nach Herz-Kreislauf-Krisen bzw. Sauerstoffmangelsituationen im perioperativen Zeitraum durch Auftreten und Grad von Funktionsveränderungen im EEG.

Steuerungsmöglichkeit des Ausmaßes einer medikamentös induzierten cerebralen Funktions- und Stoffwechselsenkung zur gehirnprotektiven Therapie durch Kontrolle der im EEG tatsächlich vorliegenden Funktionseinschränkung.

Beurteilungsmöglichkeit des Erholungsgrades der Gehirnfunktion nach cerebralen Schädigungen durch unterschiedliche Noxen im perioperativen Zeitraum.

Erkennungsmöglichkeit cerebral gefährdender Einflüsse des Krankheitsverlaufs anhand abrupter Synchronisation der EEG-Frequenz im Steady state gleichmäßiger Sedierung.

Beurteilungsmöglichkeit des Verhaltens spezifischer cerebraler Erkrankungen (Krampfleiden, traumatische Insulte, arteriosklerotische Veränderungen) unter der angewandten Intensivtherapie.

Beurteilungsmöglichkeit des jeweils aktuellen cerebralen Funktionszustandes im Gesamtkrankheitsbild und Verlauf von Intensivpatienten (z. B. in septischen Situationen bzw. bei Versagen anderer Organsysteme).

Feststellungsmöglichkeit fehlender cerebraler Funktion bei wiederholten EEG-Ableitungen mit fehlender elektrischer Aktivität (Nullinien-EEG).

## 1. Sedierungstherapie

**Abbildung 187**

| | |
|---|---|
| Klinische Situation | Sedierungsnotwendigkeit bei Intensivtherapie mit Dauerbeatmung nach schweren chirurgischen Interventionen mit kompliziertem und schmerzhaftem Verlauf bei genereller Vitalgefährdung |
| EEG-Befund | **Oben:** Unregelmäßiges EEG 0,5–8 Hz mit Dominanz des Theta-Bandes<br>**Mitte:** Zunächst unregelmäßiges EEG bis 8 Hz mit Übergang zu schnellen Alpha-Frequenzen<br>**Unten:** Niederfrequentes EEG mit Delta-Dominanz um 2 Hz |
| Beurteilung | Die angegebenen Beispiele stehen stellvertretend für mögliche Sedierungseinstellungen während einer Intensivtherapie<br>**Oben:** Mittleres Sedierungsstadium, das bei unkomplizierten Intensivtherapieverläufen angestrebt wird und alle notwendigen Maßnahmen ohne Streßfaktoren für den Patienten erlaubt<br>**Mitte:** Aufwachstadium ca. 30–60 min nach Absetzen der Therapie<br>**Unten:** Sehr tiefes Sedierungsstadium, das nur bei akuter vitaler Gefährdung zur Hirnprotektion angestrebt werden soll |
| Ableitung | $C_Z$-$A_1$; Eichung: 50 µV = 7 mm; Reg. Geschw.: 30 mm/s; Filter: 70 Hz; ZK: 0,3 s; Spektralanalyse in 30-s-Epochen |
| Medikation | Etomidattherapie im Dauerperfusor<br>Dosierung: 0,4–1,2 mg/kg KG/h |

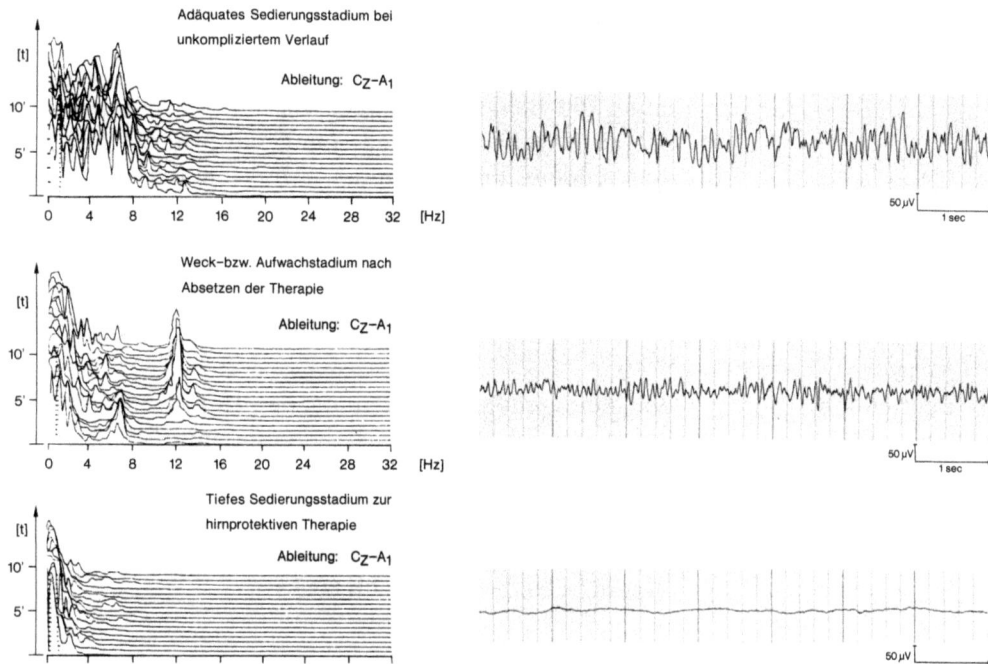

Adäquates Sedierungsstadium bei
unkompliziertem Verlauf

Ableitung: $C_Z-A_1$

50 µV
1 sec

Weck-bzw. Aufwachstadium nach
Absetzen der Therapie

Ableitung: $C_Z-A_1$

50 µV
1 sec

Tiefes Sedierungsstadium zur
hirnprotektiven Therapie

Ableitung: $C_Z-A_1$

50 µV
1 sec

## Abbildung 188

| | |
|---|---|
| Klinische Situation | Patientin unter Intensivtherapie mit Dauerbeatmung (60 Behandlungstage). Zustand nach Sepsis, ARDS. Aktueller Zustand: Lungenfibrose mit rezidivierendem Pneumothorax. Absetzen der Sedierungstherapie bei angestrebter Beendigung der kontrollierten Beatmung. Ansprechbarkeit |
| EEG-Befund | Abgeflachtes Beta-EEG bei gleichzeitiger Herz-Kreislauf-Reaktion mit Hypertonie und Tachykardie |
| Beurteilung | Bei gleichzeitiger Beurteilung der Herz-Kreislauf-Parameter ist die Beta-Aktivierung mit EEG als Ausdruck einer Streßsituation und nicht als medikamentenspezifisch zu werten |
| Ableitung | $C_3$-$P_3$; Eichung: 50 $\mu V = 7$ mm; Reg. Geschw.: 30 mm/s; Filter: 70 Hz; ZK: 0,3 s |

Pat.: 21 J.  ♀

Allgemeinzustand: mäßig

Ableitung:  $C_3-P_3$

Z. n. Sepsis

ARDS

Lungenfibrose

Dauerbeatmung

60. Behandlungstag

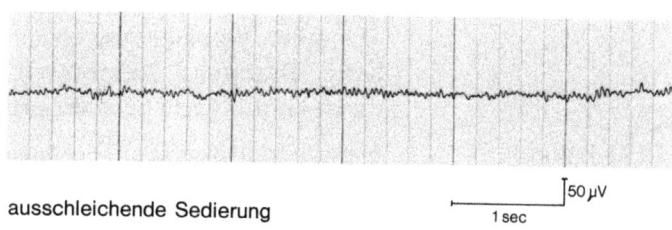

ausschleichende Sedierung

Kreislaufreaktionen

EEG: Beta–Vermehrung

50 µV

1 sec

## 2. Erstbeurteilung, Therapie, Therapiekontrolle hypoxischer cerebraler Schäden

### Abbildung 189

| | |
|---|---|
| Klinische Situation | Operation eines Ovarialkarzinoms. Postoperative Nachblutung mit Ausprägung eines hypovolämischen Schockzustandes.<br>Therapie: Volumenausgleich, Intubation, kontrollierte Beatmung, cerebrale Stoffwechselsenkung durch kontrollierte tiefe Sedierung |
| EEG-Befund | 1. postoperativer Tag: Das Ausgangs-EEG zeigt vor Beginn der Sedierung als Zeichen einer schweren Allgemeinveränderung langsame niederamplitudige Frequenzen.<br>7. postoperativer Tag: Unter stark sedierender Therapie flaches EEG<br>9. postoperativer Tag: Nach Absetzen der Sedierung weiterhin flaches EEG<br>14. postoperativer Tag: Unregelmäßiges EEG (die langsamen Frequenzen im Delta-Bereich sind Artefakte) |
| Beurteilung | Das Ausgangs-EEG nach hypovolämischem Schock zeigt als Ausdruck einer cerebralen Schädigung eine Allgemeinveränderung der cerebralen Funktion an. Durch die therapeutische Sedierung wird die cerebrale Funktion nahezu vollständig unterdrückt. Die starke Suppression aller Frequenzanteile läßt in diesem Stadium (1.–9. Tag) keine Beurteilung des gesamten cerebralen Zustandes zu, da zwischen den Folgen der therapeutischen cerebralen Funktionssenkung und einem Ausfall der Hirnfunktion durch die vorangegangene Schädigung nicht unterschieden werden kann. Das unregelmäßige EEG nach Beendigung der Intensivtherapie weist auf den noch vorhandenen hypoxischen Restschaden hin, zeigt aber andererseits deutlich die gegenüber dem Ausgangs-EEG erfolgte cerebrale Erholung |
| Ableitung | $C_3$-$P_3$; Eichung: 50 µV = 7 mm; Reg. Geschw.: 30 mm/s; Filter: 70 Hz; ZK: 0,3 s |
| Medikation | Etomidat 500 mg/Tag über Perfusor entsprechend 0,4 mg/kg KG/h |

Pat.: 71 J. ♀  Op: Ovarial−Ca, ausgedehnte Metastasierung

Allgemeinzustand: mäßig ➞ gut  postop: starker RR−Abfall, Schock,

Ableitung: $C_3-P_3$  Pupillen: normal

postop:

1.tg

schwere Allgemeinveränderung

Sed.: Etomidat 500 mg/tg

7.tg

weiterhin sehr flach

Sed.: Etomidat 500 mg/tg

9.tg

weiter extrem flach

Sed.: ∅ Etomidat

Spontanatmung

14.tg

unregelmäßiges, nahezu normales EEG

Extubation

50µV

1sec

**Abbildung 190**

| | |
|---|---|
| Klinische Situation | Abdominoperineale Rektumexstirpation mit intraoperativem hypovolämischem Schock.<br>Therapie: Intensivbehandlung mit kontrollierter Beatmung und kontrollierter Sedierung |
| EEG-Befunde | Postoperative Ausgangsbefunde: EEG mit späten B-S-Phasen. 14. postoperativer Tag: niederamplitudiges Alpha-EEG<br>17. postoperativer Tag: Alpha-EEG<br>30. postoperativer Tag: Alpha-EEG normaler Ausprägung |
| Beurteilung | Beispiel einer reversiblen hypoxischen Hirnschädigung nach intraoperativer hypotoner Krise:<br>Isoelektrische EEG-Strecken mit langsamem Burst zeigen Vorhandensein und Ausmaß einer cerebralen Schädigung als Folge des intraoperativen hypovolämischen Schockzustandes.<br>Unter 14tägiger kontrollierter Sedierung zur cerebralen Stoffwechselsenkung tritt eine Erholung der cerebralen Funktion ein, die bis zum 30. Behandlungstag mit Rückkehr zum Normal-EEG abgeschlossen ist |
| Ableitung | $C_3$-$P_3$; Eichung: $50\,\mu V = 7\,mm$; Reg. Geschw.: $30\,mm/s$; Filter: 70 Hz; ZK: 0,3 s |
| Medikation | Etomidat 720 mg/Tag über Perfusor entsprechend 0,5 mg/kg KG/h |

Pat.: 63 J.  ♀        Z. n. abdomino–perinealer Rektumextirpation

Allgemeinzustand:  mäßig ➝ gut        intraop.:  Schock

Ableitung:  $C_3$–$P_3$        Sedierung mit Etomidat

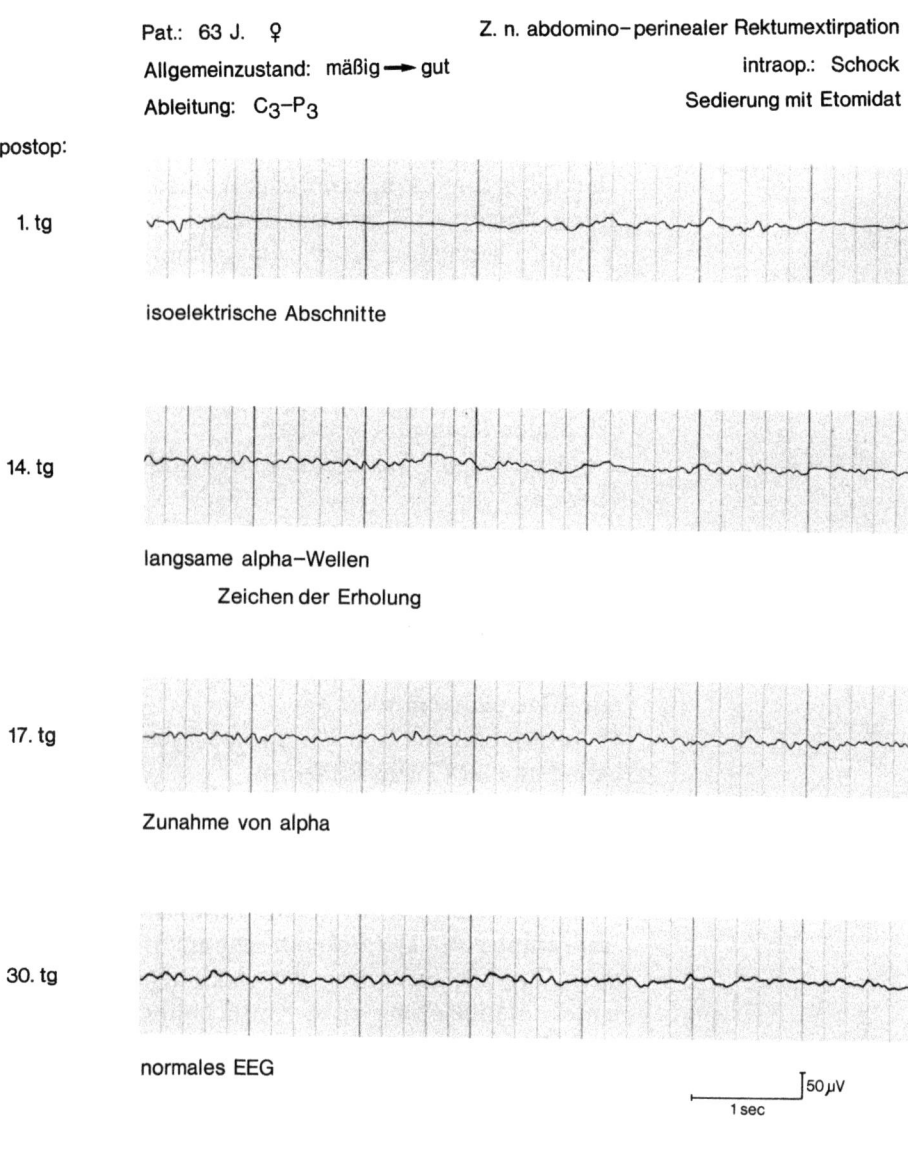

postop:

1. tg

isoelektrische Abschnitte

14. tg

langsame alpha–Wellen

    Zeichen der Erholung

17. tg

Zunahme von alpha

30. tg

normales EEG

$1\ sec$    $50\,\mu V$

**Abbildung 191**

| | |
|---|---|
| Klinische Situation | Abdominoperineale Rektumexstirpation mit intraoperativem hypovolämischen Schock und cerebraler Hypoxie.<br>Therapie: Intensivbehandlung; kontrollierte Beatmung, Sedierung, Corticoid-Therapie zur Hirnprotektion, Phenhydantherapie zur Unterdrückung der Krampfpotentiale |
| EEG-Befund | Postoperativer Ausgangsbefund: Unregelmäßiges EEG mit Übergang zur Allgemeinveränderung. Spike-wave-Komplexe als Zeichen einer erhöhten cerebralen Krampfbereitschaft.<br>2. postoperativer Tag: keine Befundänderung unter Therapie<br>7. postoperativer Tag: Unregelmäßiges EEG ohne Krampfpotentiale<br>14. postoperativer Tag: Bei reduzierter ausschleichender Corticoidgabe erneut Zunahme langsamer Frequenzen mit Übergang einer leichten zur mittleren Allgemeinveränderung<br>55. postoperativer Tag: Unregelmäßiges EEG unter beibehaltener Corticoidtherapie |
| Beurteilung | Die enzephalographischen Zeichen der erhöhten cerebralen Krampfbereitschaft zeigen postoperativ die hypoxische Schädigung an. Die Behandlung zur Hirnprotektion, zur Hirnödemprophylaxe sowie zur Anfallsunterdrückung führen erst am 7. postoperativen Tag zur Besserung der cerebralen Situation. Unter Reduzierung der Corticoidtherapie verschlechtert sich der Befund erneut wohl als Folge eines wieder verstärkten Hirnödems. Am 55. Behandlungstag ist eine vollständige klinische Erholung eingetreten, so daß bei voller Orientierung und Ansprechbarkeit die Extubation erfolgen kann. Der EEG-Befund zeigt ebenfalls – bei Weiterbestehen der Hirnödemprophylaxe – den Erfolg der Behandlung. Das unregelmäßige EEG weist jedoch darauf hin, daß noch cerebrale Veränderungen (klinisch: psychische Alterationen) vorliegen und eine weitere cerebrale Erholungszeit einzukalkulieren ist |
| Ableitung | $C_3$-$P_3$; Eichung: 50 µV = 7 mm; Reg. Geschw.: 30 mm/s; Filter: 70 Hz; ZK: 0,3 s; Spektralanalyse in 30-s-Epochen |

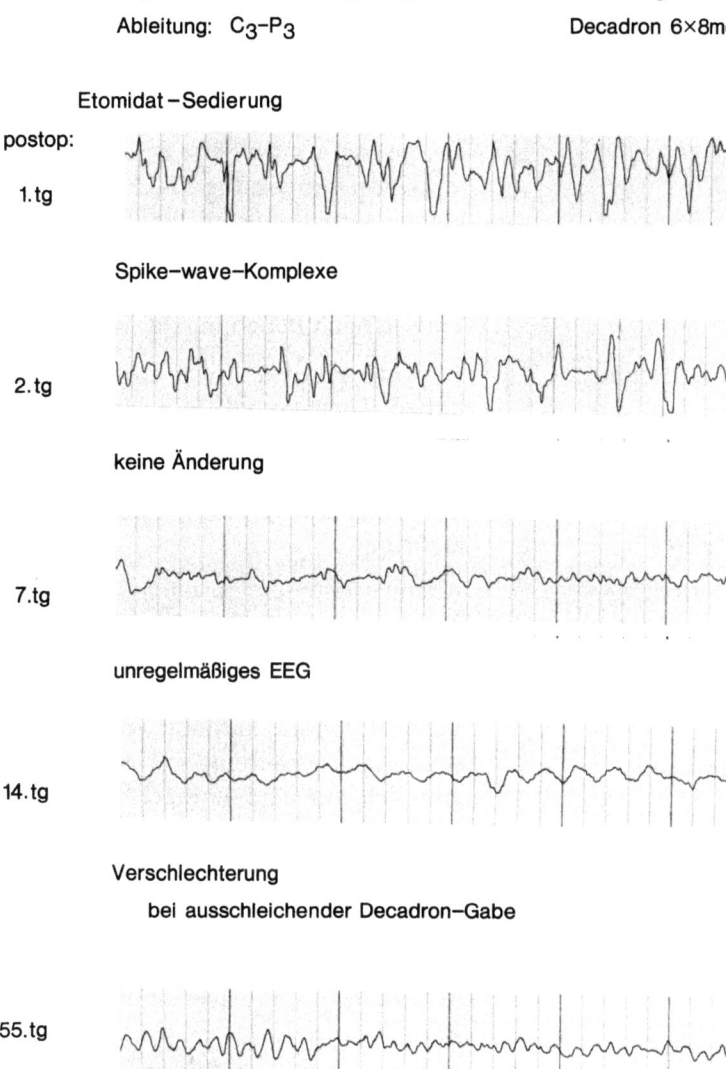

Pat.: 65 J.  ♀

Allgemeinzustand:  mäßig ➔ gut          Beatmung

Ableitung:  C₃–P₃                                Decadron 6×8mg

Etomidat – Sedierung

postop:

1.tg

Spike–wave–Komplexe

2.tg

keine Änderung

7.tg

unregelmäßiges EEG

14.tg

Verschlechterung

  bei ausschleichender Decadron–Gabe

55.tg

nach Extubation                          50 μV

unregelmäßiges EEG            1 sec

Medikation          Etomidat 300–500 mg/Tag im Perfusor
                    entsprechend 0,3–0,4 mg/kg KG/h
                    Decadron 6 × 8 mg
                    Phenhydan 3 × 125 mg

## 3. Symptome cerebraler Mangelsituationen

### Abbildung 192

| | |
|---|---|
| Klinische Situation | Postoperativer Zustand nach ausgedehntem abdominalem Eingriff. Intensivtherapie, kontrollierte Beatmung, kontrollierte Sedierung.<br>9. postoperativer Tag: Tachykardie (140/min), absolute Arrhythmie mit ventrikulären Extrasystolen bei Kreislaufstabilität<br>24. postoperativer Tag: Ausgeglichene kardiale Situation nach Behebung der Rhythmusstörungen |
| EEG-Befund | 1. postoperativer Tag: Alpha-Ausgangs-EEG mit hohem Theta-Anteil<br>9. postoperativer Tag: Leichte Zunahme der Theta-Aktivität<br>24. postoperativer Tag: Alpha-EEG mit Theta-Vermehrung |
| Beurteilung | Beispiel einer ungünstigen kardialen Situation am 9. postoperativen Tag. Das EEG, das primär einen mittleren Sedierungsgrad anzeigt, bekommt einen höheren Anteil an Theta-Wellen, die jedoch nicht sicher durch die kardiale Verschlechterung bedingt sind. Nach Behebung der Rhythmusstörungen ergibt sich nur eine geringe Änderung des EEG-Befundes. Unter Sedierung gilt, daß Tachykardien und Rhythmusstörungen erst dann eine deutliche EEG-Veränderung hervorrufen, wenn sie zu einem Blutdruckabfall führen. Solange Kreislaufstabilität aufrecht erhalten werden kann, resultiert auch keine cerebrale Mangelversorgung |
| Ableitung | $C_3$-$P_3$; Eichung: $50\,\mu V = 7\,mm$; Reg.Geschw.: $30\,mm/s$; Filter: 70 Hz; ZK: 0,3 s |
| Medikation | Etomidat 1440 mg/Tag im Perfusor entsprechend 0,9 mg/kg KG/h |

Pat.: 49 J.  ♂

Allgemeinzustand:  mäßig                    schlechte cardiale Situation

Ableitung:  $C_3$–$P_3$

Etomidat–Sedierung

1.tg

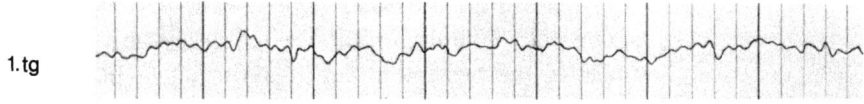

Etomidat:  150 mg/tg

9.tg

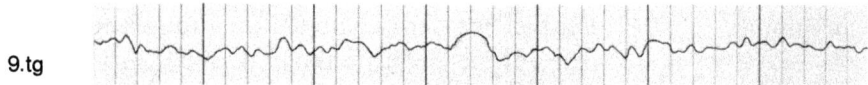

Tachycardie  (140/min)

24.tg

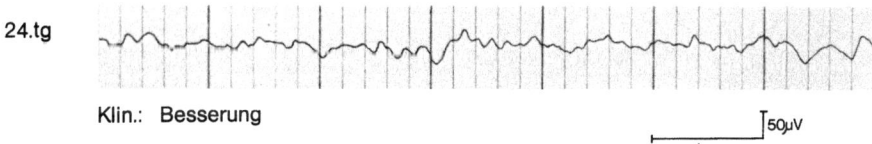

Klin.:  Besserung

50μV

1sec

**Abbildung 193**

| | |
|---|---|
| Klinische Situation | Postpartale Sepsis mit kompliziertem Verlauf, beginnende Lungenfibrose mit Verschlechterung der Blutgaswerte ($pO_2$: 59–79 mm Hg, $pCO_2$: 49 –51 mm Hg) und daraus resultierender Hypoxie (Beatmung mit 100% $O_2$). Nach 5 Tagen ausreichende Lungenfunktion (Beatmung mit 40% $O_2$) mit verbesserten Blutgaswerten ($pO_2$: 119 –125 mm Hg, $pCO_2$: 41–45 mm Hg) |
| EEG-Befund | Ausgangsbefund: abgeflachtes Alpha-EEG mit Delta-Frequenzen. Nach 5 Tagen: Alpha-EEG |
| Beurteilung | Beispiel für den schädigenden Einfluß einer Hypoxie auf die Gehirnfunktion. Das EEG ist unter der mangelnden Sauerstoffversorgung abgeflacht und verlangsamt. Der Zustand ist in diesem Fall voll reversibel. Bei ausreichender Sauerstoffsättigung erscheint normale Alpha-Aktivität |
| Ableitung | $C_3$-$P_3$; Eichung: 50 μV = 7 mm; Reg. Geschw.: 30 mm/s; Filter: 70 Hz; ZK: 0,3 s |

Pat.: 21 J.  ♀                                    Z. n. :    Sectio

Allgemeinzustand:  mäßig ➔ gut                               Sepsis

Ableitung:  $C_3$–$P_3$                                      ARDS


beginnende Lungenfibrose

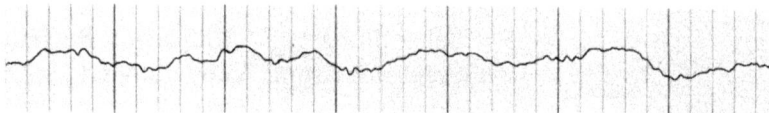

Hypoxie

   flaches EEG

nach 5

Tagen

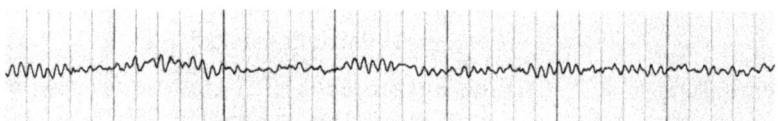

Behebung der hypoxischen Phasen

   nahezu normales Alpha–EEG                    50 µV

                                 1 sec

**Abbildung 194**

| | |
|---|---|
| Klinische Situation | EPH-Gestose, postpartaler Zustand mit allgemeiner Beeinträchtigung, Somnolenz, grenzwertige Blutgaswerte, Einschränkung der Nierenfunktion, Hypertonie.<br>Therapie: Intensivbehandlung, Sedierung, Corticoidtherapie.<br>5. Behandlungstag: Klinische Besserung, Bewußtseinsaufklärung, Kooperativität |
| EEG-Befund | Ausgangsbefund: Niedervoltagiges Alpha-EEG, Krampfäquivalente.<br>4. Tag: Unter Decadron-Gaben von $6 \times 4$ mg/die unregelmäßiges EEG mit Krampfäquivalenten<br>5. Tag: Unter Erhöhung der Decadrondosierung ($6 \times 8$ mg): Partielles Beta-EEG |
| Beurteilung | Eine ausgeprägte EPH-Gestose ist gewöhnlich mit einem Hirnödem gekoppelt. Schon bei leichter zusätzlicher respiratorischer Insuffizienz pfropft sich darauf ein cerebraler Sauerstoffmangel, der sich in der Abflachung der EEG-Grundfrequenz äußert. Die erhöhte Anfallsbereitschaft wird durch die steileren Graphoelemente demonstriert. Das unregelmäßige EEG mit vereinzelten steileren Abläufen am 4. Behandlungstag befriedigt nicht. Unter erhöhter Decadrongabe kann eine wesentliche Verbesserung des cerebralen Befundes erreicht werden, die sich an der Alpha-Beta-Frequenz mit normaler Ausprägung zeigt. Der hohe Beta-Anteil ist medikamentös bedingt; er ist auf die Sedierung mit Benzodiazepinen zurückzuführen |
| Ableitung | $C_3$-$P_3$; Eichung: $50 \mu V = 7$ mm; Reg. Geschw.: 30 mm/s; Filter: 70 Hz; ZK: 0,3 s |
| Medikation | Valium 25–100 mg/Tag<br>Decadron $6 \times 4$ mg/Tag bzw. $6 \times 8$ mg/Tag |

Pat: 18 J. ♀

Allgemeinzustand: mäßig ⟶ gut

Ableitung: $C_3$–$P_3$

Krämpfe,

Eklampsie 2 tg vor Entbindung

1. tg

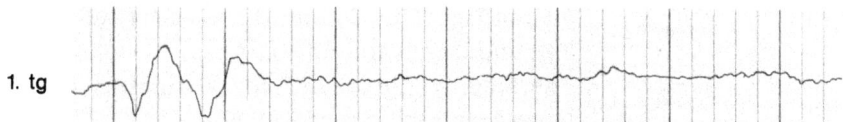

EEG: Krampfäquivalente

      3×125mg Phenhydan

      6×8mg Decadron

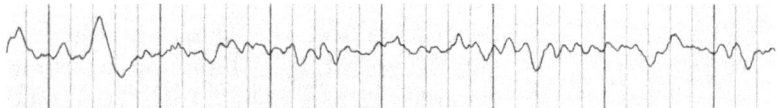

EEG: weitere Verschlechterung

      bei ausschleichender Decadron-Gabe

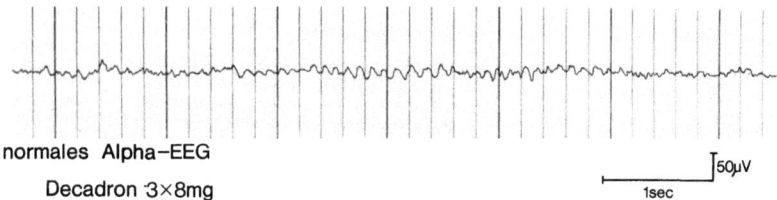

normales Alpha–EEG

    Decadron 3×8mg

50µV

1sec

**Abbildung 195**

| | |
|---|---|
| Klinische Situation | Zustand nach Leberkoma bei noch reduzierter Lungenfunktion und latenter Herz-Kreislauf-Insuffizienz. Bei unzureichenden Blutgaswerten ($pO_2$ 60 mm Hg, $pCO_2$ 56 mm Hg) ist der Patient somnolent und tachykard (140/min).<br>Therapie: Verbesserung der Ventilation durch externe Atemhilfe, Sauerstoffgabe |
| EEG-Befund | Ausgangsbefund: flaches, unregelmäßiges EEG mit hohem Delta-Theta-Anteil und Beta-Einstreuungen. Unter verbesserter Ventilation und verbesserten Blutgaswerten Überwiegen der Alpha-Aktivität |
| Beurteilung | Bei noch unausgeglichener Stoffwechsellage nach Leberkoma löst die cerebrale Minderversorgung mit Sauerstoff eine Funktionseinschränkung, erkenntlich an dem hohen Anteil langsamer Frequenzen, aus. Der Beta-Anteil könnte als Streßreaktion bei der subjektiv empfundenen Atemnot gedeutet werden. Bei Verbesserung der Sauerstoffversorgung durch externe Atemunterstützung verschwinden die langsamen Frequenzen. Neben der Verbesserung der cerebralen Funktion zeigt sich die Entspannung des Patienten im Fortfall der Beta-Aktivität |
| Ableitung | $C_3$-$P_3$; Eichung: 50 µV = 7 mm; Reg. Geschw.: 30 mm/s; Filter: 70 Hz; ZK: 0,3 s |

Pat.: 30 J. ♂

Allgemeinzustand: mäßig

Ableitung: C₃–P₃

Z. n.: Leberkoma

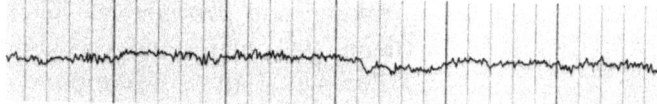

EEG unter Hypoventilation

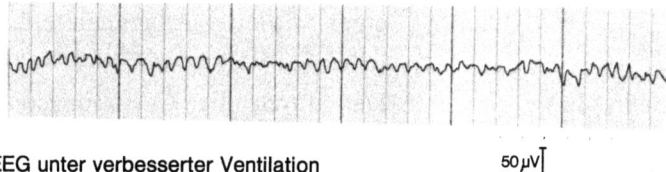

EEG unter verbesserter Ventilation

50 μV

1 sec

## Abbildung 196

| | |
|---|---|
| Klinische Situation | Leberfunktionsstörung, Nierenfunktionsstörung. Zustand nach Lebertransplantation mit Abstoßungsreaktion und passagerem Nierenversagen. Die Patientin ist komatös und wird kontrolliert beatmet. Therapie: Dialyse, Bekämpfung der Abstoßungsreaktion |
| EEG-Befund | Im Ausgangs-EEG zeigt sich ein Überwiegen der Frequenzen des Delta-Theta-Bereichs entsprechend einer mittleren Allgemeinveränderung. Im folgenden EEG starke Zunahme der Alpha-Anteile |
| Beurteilung | Das durch die Abstoßungsreaktion unterhaltene Leberversagen und das Nierenversagen beeinträchtigen die cerebrale Funktion durch metabolische Veränderungen. Nach Dialyse und Abklingen der Organabstoßung mit Verbesserung der Leberfunktion zeigt die Annäherung an ein Alpha-EEG die Wiederherstellung der cerebralen Leistung an. Die Patientin ist zu diesem Zeitpunkt wieder ansprechbar |
| Ableitung | $C_3$-$P_3$; Eichung: 50 $\mu$V = 7 mm; Reg. Geschw.: 30 mm/s; Filter: 70 Hz; ZK: 0,3 s |

Pat.:  41 J.   ♀

Allgemeinzustand:  mäßig

Ableitung:  $C_3$–$P_3$

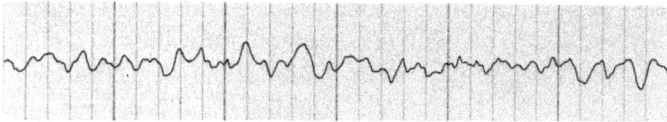

EEG:  mittlere Allgemeinveränderung

Pat. comatös

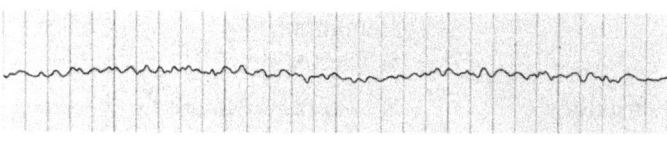

EEG:  verlangsamt

Pat. jedoch wieder ansprechbar nach

   Besserung der Stoffwechsellage

50 µV

1 sec

## 4. Spezifische cerebrale Erkrankungen unter Intensivtherapie

**Abbildung 197**

| | |
|---|---|
| Klinische Situation | Eklampsie, peripartale Krampfanfälle; Therapie: kontrollierte Sedierung, Corticoidgabe zur Behandlung des Hirnödems. Phenhydangaben zur Anfallsbehandlung und -prophylaxe |
| EEG-Befund | Ausgangsbefund: Niedervoltagiges Alpha-EEG mit sharp-wave-ähnlichen Komplexen. 4. Tag: Unregelmäßiges EEG mit steileren Graphoelementen 5. Tag: Alpha-EEG mit hohem Beta-Anteil |
| Beurteilung | Krampfäquivalente im Ausgangs-EEG entsprechen der klinischen Situation der Eklampsie. Die Abflachung der Grundfrequenz spricht darüber hinaus für eine allgemeine cerebrale Funktionsbeeinträchtigung. Am 4. Behandlungstag sind durch die Phenhydanwirkung bei klinischer Anfallsfreiheit auch im EEG keine eindeutigen Krampfpotentiale mehr nachweisbar. Die steileren Graphoelemente weisen nur noch auf die generelle leicht erhöhte Krampfbereitschaft hin. Die unregelmäßige Grundfrequenz ist Äquivalent der weiterbestehenden allgemeinen cerebralen Funktionsstörung. Das EEG am 5. Behandlungstag zeigt die Normalisierung der cerebralen Funktion, wobei die Beta-Vermehrung als Folge der Sedierung mit Benzodiazepinen anzusehen ist. Das Fehlen langsamer Frequenzen unter fortgesetzter Decadrontherapie zeigt die Besserung des Hirnödems an, das Fehlen von Krampfäquivalenten die adäquate therapeutische Einstellung |
| Ableitung | $C_3$-$P_3$; Eichung: $50\,\mu V = 7\,mm$; Reg. Geschw.: $30\,mm/s$; Filter: $70\,Hz$; ZK: $0,3\,s$ |
| Medikation | Valium 20 mg/Tag Decadron $6 \times 8$ mg/Tag bzw. $3 \times 8$ mg/Tag Phenhydan $3 \times 125$ mg/Tag |

Pat.: 18 J.  ♀  V. a.  EPH-Gestose,

Allgemeinzustand: mäßig → gut  Krämpfe unter der Schwangerschaft

Ableitung:  $C_3$–$P_3$

1. tg

flaches EEG:

    Krampfäquivalente

4. tg

unregelmäßiges EEG,

    Verschlechterung

5. tg

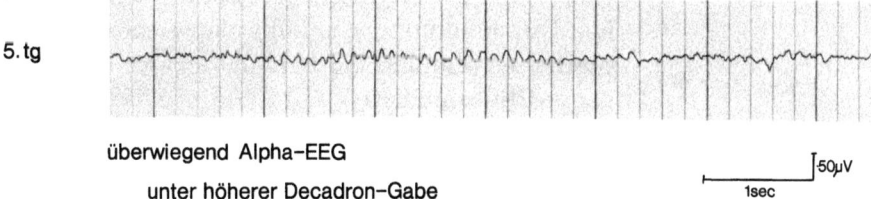

überwiegend Alpha–EEG

    unter höherer Decadron-Gabe

50μV

1sec

**Abbildung 198**

| | |
|---|---|
| Klinische Situation | Rippenserienfraktur bei einer geriatrischen Patientin mit fortgeschrittener Cerebralsklerose, Einschränkung der Atemfunktion und Somnolenz. Intensivtherapie mit kontrollierter Beatmung, Corticoidgabe zur Verbesserung der Hirnfunktion |
| EEG-Befund | Ausgangsbefund nach Intubation bei kontrollierter Beatmung: Unregelmäßiges EEG. 4. Behandlungstag: EEG-Abflachung entsprechend einer schweren Allgemeinveränderung 12. Behandlungstag: Unregelmäßige Grundaktivität mit Übergang zur leichten Allgemeinveränderung |
| Beurteilung | Das altersentsprechende Ausgangs-EEG entspricht dem klinischen Befund einer fortgeschrittenen Cerebralsklerose. Die Frequenzabflachung ohne Sedierung am 4. Behandlungstag spricht für eine Verschlechterung der allgemeinen cerebralen Situation. Eine Corticoidtherapie unter dem Aspekt der Membranstabilisierung, Hirnödemprophylaxe und möglicherweise damit einer Verbesserung der cerebralen Durchblutung beeinflußt die Gehirnfunktion positiv. Es resultiert ein Befund, der sich dem Ausgangs-EEG annähert |
| Ableitung | $C_3$-$P_3$; Eichung: 50 µV = 7 mm; Reg. Geschw.: 30 mm/s; Filter: 70 Hz; ZK: 0,3 s |
| Medikation | Decadron 8 × 6 mg/Tag |

Pat.: 83 J.   ♀

Allgemeinzustand:  mäßig                    Nach Atemstillstand:  Intubation und Beatmung

Ableitung:  $C_3$–$P_3$                                              Keine Sedativa!

1. tg

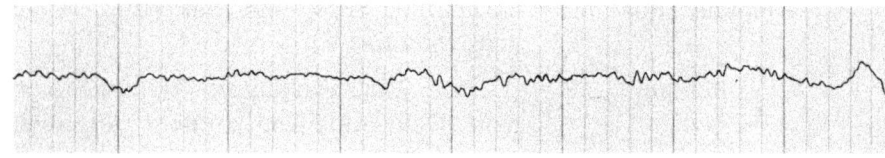

nach Intubation

   flaches,unregelmäßiges EEG

4. tg

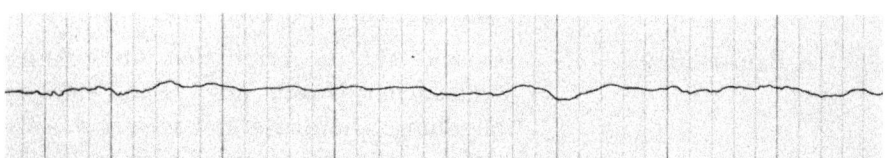

Abflachung,

   schwere Allgemeinveränderung

12. tg

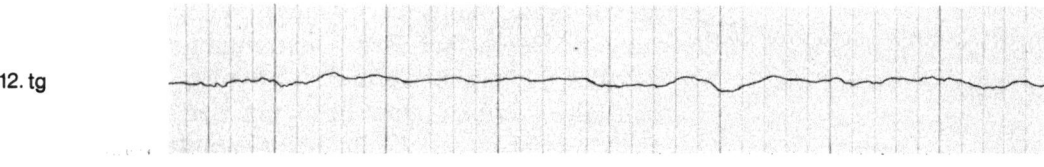

Decadron–Gabe   6×8mg

   schnellere Aktivität                                                    ⌐50μV
                                                        ├─────────
                                                            1sec

## 5. Statuskontrolle der Gehirnfunktion im Verlauf der Intensivbehandlung

### Abbildung 199

| | |
|---|---|
| Klinische Situation | Postpartale Sepsis mit kompliziertem Verlauf. Intensivtherapie |
| EEG-Befund | 1. Tag: Niedervoltagiges Alpha-EEG mit Theta- und Delta-Anteilen; mittlere Allgemeinveränderung<br>4. Tag: Schnelle Alpha-Grundaktivität<br>9. Tag: Extreme Abflachung der EEG-Aktivität<br>44. Tag: Partielles Beta-EEG<br>100. Tag: Partielles Beta-EEG |
| Beurteilung | Beispiel für die cerebralen Auswirkungen unterschiedlicher Noxen im Verlauf einer Intensivbehandlung. Die Sepsis mit schweren Auswirkungen auf den Allgemeinzustand bewirkt eine Verschlechterung der cerebralen Funktion. Die Verbesserung klinischer Parameter unter Antibiotikatherapie führt auch zu einer Normalisierung der cerebralen Funktion. Lungenkomplikationen mit ungenügender allgemeiner Sauerstoffversorgung bedingen eine cerebrale Mangelversorgung, die sich in einer starken Depression der Gehirnfunktion äußert. Parallel mit der Besserung des klinischen Krankheitsbildes erfolgt eine Erholung der cerebralen Funktion. Das partielle Beta-EEG am 44. Behandlungstag zeigt die medikamentösen Auswirkungen einer langen Sedierungstherapie.<br>Die Zunahme der Beta-Aktivität zwischen dem 44. und dem 100. Behandlungstag ist bedingt durch den Einsatz von Tranquilizern der Benzodiazepingruppe |
| Ableitung | $C_3$-$P_3$; Eichung: 50 µV = 7 mm; Reg. Geschw.: 30 mm/s; Filter: 70 Hz; ZK: 0,3 s |
| Medikation | Langzeitsedierung: Etomidat 500–600 mg/Tag entsprechend 0,4 mg/kg KG/h |

Pat.: 21 J.  ♀

Allgemeinzustand: mäßig ⟶ gut

Ableitung: $C_3$–$P_3$

1. tg

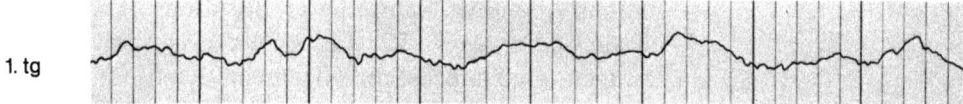

Klin.: Sepsis

    EEG: flach,schwere Allgemeinveränderung

4. tg

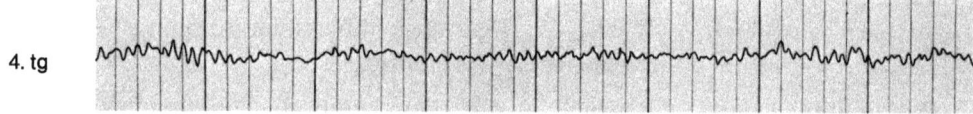

Klin: Besserung

    EEG: überwiegend Alpha

9. tg

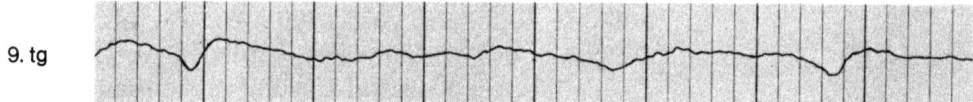

Klin.: Hypoxie

    EEG: pathologische Abflachung

44. tg

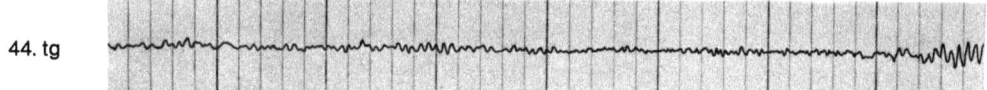

Klin. Besserung

    EEG: schnellere Aktivität

100. tg

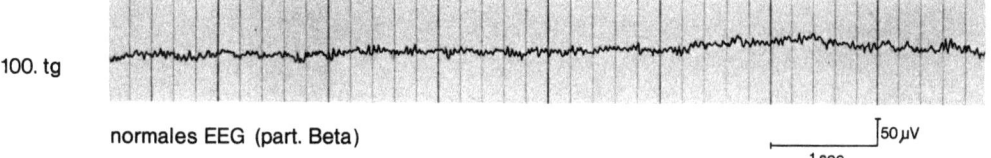

normales EEG (part. Beta)

50 µV

1 sec

**Abbildung 200**

| | |
|---|---|
| Klinische Situation | Zustand nach hämorrhagisch nekrotisierender Pankreatitis. |
| | Intensivtherapie, kontrollierte Beatmung, kontrollierte Sedierung 7.–22. Tag; schwere kardiale Störungen, die zunächst die allgemeine Kreislaufsituation nicht beeinträchtigen, am 22. Behandlungstag jedoch zum Tod unter Herz-Kreislauf-Versagen führen |
| EEG-Befund | 1. Tag: Alpha-EEG mit Theta-Anteilen. |
| | 7. und 22. Tag: Gegenüber dem Ausgangsbefund leichte Theta-Vermehrung |
| Beurteilung | Beispiel für eine gute cerebrale Funktion bis zum Tod bei allmählichem kardialem Versagen. |
| | Das Ausgangs-EEG zeigt eine gute cerebrale Funktion an; der erhöhte Theta-Anteil ist auf die kontrollierte Sedierung zurückzuführen. Da bis zum Zeitpunkt des vollständigen kardialen Versagens die peripheren Kreislaufverhältnisse konstant gehalten werden konnten, tritt kein cerebraler Versorgungsmangel ein. Die cerebrale Funktion ist unmittelbar vor Eintritt des Herz-Kreislauf-Versagens noch als gut zu bezeichnen |
| Ableitung | $C_3$-$P_3$; Eichung: $50 \mu V = 7$ mm; Reg. Geschw.: 30 mm/s; Filter: 70 Hz; ZK: 0,3 s |
| Medikation | Etomidat 720 mg/Tag im Perfusor entsprechend 0,6 mg/kg KG/h |

Pat.: 49 J.   ♂          Z. n. hämorrhagisch–nekrotisierenden Pankreatitis

Allgemeinzustand: mäßig          Beatmung

Ableitung:  C₃–P₃

postop:

1. tg

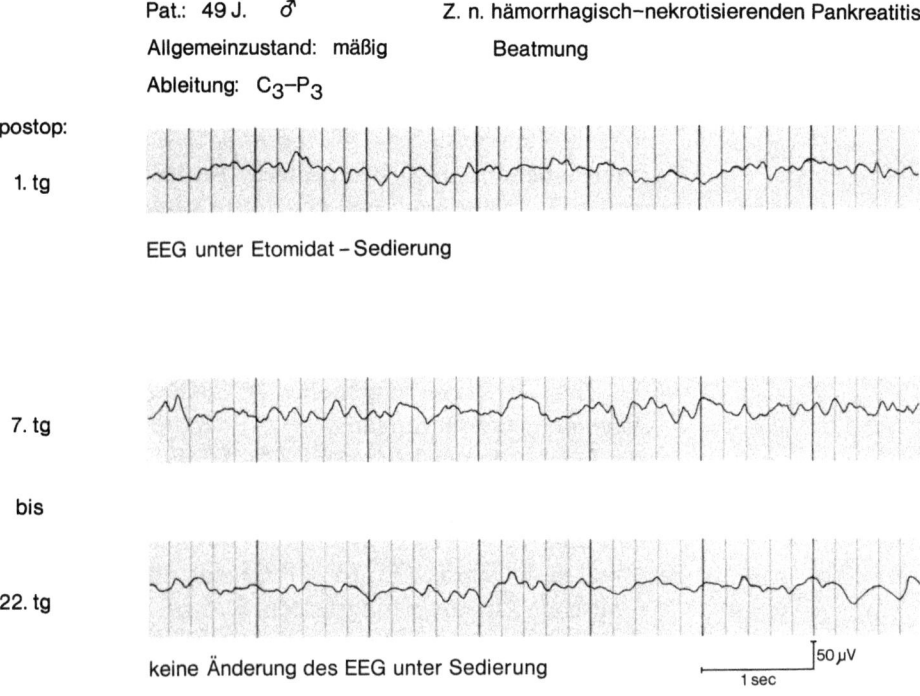

EEG unter Etomidat – Sedierung

7. tg

bis

22. tg

keine Änderung des EEG unter Sedierung          50 μV

1 sec

verstorben im Herz–Kreislauf–Versagen

Die cerebrale Situation bleibt bis zum Tode unverändert.

**Abbildung 201**

| | |
|---|---|
| Klinische Situation | Zustand nach akut nekrotisierender hämorrhagischer Pankreatitis. Mehrmalige Laparotomie bei fortschreitender unbeherrschbarer Sepsis. Intensivbehandlung, kontrollierte Beatmung, kontrollierte Sedierung. Am 41. Behandlungstag Abbruch der Therapie bei nachgewiesenem Hirntod |
| EEG-Befund | 1. Tag: Theta-EEG<br>23. Tag: Niedergespanntes Delta-Theta-EEG, mittlere Allgemeinveränderungen<br>39. Tag: Extreme allgemeine Abflachung, starke Allgemeinveränderungen<br>40. Tag: Nullinien-EEG mit EKG-Artefakten |
| Beurteilung | Beispiel für die Beeinflussung der cerebralen Situation und damit des EEG-Befundes durch eine fortschreitende Sepsis (Temp. 40 °C) mit allgemeinen septischen Organveränderungen. Das EEG wandelt sich im Erkrankungsverlauf von leichter Allgemeinveränderung bei langsamen Frequenzen infolge der kontrollierten Sedierung über zunehmende Allgemeinveränderung bis zum Nullinien-EEG, das den völligen cerebralen Funktionsausfall beweist |
| Ableitung | $C_3$-$P_3$; Eichung: 50 µV = 7 mm; Reg. Geschw.: 30 mm/s; Filter: 70 Hz; ZK: 0,3 s |
| Medikation | Dauersedierung Etomidat 600–1500 mg/Tag entsprechend 0,4–0,9 mg/kg KG/h |

Pat.: 20 J. ♂     Z. n.: akut–nekrotisierender
Allgemeinzustand: mäßig         hämorrhagischer Pankreatitis
Ableitung: $C_3$–$P_3$          Laparotomien
                 Beatmung
                 Sepsis

Behandlungsbeginn unter Etomidat

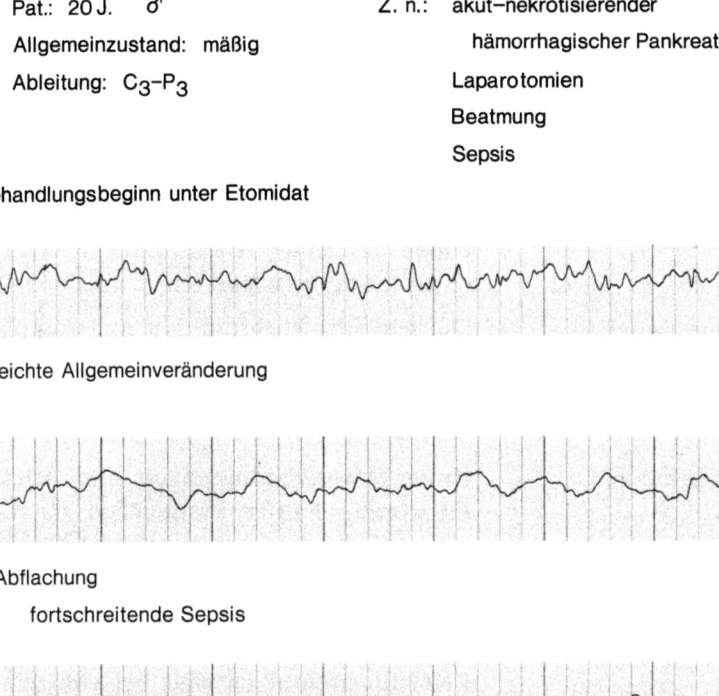

1. tg

leichte Allgemeinveränderung

23. tg

Abflachung
    fortschreitende Sepsis

39. tg

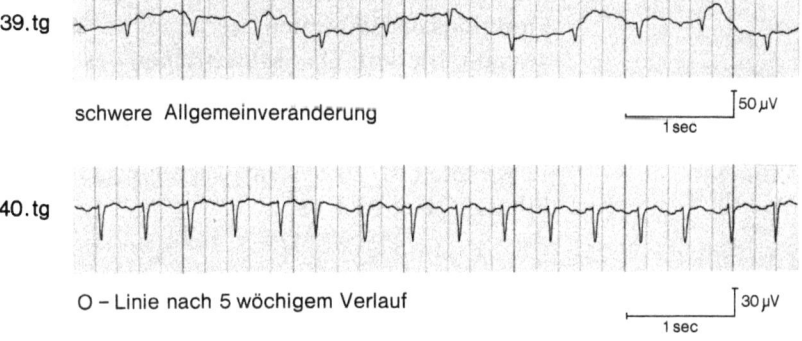

schwere Allgemeinveranderung                    ⌐50 µV
                                        ⊢————  1 sec

40. tg

O – Linie nach 5 wöchigem Verlauf               ⌐30 µV
                                        ⊢————  1 sec

Die Behandlung wird bei nachgewiesener hirnelektrischer Stille abgebrochen

## 6. Fehlende cerebrale Funktion

**Abbildung 202**

| | |
|---|---|
| Klinische Situation | Hirntod bei stabilen Kreislaufverhältnissen unter kontrollierter Beatmung |
| EEG-Befund | **Oben:** Nullinien-EEG mit EKG-Einstreuungen. **Unten:** Nullinien-EEG mit EKG-Einstreuungen und Beatmungsartefakten |
| Beurteilung | Die fehlende Hirnfunktion und somit der Gehirntod wird durch den völligen cerebralen Funktionsausfall, der sich im Nullinien-EEG zeigt, nachgewiesen |
| Bemerkungen | Unter Intensivbedingungen sind Artefakte häufig. Es werden häufig Frequenzen im Delta-Bereich vorgetäuscht; im hier vorliegenden Beispiel wird durch eine ungenügend geblockte Tubusmanschette schnellere Aktivität simuliert. Die inspiratorisch herausströmende Luft verursacht den Artefakt. EKG-Einstreuungen sind bei völligem cerebralem Funktionsausfall selten vermeidbar. Sie werden deshalb toleriert. Das Mitschreiben des EKG ist erforderlich, um die EKG-Einstreuungen im Nullinien-EEG eindeutig zu identifizieren |
| Ableitung | 12 Kanäle (10–20 System) Eichung: 30 µV = 7 mm; Filter: 70 Hz; ZK: 1 s |

Registrierbedingungen: Verstärkung 30 µV/cm

Zeitkonstante 1 sec

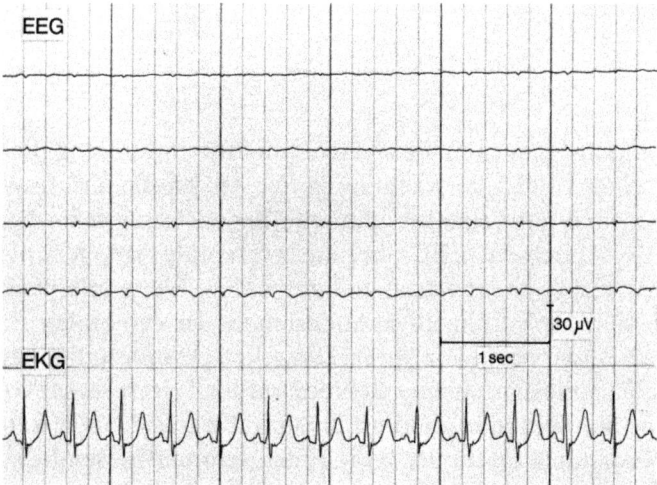

Artefaktfreies EEG

mit EKG-Registrierung

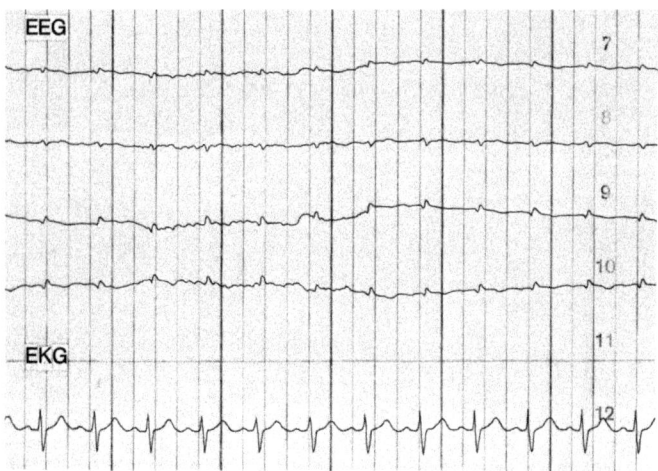

EEG mit Beatmungsartefakt [ungenügende Blockierung des Tubus]

mit EKG-Registrierung

# Schlußbetrachtung

Aus den vorangegangenen Beispielen von Anwendungsmöglichkeiten und Aussagen einer EEG-Überwachung in der Anästhesie und Intensivmedizin geht hervor, daß gut bekannte klinische Beobachtungen im EEG ihr Korrelat finden – durch das EEG aber auch cerebrale Abweichungen entdeckt werden, die vorher latent waren und auf andere Weise unerkannt geblieben wären. So sind auch frühzeitige Änderungen der cerebralen Funktion, die eine Notsituation noch vor ihrer klinischen Manifestation anzeigen, im EEG deutlich ablesbar. Solche Befunde sind z.T. jetzt schon von klinischer Bedeutung. Sie werden in Zukunft die Grundlage für ein besseres physiologisches Verständnis cerebraler Reaktionen sein und wesentlich zu einer Individualisierung der Therapie in Anästhesiologie und Intensivmedizin beitragen.

I. Pichlmayr, U. Lips, H. Künkel

# Das Elektroenzephalogramm in der Anästhesie

**Grundlagen, Anwendungsbereiche, Beispiele**

1983. 61 Abbildungen. VII, 232 Seiten
Gebunden DM 113,–. ISBN 3-540-11898-5

Moderne Entwicklungen des EEG erlauben seine Anwendung als klinisch-anästhesiologische Überwachungsmethode. Das vorliegende Buch informiert über die hierzu erforderlichen technischen Voraussetzungen, vermittelt den notwendigen Wissensstand und zeigt den potentiellen Wert eines klinisch-anästhesiologischen Routine-EEG-Monitoring – besonders für die Sicherheit des Patienten – aufgrund von Erfahrungen an 1500 EEG-überwachten Narkosen bzw. anästhesiologischen Maßnahmen.

I. Pichlmayr, U. Lips, H. Künkel

# The Electroencephalogram in Anesthesia

**Fundamentals, Practical Applications, Examples**

Translated from the German by E. Bonatz, T. Masyk-Iversen

1984. 70 figures. VII, 212 pages
Hard cover DM 98,–. ISBN 3-540-13159-0

Recent developments in EEG technology have led to its practical use in anesthesiological monitoring. This book examines the relevance and practicability of such monitoring based on an analysis of more than 1500 EEGs of patients who underwent anesthesia during surgery. The effects of premedication, anesthesia, events during the perioperative period, and intensive care are analyzed separately. The results of this study emphasize the significance of EEG monitoring for patient safety and give a perspective on the potential for routine EEG monitoring in the future.

Springer-Verlag
Berlin
Heidelberg
New York
Tokyo

MIX
Papier aus verantwortungsvollen Quellen
Paper from responsible sources
FSC® C105338